工业设计研究 2024

何思俊　丁先尧　陈文雯　周　睿　主编

燕山大学出版社
·秦皇岛·

图书在版编目（CIP）数据

工业设计研究. 2024 / 何思俊等主编. -- 秦皇岛 : 燕山大学出版社, 2025. 8. -- ISBN 978-7-5761-0859-0

Ⅰ. TB47-53

中国国家版本馆 CIP 数据核字第 2025GQ5517 号

工业设计研究 2024

GONGYE SHEJI YANJIU 2024

何思俊 丁先尧 陈文雯 周 睿 主编

出 版 人：陈 玉

责任编辑：刘馨泽　　策划编辑：刘馨泽

责任印制：吴 波　　封面设计：刘馨泽

出版发行：燕山大学出版社　　电 话：0335-8387555

地 址：河北省秦皇岛市河北大街西段 438 号　　邮政编码：066004

印 刷：廊坊市印艺阁数字科技有限公司　　经 销：全国新华书店

开 本：887 mm×1194 mm 1/16　　印 张：18.75

版 次：2025 年 8 月第 1 版　　印 次：2025 年 8 月第 1 次印刷

书 号：ISBN 978-7-5761-0859-0　　字 数：310 千字

定 价：94.00 元

前　　言

本书聚焦工业设计前沿发展和学术探索，着眼于生态设计、服务设计、用户体验设计、数字媒体与动画设计等交叉热门领域研究。本书所辑 31 篇文章，内容涉及设计理论探讨、艺术与科技、装备制造、生态设计、用户体验及可用性、服务设计、文创设计、传统文化传承、工业设计人才培养等，选题多样，内容丰赡。在此感谢“工业设计产业研究中心”老师的辛勤工作，感谢组稿专家不辞劳苦、秉持认真严谨的学术态度，感谢各高校及企事业单位一直以来对“工业设计产业研究中心”的大力支持。

本书作为四川省教育厅人文社会科学重点研究基地“工业设计产业研究中心”的年度成果，得到了西华大学科学技术与人文社科处（军民融合处）和西华大学美术与设计学院的鼎力帮助，以及燕山大学出版社的编辑同人的辛苦工作和努力付出，在此一并致谢。

近年来，随着设计产业的迅速发展，设计学已经成为中国学术界的热点。“工业设计产业研究中心”立足于本土工业设计应用研究，旨在为专业学者和设计师提供一个分享和交流学术的平台。感谢多年以来给我们热情反馈和积极建议的热心读者，欢迎广大学者不吝赐稿，你们的支持一直是我们坚持做好学术研究的重要动力。

工业设计产业研究中心

孟凯宁

2025 年 4 月

目　　录

西双版纳傣族传统灌溉农具设计研究

——以分水器为例

孙虎，徐敬云

（西华大学，四川 成都 610039）

摘要：分水器是云南部分少数民族的传统农业灌溉配水农具。以西双版纳傣族分水器为例，通过文献研究、实地考察等方法，从设计学的角度剖析分水器的型、材、质和使用方式等，说明了分水器具有公平的配水功能并采用当地的自然材料制作而成；对比分析傣族分水器区别于其他民族分水器的独特造型，进而探寻傣族分水器的成因及其傣族民族文化、地域环境对分水器的影响，体现了少数民族顺势造物、惜水节用的可持续性设计思想。

关键词：傣族分水器；传统农业灌溉；传统造物；设计研究

分水器是利用水流横截面差异进行水流计量和分水的农具，主要应用于云南西双版纳傣族自治州、红河哈尼族彝族自治州及广西壮族自治区等。水利灌溉系统由储水、引水、灌水

基金项目：2022 教育部人文社会科学艺术学青年基金项目“中国传统农具的设计逻辑与文化价值研究”阶段性成果（项目编号：22YJC760083）；四川省社会科学重点研究基地农业现代化与乡村振兴研究中心资助项目“四川传统农具信息可视化设计研究”阶段性成果（项目编号：XCZX-011）；四川省哲学社会科学重点研究基地多元文化研究中心资助项目“乡村振兴视域下民族地区传统农具设计研究”阶段性成果（项目编号：DYWH2304）。

第一作者简介：孙虎（1982—），男，安徽淮北人，西华大学教授、硕导，武汉理工大学设计艺术学硕士，清华大学访问学者，主要研究方向为产品创新系统、传统造物与设计创新等。

通信作者简介：徐敬云（1999—），女，四川自贡人，西华大学研究生，主要研究方向为产品创新系统、传统造物与设计创新等。

等部分构成，但就西双版纳而言，修建水利系统的目标是保证水流能够“合理而均匀地分流到不同的稻田”，因而更看重其中的引水功能 [1]，且分水器对于引水部分起到重要作用，所以傣族分水器是傣族传统农业水利灌溉系统的重要组成部分。分水器伴随着傣族水稻栽培技术的发展而产生，是元明以后的水利官员用来分配水量的器具 [2]，一直沿用至 20 世纪 50 年代，确保了其分配水量公平和社会稳定。现有资料文献多从水利制度的角度出发分析傣族分水器，如张公瑾 [3] 分析了西双版纳傣族水利灌溉制度与傣族社会政治和经济的钮系作用；高立士 [4] 勾画出西双版纳傣族整个水利灌溉制度，从侧面剖析出傣族农奴制社会；诸锡斌 [5] 从力学的角度对分水器的制作、埋置方式和水流分配的合理性进行科学验证与总结。目前尚未从设计学的角度对分水器进行学术研究。

不同区域的分水器在造型、材质、组成部件等方面略有不同，本文以西双版纳傣族所用分水器为例对其进行设计逻辑研究。

1 分水器的设计研究

西双版纳傣族分水器由“根多”和“南木多”两个部件构成。“根多”意为管塞 [4]，呈圆锥形，由不同半径的圆柱体构成，主要用于静态水流计量。“南木多”意为水管，是由竹木制成的放置于渠堤下的压涵管，起到分水和引流的作用，如图 1 所示。

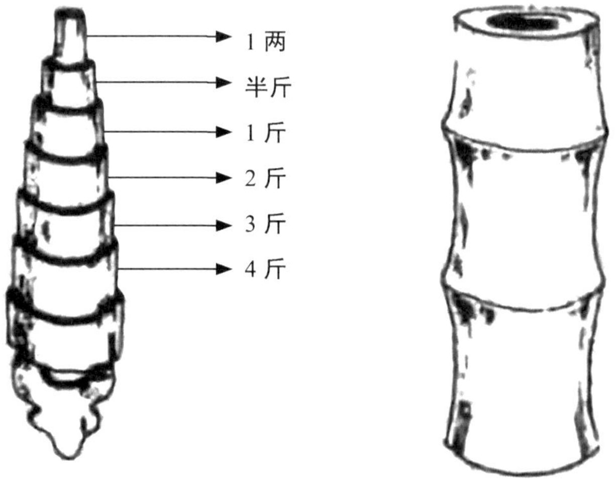

图 1 “根多”（左）和“南木多”（右）

1.1 “根多”设计分析

“根多”保证了分配水量公平，整体呈锥形，由铁刀木制成。“根多”从功能上划分，一部分是实现配水计量功能的计量部分，一部分是方便携带保存的持握部分。计量部分为圆柱堆叠锥体，每一个圆柱体就是一个量级，以量级的数量为标准将“根多”分为甲、乙型，如图 2 所示。

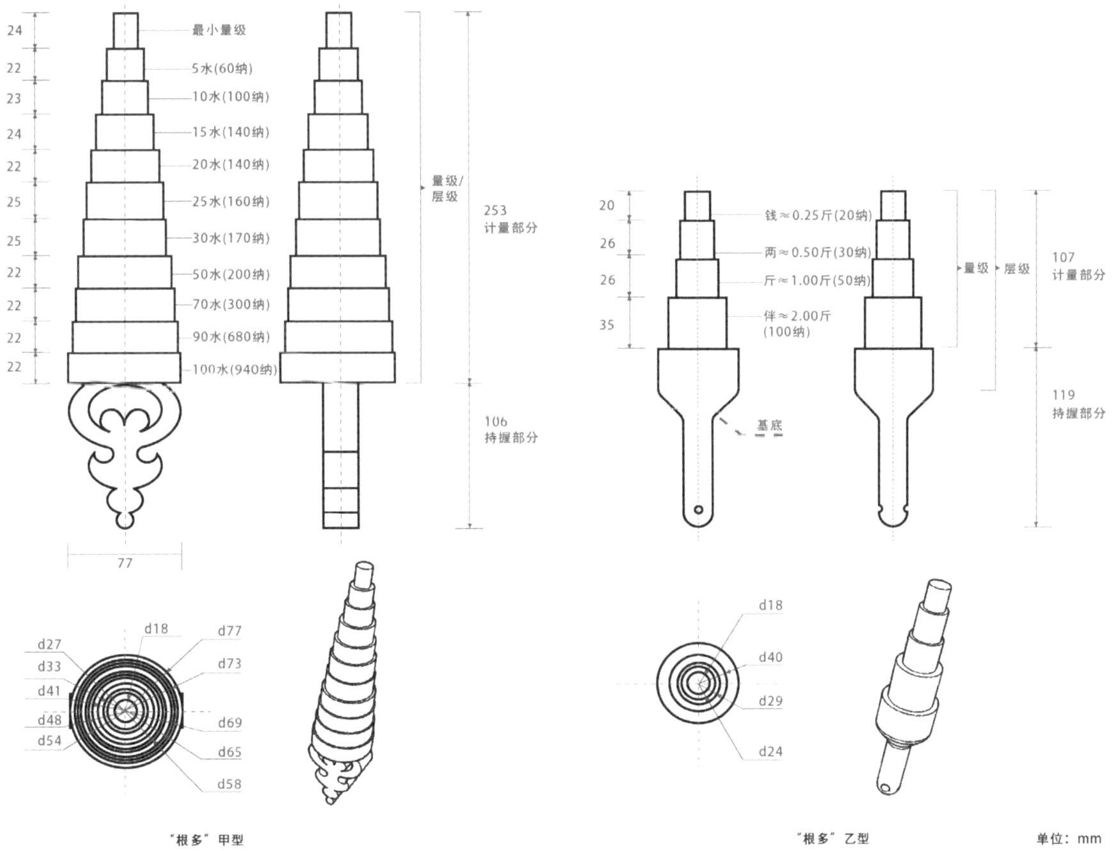

图 2 “根多”类型

“根多”甲型总长度约 36 厘米，宽度约 8 厘米，从下到上依次由大直径到小直径堆叠 11 个量级，每个量级高度约 2 厘米，每个量级高度因精确度低略有差异，而最小的量级高度较大，防止操作时以最小孔径为中心两侧尺寸差异大导致重心失衡、不易测量；“根多”乙型总长度约 22 厘米，宽度约 5 厘米，堆叠了 4 个量级，每个量级高度约 3 厘米。“根多”乙型刻着“伴”“斤”“两”“钱”等不同的配水单位，是测定流量大小的特殊单位 [6]，不同的配水单位灌溉不同的稻田面积：“伴”用于灌溉 100“纳”面积的田，“斤”用于灌溉 50“纳”面积的田，“两”用于灌溉 30“纳”面积的田，“钱”用于灌溉 20“纳”面积的田 [7]。“纳”是傣族语言，意为“田”，每“纳”相当于四分之一市亩。因而每个量级有对应的配水量、配水单位和灌溉面积单位，“根多”甲型的配水单位是“水”，“根多”乙型的配水单位是“斤”，灌溉的稻田面积单位都为“纳”。“根多”各分水量级是依据傣族早期稻作生产的直观经验，因此图 2“根多”类型的分水量级与对应的稻田灌溉面积的计算并不精准。图 2 中的三视图为方便观看，用统一的配水单位和灌溉面积单位。

不同“根多”类型的持握部分形状略有不同，但都有镂空或打孔部分，便于串绳系于水利官（傣族人称为“板闷”）腰间方便携带，“根多”甲型的持握部分长度占比较小，有镂空佛教金塔造型也有简约 U 形。“根多”乙型为了平衡整体造型和方便操作，持握部分长度占比较大并制作基底和带孔的把手，把手为带有弧度的圆柱体，直径约 2 厘米，表面打磨光滑，把握更加舒适。

铁刀木干心坚硬、防腐防潮、经久耐用，便于保存，且傣族习惯种植铁刀木作薪炭林，因而铁刀木易得，其干心是制作“根多”的首选材料。制作“根多”时用刀具切割铁刀木的黑色干心，一体成型，保持量级边缘锋利，并在每个量级上雕刻刻度和灌溉单位，保证尺寸的精确性，同时打磨抛光持握部分，保证使用舒适。

1.2 “南木多”设计分析

“南木多”即水筒，放置在渠堤之下，是灌溉系统中的一部分。采用圆管造型，相对其他造型，圆管受压最平衡，结构更加稳固。“南木多”长度略长于渠堤宽度，防止淤塞，半径约 10 厘米。

“南木多”多为竹质，主要材料是龙竹，制作时将龙竹纵向剖开，去除竹节内部的竹隔，保留末端竹隔，用小刀在竹隔上凿出孔径，再用竹篾将两部分捆绑固定。“南木多”也有木质，用刀具将实心木头凿为空心圆柱，竹子本身壁薄中空的特性使其相对于木头制作方式更加简便。

西双版纳竹源丰富，龙竹材质较硬，粗大结实，具有高抗压性，直径约 11 ～ 18 厘米，节间长 42 ～ 52 厘米，壁厚约 1 厘米，中空呈管状，用作水管[8]，竹子纵向剖开方便去除竹隔，不同的应用环境造成切割方式的差异。

竹子长度根据渠堤宽度定，可能选择多竹节为一段，因而需要切割竹子，去除竹子内部竹隔，保证水流流通，减少阻力。以两竹节长的“南木多”为例，其变迁发展中呈现了两种分割方式，如图 3 所示。方式一：从中间纵向剖开一半，再横向砍下，另一半与主体相连，再用竹篾捆绑保证结实。方式二：沿着小口纵向完全切开，再用竹篾捆起来。方式一由于竹管未完全分离，竹管的一侧仍保持了原有的竹子强度，受力时更不容易被压坏，竹管的整体稳定性相对较好。主

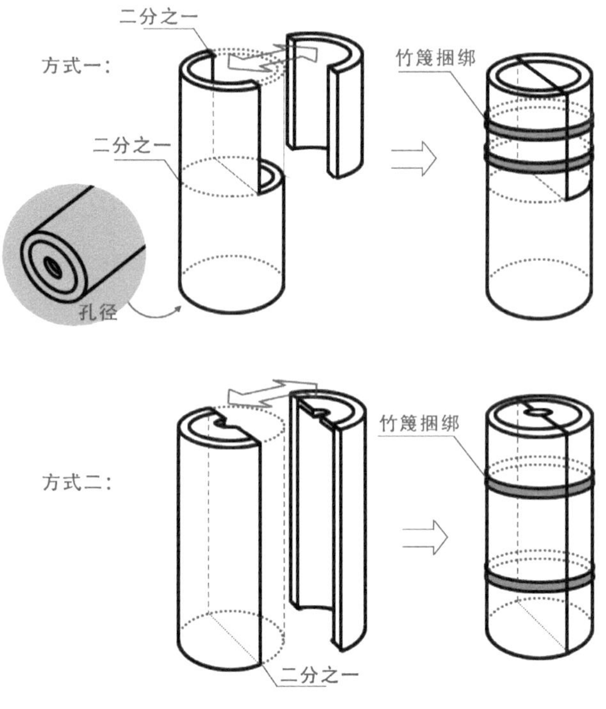

图 3 “南木多”两种捆绑方式

水渠到分水渠之间的水流量大，为了保证耐用，采用方式一；水渠与稻田之间的水流较小，采用方式二，方便后期稻田分配水量不足时村民向水利官反馈修改孔径，便于加工和更换。

2 分水器的使用分析

分水器的使用过程属于水利分配制度中的一个环节，由水利官操作整个过程，分水器的使用包括三个阶段：（1）计算各个村寨、村民的稻田分水量；（2）用“根多”做测量工具，衡量“南木多”的孔径并放置“南木多”；（3）日常维护、检查“南木多”的使用情况，及时清理孔径前的杂物。

2.1 “根多”使用分析

甲、乙型“根多”的诞生是因为应用环境的差异，西双版纳地区平坝较多，采用甲型“根多”，是重要的水稻生产区，量级相对规范精确；山地、丘陵地区采用乙型“根多”，利用地势差的重力作用以自由漫灌的方式灌溉，灌溉方式较为简单，量级少，方便使用。

使用“根多”前，根据各村各户耕种面积、田所处的高低地势以及距离水渠的远近等因素估算供水量的多少[9]，稻田数量多、距离远、地势高则水量分配占比大，从而选择较大直径的量级。孔径大小的准确性由稻作产量或稻田水量刻度线验证，如果孔径过大，稻田水量刻度线则较高，孔径过小，稻作产量则较少，村民可及时向水利官反馈，更改孔径大小。

使用“根多”时，用“根多”的量级大小衡量“南木多”孔径的大小，用小刀掏孔，直至符合要求，如图 4 所示。“根多”并不改变水流流速，而是通过改变水流通过的横截面积改变同一时间的水流量大小，相同流速下，横截面积越大通过水量越大，横截面积小通过水量就小。

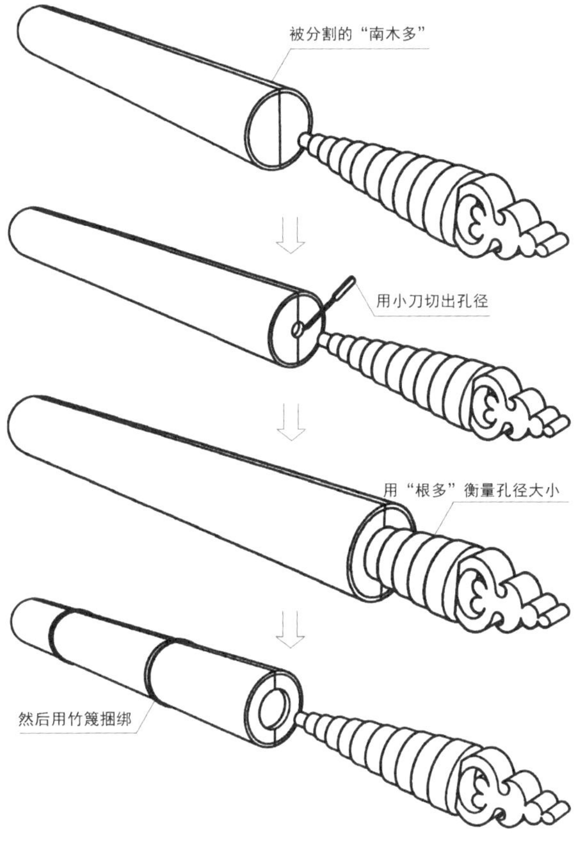

图 4　傣族分水器计量步骤图

2.2 “南木多”使用分析

将“南木多”放置在渠堤下，孔径一侧面向高地势稻田，离体部分则面向低地势稻田，水流利用重力从高地势流入低地势，孔径的大小则控制一定时限内水流总体积，如果孔径尺寸不够大，同一水流方向同一个渠堤可设置多个“南木多”保证水量的充足。

为了防止杂草和鱼虾堵塞“南木多”的进水口，放置竹篓（一种竹质的过滤器）在“南木多”孔径一侧。水流从进水口利用稻田地势高度差或因近距离水流溢出流向出水口，如图 5、6 所示。

水利官隔一段时间就会检查“南木多”，一方面检查孔径大小是否改变，若发现村民修改尺寸则按照规定进行处罚；另一方面清除沟渠杂草，更换破损的竹篓，防止阻碍流水。“南木多”的使用过程分为三个阶段：（1）制作：收集同等大小的竹子或木头，按照制作方法切割成中空圆柱体，并保留末端竹隔。在剩下的末端竹隔切割出与“根多”量级直径相同的孔径大小。（2）放置：旱季修渠时，在水利官员监督下取出老旧的“南木多”，新制“南木多”埋置于渠底上方水渠高度的三分之一处，防止淤塞。（3）检查：水利官以五天为一个周期检查“南木多”的孔径大小并清理堆积物。

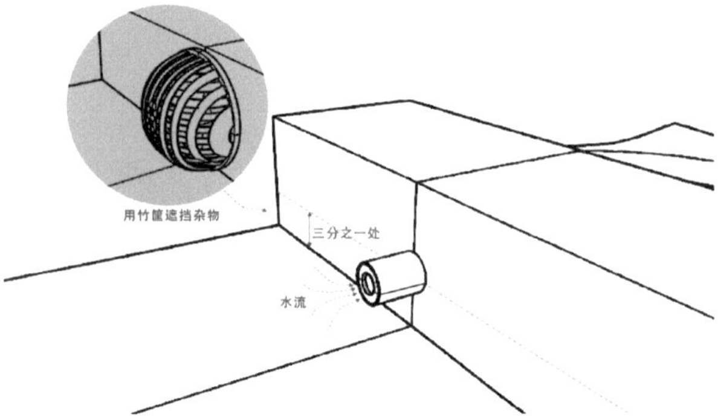

图 5　进水口视角

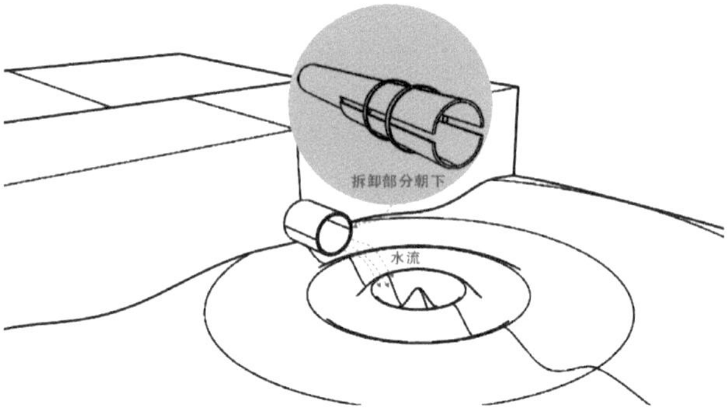

图 6　出水口视角

3 对比分析

分水器是部分少数民族传统的灌溉农具，横木或方石造型的分水器受到多个地域梯田的广泛应用，如云南红河州哈尼族梯田和广西瑶族、壮族龙胜梯田，而圆锥形分水器是傣族特有的生产工具 [2]，对比两种造型的分水器，有利于探求傣族分水器的设计成因，哈尼族分水器与瑶族、壮族分水器的造型、功能相同，以下以哈尼族分水器与傣族分水器作对比研究。

3.1 哈尼族分水器设计分析

分水器被哈尼族人称为“厄德”，意为分水木刻 [10]，是带有不同宽度凹槽的横木或方石，长度为水渠宽度，宽度与渠堤相同，高度略高于渠堤面，中间有多个不同宽度凹槽，水流经过凹槽进入不同的渠道从而完成分流，如图 7 所示。哈尼族分水器除了分水的功能，有时也作为垫脚石帮助路人踏过湍急水渠，因而采用方形，防止打滑，无倾斜面，高于水渠，与路面齐平。

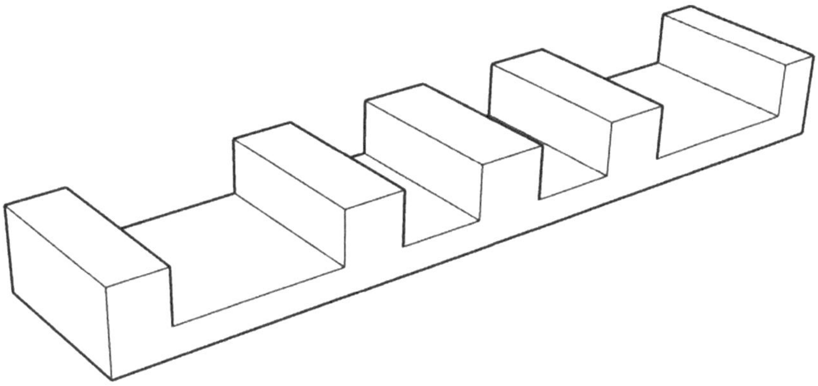

图 7　哈尼族分水器

哈尼族分水器是固定器具，不同的渠道采用不同的材料。主渠受水流冲击力大，因而主渠位置的分水器用石头制成，结实坚固，不易受到水流冲击发生变化；支渠数量多，对分水器需求量大，因而支渠位置的分水器一般采用板栗树、黑果树制成，坚硬耐腐蚀，方便制作。

哈尼族村民公选的沟长（当地人称为“欧嘎阿波”）来管理和使用分水器，以沟长的右手掌的宽度为一个用水单位，用于测量凹槽切割长度，凹槽尺寸水口分大口与小口，大口直径约三寸，小口（或称半口）直径约为大口的一半[11]，分水器上不同的凹槽深度、宽度相同，但长度不同，因而形成不同尺寸的凹槽。水流流经凹槽，同一时间内，相同流速情况下，尺寸更大的凹槽水流更大，因而带多个不同体积凹槽的分水器让一条水流分配成不同水量的水流并流入各自的哈尼族的渠道，如图 8 所示。

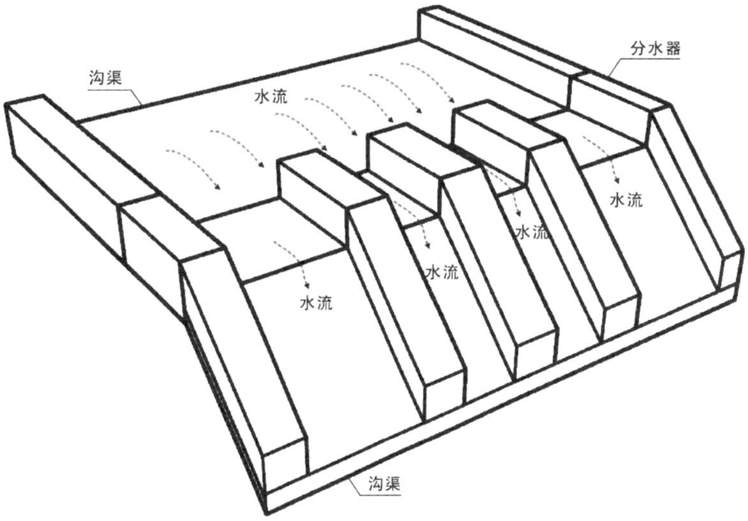

图 8　哈尼族分水器场景图

3.2 设计异同分析

从设计的角度分析，分水器的本质是一种低技术、低成本、易操作且具有地域特征的可持续性创新成果。不管是傣族分水器，还是哈尼族分水器，分水器的材质因地制宜，都是当地的自然材料，且具有公平、科学的分水功能，能满足大自然资源的合理分配和社会生活水平，具备自然属性和社会属性。

从功能上说，傣族分水器和哈尼族分水器除了有相同的主功能，即合理分配水量，还有不同的辅助功能，辅助功能受到地势环境影响：西双版纳地处平坝，地势差异小，稻作灌溉采用漫灌，因此傣族分水器应用在渠堤下作为水管引导水流方向；红河州径流量大且水资源丰富，易发生洪涝，哈尼族分水器应用在渠堤上，具有防洪功能。从造型上说，为了减少受压损害，傣族和哈尼族分水器的造型不同：傣族分水器径向放置在渠堤下，受渠堤压力影响，采用圆柱体，在渠堤下受压均匀；哈尼族分水器横向放置在渠堤上，受水流冲击影响，采用方体，平衡稳定，比其他形状更能防止水流的溢出。同时，分水器根据不同的地势走向具有不同的造型。从式样上说，傣族分水器相对哈尼族分水器融合了民族特色和地方传统，傣族男性儿童 7 ～ 8 岁就要进佛寺当和尚，要学习傣文以及科学技术[12]，因此多数傣族人可以识别一定傣文并合理应用科学技术，其影响反应在傣族分水器表面的傣文上，相对于哈尼族用沟长手掌作为计量工具，傣族采用文字刻在分水器上，突破了时间和空间的局限。从材料上说，傣族选择竹子作为分水器材料，哈尼族分水器材料为木头，两者都具有易加工、易获取、绿色环保的优点，但竹子相对木头的生长周期短，成长速度快，可实现持续利用。

综上所述，傣族分水器受地势环境和民族文化的影响，与哈尼族分水器在辅助功能、造型、式样、材料上有较大差异。傣族分水器区别于其他分水器，是傣族结合所处地域环境、社会环境和事物发展规律摸索实践出来的独创性灌溉农具。

4 成因分析

傣族分水器的产生与封建统治、气候环境、宗教意识和生产需求有关，受到科技落后的制约，呈现了傣族结构简洁、外形对称、功能合理的可持续性造物理念，凝结了傣族人民的顺势分水、惜水节用的劳动智慧，如图 9 所示。

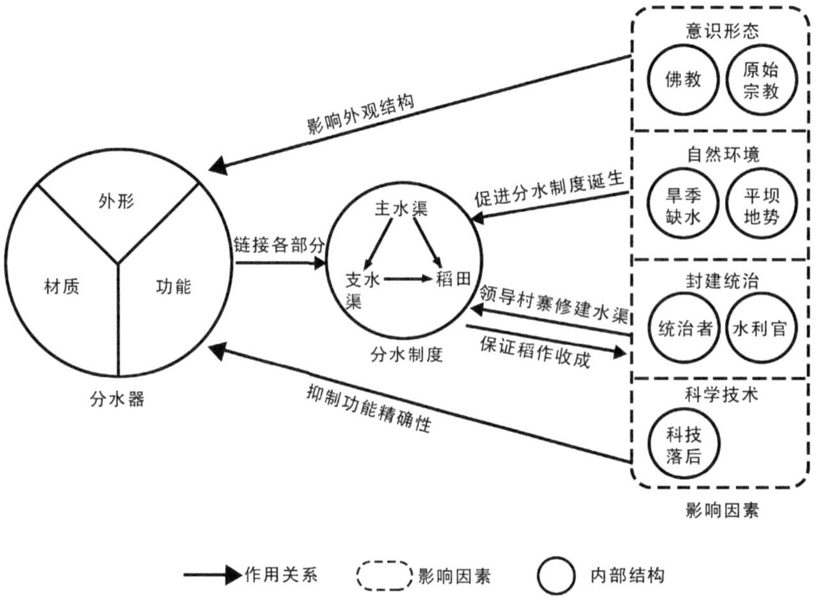

图 9　影响要素关系图

4.1 宗教意识影响傣族分水器的外观结构

傣族封建领主时期召片领（傣语，封建领主和统治者）通过宗教的意识观念来统治领地，傣族分水器作为水利制度中的一环，带有浓重的佛教色彩，首先体现在“根多”造型结构上。傣族分水器采用佛教独塔造型，镜面对称，具有强烈装饰意义。此外也体现在“根多”的层级数量上，“根多”层级为奇数，甲型“根多”有11个层级，乙型“根多”有5个层级。在佛教中，奇数象征清白，佛塔的层数多为奇数。分水器的层级侧面象征灌溉系统分配水量的公平法则。“根多”最初造型起源于西双版纳随地可见的竹笋[13]，也形似佛塔，层层筑累，向上收拢。

4.2 旱雨季气候与生产需求促进傣族分水器的诞生

西双版纳春夏连旱严重，旱季需要灌溉，雨季需要排水[14]。旱季从6月到12月长达半年，水稻水量不足、产量下降影响生产生活，促使傣族各勐联合修建水渠保证水稻收成。傣历五六月在修建水渠灌溉农田过程中，水渠到各勐和水渠到稻田的水量分配不均导致不同农户稻作产量的差异易引起人民争端和冲突，进而分水器与傣族经济、社会稳定有直接关系。

西双版纳傣族普遍种植糯稻[13]，糯稻生长期长，竹子长期泡水易腐烂，“南木多”需经常更换，放置的数量较多促使材料选择了加工方便的龙竹。由于“南木多”作堤下涵管保证水流自由出流，避免了水流对渠堤的直接冲刷和破坏，对护渠有利[15]。

4.3 傣族分水器受到封建统治管制

傣族统治者通过灌溉工程的管理，占有最重要的水资源，从而达成国家对民众的统治[10]。分水器属于灌溉系统中的一个重要环节，因而受到统治者的管理。分水器底座部分会采用镂空处理或打孔方式，便于系一绳倒挂于水利官员腰间，这一形象加重了水利官员的阶级色彩和统治地位。

傣族分水器灌溉面积单位名称反映了与官租赋税有关的政治成分和经济效益[12]。因而封建统治与傣族分水器的灌溉面积单位名称设定有关联，“根多”的灌溉单位名称是“纳”，意味着“纳贡”。在封建统治时期，傣族人民需向统治者缴纳水稻等贡品，其中水稻的产量与分水器有关，因而采用“纳”的灌溉单位面积方便计算和统计。

4.4 科技落后限制傣族分水器功能的精确性

在早期的傣族社会，科技落后抑制了分水器配水量级的精确性，配水量级从早期的“根多”乙演变至更多量级的“根多”甲，量级更多，刻度更细致。傣族分水器作为一种计量设计，量级标准根据现实稻田产量一步步优化，是实践性和创新性的结合，“根多”的半径刻度是傣族人民根据稻田数量和分配人数多年实践得出的结果。

古代傣族科技落后，修建水渠需要多个村寨集体合作，每年种稻前组织群众开沟修渠，因而傣族分水器是一种具有社会合作性质的器具，为保证公平合理，分水器的放置在多个村寨人民的监管下完成，促进了各勐的和谐关系，维护了傣族多个村寨共同利益。

5 结论与启示

傣族分水器广泛应用于古代傣族社会，因其实用的功能、便携的造型提高了水量利用率，保障了分配公平合理，维护了傣族社会稳定和人民关系。随着傣族传统灌溉系统的变迁与落寞，分水器的文化意义远超功能意义，其造型功能承载了傣族传统灌溉系统的物质文化符号，背后隐喻的少数民族惜水节约的可持续性传统文化与造物智慧值得学习和传承。

参考文献

[1] 张海超，雷廷加 . 傣族传统稻作农业生产体系的生态人类学考察 [J]. 云南社会科学，2018，222（2）：155-161.

[2] 赵世林，伍琼华 . 傣族文化志 [M]. 昆明：民族出版社，1997.

[3] 张公瑾 . 傣族文化研究 [M]. 昆明：云南民族出版社，1988.

[4] 高立士 . 西双版纳傣族传统灌溉与环保研究 [M]. 昆明：云南人民出版社，2013.

[5] 诸锡斌 . 分水器与傣族稻作灌溉技术 [M]// 李迪 . 中国少数民族科技史研究 . 呼和浩特：内蒙古人民出版社，1988：168-181.

[6] 云南省编辑委员会 . 傣族社会历史调查（西双版纳之三）[M]. 昆明：民族出版社，1983.

[7] 管彦波 . 云南稻作源流史 [M]. 北京：中国社会科学出版社，2015.

[8] 徐永春 . 云南树木图志（下）[M]. 昆明：云南科技出版社，1988.

[9] 刘强 . 西双版纳傣族政治形态研究 [M]. 北京：中国社会出版社，2011.

[10] 史军超，金谷魂 . 云南稻作文化之自然崇拜 [M]. 昆明：云南美术出版社，2008.

[11] 李学良 . 滇南少数民族农耕文化研究 [M]. 北京：民族出版社，2006.

[12] 诸锡斌 . 傣族传统灌溉技术的保护与开发 [M]. 北京：中国科学技术出版社，2015.

[13] 杨筑慧 . 西双版纳傣族糯稻种植的历史变迁 [J]. 广西民族研究，2016，128（2）：114-123.

[14] 马曜 . 傣族水稻栽培和水利灌溉在家族公社向农村公社过渡和国家起源中的作用 [J]. 贵州民族研究，1989（3）：1-5.

[15] 李迪 . 中国少数民族科技史 [M]. 南宁：广西科学技术出版社，1996.

彝族皮胎漆器的艺术价值及产业化发展研究

颜伟娜

（乐山师范学院 美术与设计学院，四川 乐山 614000）

摘要：彝族皮胎漆器是我国珍贵的非物质文化遗产，其制作工艺源远流长，体现出彝族独特的审美心理、宗教信仰及文化内涵。彝族皮胎漆器的产业化发展，离不开传承者、企业与政府三者的共同努力。政府出台保护政策，加大传承队伍的储备和培育；传承人追根溯源，在继承中创新彝族皮胎漆器；企业利用现代化的媒介拓宽彝族皮胎漆器的销售途径。三者共同构建"彝族皮胎漆器＋"的乡村振兴品牌，让非遗技艺与文化旅游相互促进，进而带动当地经济建设。

关键词：产品设计；产业化；融合发展；彝族皮胎漆器；制作技艺；艺术价值

四川省凉山州境内民族众多，尤以彝族为主。因游牧生活的特点，彝族先民几乎很少选择易碎的陶器，而坚固耐用、轻便且不易变形的漆器、银器在彝区得到普及。彝族民间歌谣《万事万物的开端》提及彝族髹漆技术是由狄一伙甫创造，距今约有一千七百年的历史，但由于缺少文字记载，具体时间已无法确定。彝族漆器以天然土漆髹饰，由红、黄、黑三原色组成，具有造型独特、制作细致、色彩艳丽、用材讲究等特点，受到越来越多国内外消费者的关注和喜爱。彝族漆器中的木胎、竹胎较为常见，辽阔的森林是杜鹃树、樟树、竹子的生长地；而彝族漆器中的皮胎、角胎则更体现了原始野性之美，其主要来源于猎获动物的皮角。皮胎漆器构成了凉山彝族传统漆器一大特色，其功能涉及日常生活、礼仪、宗教和战具等多

科研项目：四川省社会科学重点研究基地彝族文化研究中心课题"彝族皮胎漆器的创新及产业化发展研究"阶段性成果（编号：YZWH2327）。

方面，包括餐具、酒具、兵器、皮囊、马具、宗教器皿和工艺品等，均以优质皮料为材，经数十道工序制作而成。彝族皮胎漆器因复杂艰辛的工艺、古朴神秘的造型、绚丽多姿的纹饰、鲜艳夺目的色调，被誉为我国弥足珍贵的民族艺术瑰宝。

1 彝族皮胎漆器的艺术价值

1.1 皮胎漆器制作工艺源远流长

游牧生活为彝族先辈获取及加工皮料提供了便利，并直接催生了皮胎漆器。在等级森严的奴隶社会背景下，彝族漆器技艺由极少数匠人掌握，并世代相传，几乎与外地隔绝，直到新中国成立前仍比较完整地保留着本民族古老的文化特色。从昭觉县出土的漆器来看，在两汉时期，凉山便有了漆艺，东汉年间，彝族人民就常以优质生漆涂髹皮胄、马鞍、箭筒等战具，后来又制作出食具、酒器、法器等。清代以后，皮胎漆器在彝族中的使用记载甚多。据《(宣统）昭觉县志稿》载：“席地而坐，食具用木鼓，如敦，红漆饰，以金勺如之……弩矢甚精，战有甲。”说明漆饰、战甲（铠甲）作为生活、战争用具已广泛使用。《越嶲厅志》载：“猓猡……铠甲用牛革制成，不长而坚……箭一尺五寸，有倒钩，装皮筒，带左腋下。”[1]描述了皮漆铠甲、箭筒在当时的使用情况。战事频繁时，坚固轻便的皮漆铠甲、头盔、护脖、护膝、护腕、皮箭筒等深受青睐。民主改革以后，凉山结束了冷兵器时代，皮胎漆器战备品随之失去了市场，不再为民众所需。同时，在政府的帮助下，彝族“随畜迁徙”的生活方式转为固定居住，便利的陶瓷、不锈钢、塑料等现代工业制品，源源不断地流入千家万户，费时耗力、价格昂贵的彝族漆器逐渐退出消费市场，多数皮漆佳作只能在文物所、博物馆等地才能一窥其真容。尽管如此，美姑县候古莫乡候古莫村 5 组的白石家族，作为彝族皮器制作技艺传承世家，仍在坚持传承该门技艺，目前已传承 13 代了。

1.2 皮胎漆器彰显着深厚的匠人精神

彝族皮胎漆器由动物皮料和天然漆、矿物颜料构成，因而在材质上具有轻巧耐用、天然不开裂等优势，其制作技艺以师徒口传心授的作坊形式传承至今。彝族皮胎漆器从选料到加工成形工序烦琐，如以牛皮碗为例，先取新鲜、质量好的水牛皮，放置于清澈的河水中冲刷数十天，直至牛毛褪净后取出，然后快速固定在碗状模具上敲打成型。进而进入晾干、制型、刮灰等底胎加工环节，以及打磨、刷漆、彩绘、阴干等装饰收尾工序。制作过程如遇河水暴涨、气候阴冷等变数都会失败[1]。彝族自古尚武，对兵器的制作也特别讲究。皮漆铠甲属凉山彝族地区特有的武器类漆器，其造型与中原地区历史上的各种铠甲及周边其他少数民族的铠甲均不相同。皮漆铠甲中的皮材，以大象、犀牛皮为上品，其次是牛皮。全甲由前胸甲和后背甲构成，均分为上下两部分：上部是十块用特制模具压制的小型皮质铠甲，皮甲间用皮条连缀；下部为五层小甲片连缀而成的甲裙，全部铠甲通施彩漆[2]。皮漆铠甲轻便美观但工序复杂、造价不菲，属于彝族漆工艺中的精品，多在社会等级较高的贵族中传承，是身份和财力的象征。

饮酒是彝族的一种古老习俗，漆匠们制作的酒壶、酒杯等酒器，无论造型款式、内部构造、纹饰图案还是使用方法，均独特别致、民族风格浓厚。巧妙的结构设计使得酒壶腹腔成密封状态，酒不易变味亦不易漏，适合长途跋涉时携带。在彝族地区，不同质地的漆酒具，对应着不同的场合，且有着严格的尊卑之分。其中以鹰爪酒杯最为高贵，其杯身多为木胎或皮胎，髹红、黑、黄三色纹饰，杯底有一突椎捆上鹰爪成为一体，鹰爪以特制工艺定型，外髹清漆以固色。因鹰爪难得，故鹰爪杯传世极少，多为当时的贵族阶层享有。

1.3 皮胎漆器体现着彝族独特的审美内涵

彝族皮胎漆器的纹饰源自匠人对自然、生活的观察及提炼，再进行艺术化的加工。以植物纹、动物纹、生产用具纹为主，如太阳纹、月牙纹、水波纹、山纹、花瓣纹、鸡冠纹、牛目纹、羊角纹、链条纹、渔网纹、蕨芨纹、古钱纹等[3]，体现出彝族由游牧转为定居后，畜牧业、农业在生活中的重要地位。彩绘时漆匠往往不打底稿，根据自己的审美经验随手而画，将纹样灵活组合，尽显朴素心性[4]。仔细品味不难发现，彝族漆器的图案搭配非常讲究章法，疏密兼顾的同时又不失刚劲豪放，绚丽的纹饰图案与优美的造型浑然一体。如单元方块图案上，多以一个圆为中心，由中心向四周伸延，使得不论纹饰繁简，均能匀称不乱；又如用单独纹样构成主体图案，再配以辅助纹饰，可与不同造型的漆器相匹配，如图 1 所示。如筒形的器型作横线纹饰，鼓腹器型则以横分出层次，将主要纹饰集中于腹部。小型器物一般通体满布纹样，显得巧致饱满[5]。

图 1　吉伍家族制作的彝族漆器大花瓶

四川凉山地域广阔，不同地区漆器的造型和纹饰有一定区别，但色彩都为红、黄、黑三种，无其他色泽。且均为原生态材料，故漆器色彩会越用越鲜艳。黑色是先用棕叶过滤后的土漆调入锅烟制成，红、黄两色则取材于天然的朱砂与石黄矿石。使用时先将石块磨成色粉，再调入生漆中使用。一般多以黑色漆为底色，红漆与黄漆在其上间隔使用，共同构成具有彝族三色文化特色的图案纹样。

2 彝族皮胎漆器的产业化发展

2.1 保护和抢救皮胎漆器技艺，势在必行

彝族皮胎漆器之美不仅体现在独特的材料与工艺，更在于其深厚的文化内涵。和实惠便捷的现代生活用具相比，彝族皮胎漆器的制作成本较高，不具有市场竞争优势，因而传统技艺受到严重影响。如今，仅有凉山州候古莫村的白石家族及其弟子还在传承此业，而两家作坊也是几经兴衰，皮胎漆器这项古老而传统的技艺，面临着后继无人、濒临失传的险境。2021 年凉州区文化广电体育和旅游局拨专款 8 万元，帮助该技艺的运作，传承人的积极性得以提升，生产条件也得到了一定改善，如图 2 所示。

图 2　笔者（左一）调查白石家族工作坊

2.2 产业化发展策略

2.2.1 出台保护政策，为非遗技艺保驾护航

少数民族地区的发展与地方政府的扶持以及中央政府的政策法规息息相关。在现代化信息普及的背景下，彝族皮胎漆器面临着越来越大的冲击。与现代文化相比，作为弱势文化，

民族民间艺术的发展与政府的扶持和介入有着巨大的关系。传承与保护该技艺，不仅是当地文化旅游产业融合发展的迫切需要，也是彝族群众致富、发展特色产业的需要。目前，在政府的资助下，传承人们在国内外各地举办的一系列内容丰富、形式多样的展览、论坛及表彰活动，都是在为皮胎漆器非遗在国内乃至世界的发展造势[6]。近年来，《四川省非物质文化遗产条例》为彝族皮胎漆器的保护提供了法规保障。凉山州美姑县人民代表大会制定的《美姑县彝族非物质文化遗产保护办法》，强调了非遗保护中的“抢救优先”原则。同时，顺应乡村振兴大潮，合理地利用好政府项目所提供的资源，彝族皮胎漆器的长足发展便能奠定下良好的基础。此外，积极开展丰富多样的研学项目，帮助游客深度体验、学习，并出版彝族皮胎漆器方向的专著、图册，以弥补皮漆艺术理论资料匮乏的现状，以及开设皮胎漆器展厅、博物馆等场所，供游客参观、学习。目前，在政府和相关人士的支持下，美姑县已成立了一支参与非遗研究的专家学者和漆艺爱好者团队，能为皮胎漆器技艺的保护利用提供咨询，如图3所示。

图3　皮胎漆器技艺传承人接受采访

2.2.2 加大传承队伍的储备和培育

彝族皮胎漆器的传承，离不开规范完整的传承人培养机制。当务之急是要在政府相关部门的扶持下进行专业的皮胎漆器技术研发、宣传推广和市场营销。以凉山为中心，辐射周边高校，逐步建立彝族皮胎漆器技艺培训学校或相关课程，形成规范化、专业化的办学模式，将传承皮漆技艺作为一项长期坚持的工作。在教学过程中，要做到教材专业化和教学专业化。如条件允许，可聘请吉伍、白石等家族中技艺高超的漆器传承人参与教材的编写，或直接参与到教学工作中去，使学员能够学到传统正宗的漆器制作工艺，保证培养出的传承人的专业质量。另外，尽量保障培训学校学员毕业后的就业、创业。只有保障了就业、创业，才能使培训学校的生源稳定，才能真正实现彝族皮胎漆器工艺的后继有人。彝族漆器工艺要想得到长久的保护和发展，绝不是申请几个“非物质文化遗产”的名号，搞几次展览就能解决问题的。应深层次地分析发展所面临的问题，结合当前的实际情况对症下药，把工作做到实处[7]。

2.2.3 追根溯源，在继承中创新

在历史的长河中，任何事物的发展都有其特定的轨迹，后人在遵循前人技法的基础上，必然会结合自己所处时代的社会特色及自身的文化素养而有所创新，如此事物才会有所发展[8]。在过去战火纷飞的冷兵器时代，彝族皮漆技艺多用于战争器具的制作，如铠甲、头盔、盾牌等。如今面向市场，皮胎漆器经传承人和设计师的共同努力，得到有目共睹的创新发展：大到桌凳、花瓶，小到茶具、烟灰缸、首饰……既有精美的艺术品，又有实用的生活用品。除了推陈出新开发新品种，彝族皮胎漆器还应着力对造型、纹样、加工技术等进行创新。比如，在保留“三色文化”的基础上，对漆器的图案纹样进行创新，引入现代构成的设计理念，提取原有纹样中的点、线、面元素，使装饰图案更简洁现代，以符合现代人审美需求。另外，还应建立专业的研发队伍，进行制作工艺机械改进等工作，如研制适合制作复杂胎体造型的高精度车床，逐步取代传统的脚踏机械，实现大批量生产造型各异的胎体模型。

2.2.4 加大对天然漆材料的保护和开发

制约彝族皮胎漆器产业化的重要因素，与天然漆、矿石的供应困难有直接关系。由于近些年漆器生意不景气，凉山地区出现大批砍伐漆树、改种其他树种的现象。而盲目挖掘天然矿石也使得朱砂、石黄等入漆石材几乎枯竭，导致漆器制作时很难寻找到原料。因而要保护、发展皮漆工艺，保障原材料的来源至关重要。政府要加大对漆树树种资源的保护，鼓励开展人工种植，逐步扩大种植面积，以解决原材料短缺的问题。与此同时，积极寻找和保护天然矿石矿源，在原有传统工艺的基础上，加大色粉替代技术的革新进程。

2.2.5 搞好皮胎漆器的宣传推广工作

产业化的发展离不开高效多样的宣传推广方式，对于彝族皮胎漆器而言，首先，应发挥现代化的媒介传播影响力，利用网络的便利、快速和传播面广等特点，增加在各主流媒体上对彝族皮胎漆器的介绍，加大宣传力度，条件允许的情况下还可建立专题宣传网站，以提高大众对彝族皮胎漆器的接触与了解。其次，将彝族皮胎漆器的发展与旅游文化挂钩，在美姑、喜德等彝族漆器制作集中地建立制作园区，使皮漆产品不仅融入彝族旅游纪念品、工艺品市场中，其制作流程本身也能成为彝区特色旅游项目之一，甚至发展为精华所在。但在此之前需要对承担制作流程讲解的人员进行培训，提高其在彝族皮胎漆器方面的专业化水平及语言感染力。再次，结合乡村振兴战略的实施，将彝族皮胎漆器与当地的民族风情、特色产品进行关联，打造“彝族皮胎漆器 +”特色文旅品牌，推动皮胎漆器的跨界发展，如与彝族婚嫁、彝历年、剪羊毛节、火把节等节日结合，吸引外来游客，由此达到富民增收的目的。

3 结语

彝族皮胎漆器是彝族人民智慧的结晶，历经漫长的传承与创造，发展至今，品类由少变多、工艺由糙到精、纹饰由简到繁，且始终保留着鲜明的民族特色。凉山彝族推行火葬，故保存下来的文物皆是世代相传而非出土所得，因而沿袭古老传统的皮胎漆器尤显珍贵。它不仅是凉山彝族传统文化、工艺美术中的瑰宝，更是研究彝族经济、文化、艺术的活化石。

产业化是振兴彝族皮胎漆器的重点，彝族漆器产业化又能促进彝族地区的经济。现如今，彝族皮胎漆器产业化具备了一定的地域基础和政策扶持，但也面临着林林总总的阻碍和挑战。要解决这些问题，需要传承者、企业与政府三者的共同努力。传承者要勇于打破“家庭作坊”式的传统授艺思维，建立“多户联营”的现代生产方式，积极参与漆器品牌打造计划，实现技艺和创意上的融会贯通、推陈出新。皮漆经营企业要走流水线作业与个性化订制双管齐下路线，在市场营销方面采取多元化手段，加强网络购物平台的搭建、利用，拓宽皮漆产品的售卖渠道。政府要加强对市场的监管，为彝族皮胎漆器产业化营造良好的市场环境。同时注重为彝族皮胎漆器进行产品赋能，构建“彝族皮胎漆器 +”的乡村振兴品牌，让非遗技艺与文化旅游相互促进，并通过政策鼓励为彝族皮胎漆器产业发展提供人才和制度保障。因此，在多元文化相互交融的时代背景下，只有充分理解挖掘彝族皮胎漆器的艺术价值，创建产业化发展模式，才能帮助彝族皮胎漆器这一民族瑰宝早日融入现代百姓生活中，重新绽放其艺术魅力和文化之光！

参考文献

[1] 祝艺仁 . 非遗在凉山 彝族皮胎漆器制作技艺：藏在大山深处的指尖绝技 [EB/OL].（2023-05-24）[2024-07-24].https：//www.ls666.com/html/2023-05/24/content_153085.html.

[2] 李金凤 . 千年凉山：彝器古韵 [EB/OL].（2015-01-12）[2024-07-24].http：//collection.sina.com.cn/jczs/20150112/1557176144.html.

[3] 李萍，张飞龙 . 中国生漆科学技术发展 30 年 [J]. 中国生漆，2010，29（2）：1-12.

[4] 潘鲁生 . 潘鲁生谈中华民族传统工艺：四川彝族漆器工艺 [EB/OL].（2021-10-22）[2024-07-24].http：//cul.china.com.cn/2021-10/22/content_41711412.htm.

[5] 范宏亮，徐人平 . 彝族的漆器艺术 [J]. 长江大学学报：社会科学版，2009，32（8）：112-115.

[6] 李思果 . 凉山彝族漆器图纹造型的当代传承研究 [D]. 北京：中央民族大学，2021.

[7] 秦慧琴，焦聪聪，余莎莎，等 . 从喜德县的漆器现状看彝族漆器的发展 [J]. 学理论，2009，30（25）：66-67.
[8] 江琳 . 从古法到我法：谈石涛绘画艺术的继承与创新 [J]. 美与时代，2016，43（11）：90-91.

基于 SAPAD-AHP 法的乡村老龄医疗巡诊产品设计研究

邢旺强，陈语桐

（西南交通大学 设计艺术学院，四川 成都 611756）

摘要：在国家积极推进健康老龄化的背景下，开展乡村老龄医疗巡诊产品设计的探索尤为重要，旨在满足用户在真实诊疗场景中的需求和体验。通过观察法和访谈法进行用户调研，记录归纳典型用户的行为路径。采用 SAPAD 理论模型分析用户行为流程，完成“行为—对象—意义”的映射，聚类获得基础意义簇；运用 AHP 量化分析获取多层级核心意义簇；将多层级核心意义簇与设计对象再映射分析，重构新的功能模块来指导乡村老龄医疗巡诊产品设计实践。研究结果表明，将 SAPAD-AHP 法运用到乡村老龄医疗巡诊产品设计中，有利于挖掘符合用户行为的核心需求，使产品功能更契合实际诊疗的运用场景；为未来乡村老龄医疗产品的相关研究提供了新的思路。

关键词：乡村老龄医疗巡诊产品；用户行为；SAPAD；AHP；用户需求；设计实践

在中国乡村地区，老龄化的加剧伴随着慢性疾病的普遍性。据调查，75.8% 的农村老年人患有慢性病，其中患有多种慢性病的占 42.7%[1]。当前我国乡村地区医疗服务水平低和医疗服务设施不完善等问题，导致乡村老年患者的医疗服务出现供需失衡[2]。乡村上门随访巡诊服务中存在医疗巡诊设备缺少和医疗服务内容不健全等问题[3]。在此背景下，深入乡村卫生

第一作者简介：邢旺强（1996—），男，甘肃通渭人，西南交通大学在读硕士研究生，研究方向为工业设计、交互设计。

通信作者简介：陈语桐（2000—），女，四川长宁人，西南交通大学在读硕士研究生，研究方向为工业设计、交互设计。

室实地场景，了解现有的上门随访巡诊服务内容，探索如何设计出更符合上门随访巡诊服务的医疗产品，以期更好地满足乡村医生的诊疗需求和乡村老年患者的就医需求。

1 乡村老龄医疗巡诊产品研究现状

现有乡村上门随访巡诊服务中常见的老龄医疗巡诊产品如图 1 所示。

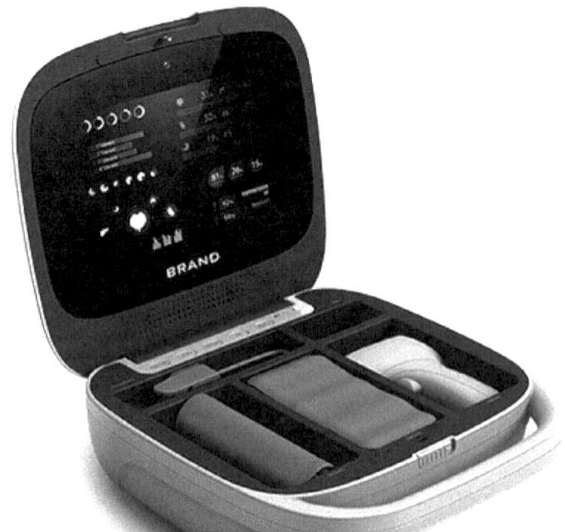

（a）

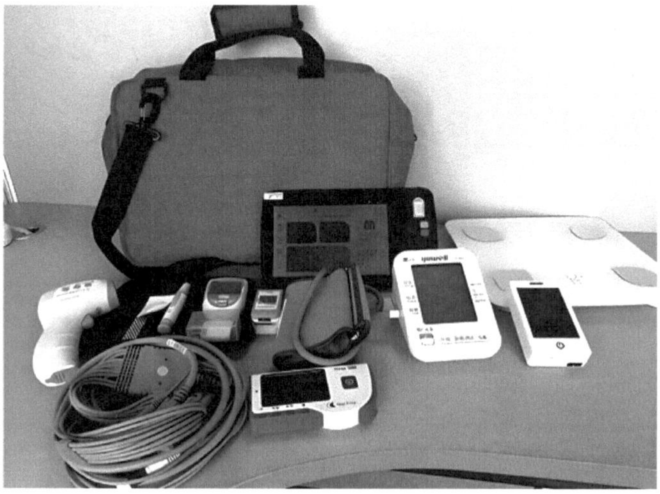

（b）

图 1　常见乡村老龄医疗巡诊产品

其中图 1（a）为智慧随访包，集相关基础性检查功能为一体，便于携带和收纳，但其配备的检查功能较少，无法满足乡村老年患者的检查需求；图 1（b）为家庭医生签约服务包，将便携医疗设备收纳背包中，可检查的种类相对较多，但杂乱不易收纳，乡村医生使用时效率低且费力。

目前对乡村老龄医疗产品与服务的研究主要集中在公共卫生领域、乡村地区医疗服务能力及资源配置和乡村老年患者就医困境等方面 [4-5]；计算机应用领域的研究有乡村基层医疗信息系统的技术构建，以及运用信息与通信技术相结合的乡村远程医疗就医系统应用 [6]。而设计视角聚焦探索用户真实需求的乡村老龄医疗巡诊产品研究则相对较少，吴月 [7] 从美丽乡村建设背景视角探讨了乡村老龄化医疗辅助产品的需求，提出了乡村老龄化医疗辅助性产品创新设计原则和未来发展趋势。伍健等 [8] 将乡村老年人、医护人员、子女和邻里等多角色联合起来，采用服务设计方法和工具，提出了以家庭内部医疗保障、邻里互助保障、在线家庭医生和快捷急救站等医疗服务来提升乡村老年人的医疗服务体验。王慧敏 [9] 运用包容性设计理论，构建了针对包括乡村老年患者在内的医疗贫困居民的医疗扶贫服务系统，主要有医疗信息管理、远程会诊和共享医疗资源等功能。

由此可知乡村老龄医疗产品设计研究受到了广泛的关注，同时国家政策支持和新兴技术广泛应用也为乡村老龄医疗产品设计研究提供新契机。但由于乡村老龄医疗产品和服务的发展相对滞后，乡村老龄医疗巡诊产品设计仍存在较大研究空白。常见乡村老龄医疗巡诊产品的功能单一，携带不便和种类少等，难以满足用户的检查需求；而乡村老龄医疗巡诊产品和服务的研究处于初期探索阶段，缺少从用户行为流程的角度分析用户的真实需求，以及聚焦到具体场景阶段的设计研究。因此，本文拟采用SAPAD理论模型和AHP相结合的研究方法，探索设计更符合用户真实需求和使用体验的乡村老龄医疗巡诊产品设计。

2 研究方法

2.1 SAPAD-AHP法概述

符号学路径下的产品构建（Semiotic Approach of Product Architecture Design，SAPAD）是由Hu与Sato教授共同提出的理论模型[10]。SAPAD理论模型是从意义的角度探索产品设计架构，融合符号阶梯框架和布尔逻辑关联矩阵分析方法，分析用户行为和梳理行为背后的相关意义，聚类分析行为、对象和意义的内容，重构获取全新的功能模块和设计机会[11-12]。该理论模型能够挖掘易忽略的用户需求，在产品设计和信息交互设计等领域已有广泛的研究与应用。王炜等[13]通过研究家电产品设计的案例，运用SAPAD理论框架将地方性知识情景的社会文化意义转化为具有突破性的设计方案；胡飞等[14]运用SAPAD理论框架进行整体橱柜使用行为的分析与建构，得到了更优的整体橱柜创新设计。赵佳妮[15]引入了SAPAD理论模型对信息架构和交互界面进行了重构与优化设计，提升了移动应用的用户体验。

层次分析法（Analytic Hierarchy Process，AHP）是美国著名学者Saaty教授等[16]提出的一种定性与定量分析相结合的多准则决策方法。在设计领域广泛运用于设计需求和优化设计方案的筛选，魏巍等[17]在雪地救援装备设计中，采用AHP量化分析获取了雪地救援装备的核心功能需求。李占利等[18]基于AHP对牙齿隐形正畸方案提出了评价与优选的方法，为医生与患者选择治疗方案提供了依据。

2.2 基于SAPAD-AHP法的乡村老龄医疗巡诊产品设计流程

首先，使用SAPAD理论模型获取基础意义簇。实地调研获取用户典型的行为路径。将典型用户行为路径进行逐步拆解，拆分为行为模块、任务、环境、子任务和行为相关物，完成“行为—对象”的映射分析。意义根据符号学阶梯框架分为6个层次，包括物理层、语构层、经验层、语意层、语用层和社会层，对各任务中子任务进行意义映射分析是SAPAD理论模型中核心的分析步骤，完成“行为—意义”的映射分析[19]。运用布尔逻辑关联矩阵[20]，对各意义层的意义内容进行聚类分析，合并同一意义层级类似的意义内容，聚集相关性较强的意义内容，形成基础意义簇群。

其次，AHP获取核心意义簇。当前有部分学者在对SAPAD理论模型研究中，发现在获取核心意义簇时采用关联聚类等传统方法存在主观臆断的问题，引入 AHP 能有效提高获取核心意义簇阶段的客观性和准确性[21-22]。以基础意义簇作为准则层，将基础意义簇相对应的意义内容作为方案层，形成各意义层次的层次分析结构，构建层次判断矩阵并计算出各准则层指标的权重，完成一致性检验及各意义层次权重排序，获得核心意义簇群。

最后，获取基于意义的产品设计功能架构。合并具有相似性的核心意义簇，归纳获得多层级核心意义簇。对多层级核心意义簇与设计对象再映射分析，获得新的功能模块，并将其映射到乡村老龄医疗巡诊产品上，得到硬件产品设计和软件交互设计功能架构，从而指导完成乡村老龄医疗巡诊产品设计方案。梳理出 SAPAD-AHP 法在乡村老龄医疗产品设计的应用流程，如图 2 所示。

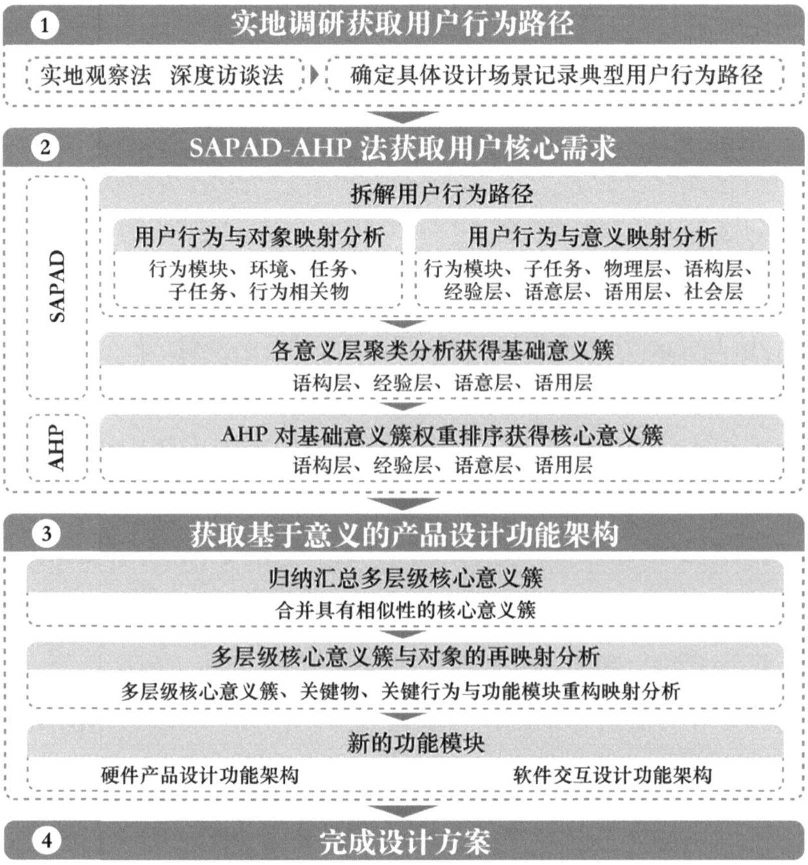

图 2 乡村老龄医疗产品设计流程

3 SAPAD-AHP 法应用于乡村老龄巡诊产品设计

3.1 基于 SAPAD 理论模型获取基础意义簇

3.1.1 实地调研获取用户行为

为深入了解当前我国乡村上门随访巡诊服务中现存问题，文中对甘肃省某市乡村医生为乡村老年患者提供上门随访巡诊服务的过程进行调研，调研对象为 3 位乡村医生和 8 名乡村老年患者。选定乡村医生周医生为典型用户，采用实地观察法和深度访谈法，观察记录周医生为乡村老年患者提供上门随访巡诊服务过程的相关行为活动；同时对周医生进行访谈，深入了解上门随访巡诊服务全过程，采用用户行为路径图记录周医生在关键诊疗阶段的时间、行为触点、具体行为活动和情绪，建立乡村医生为乡村老年患者提供上门随访巡诊服务的典型用户行为路径，如图 3 所示。

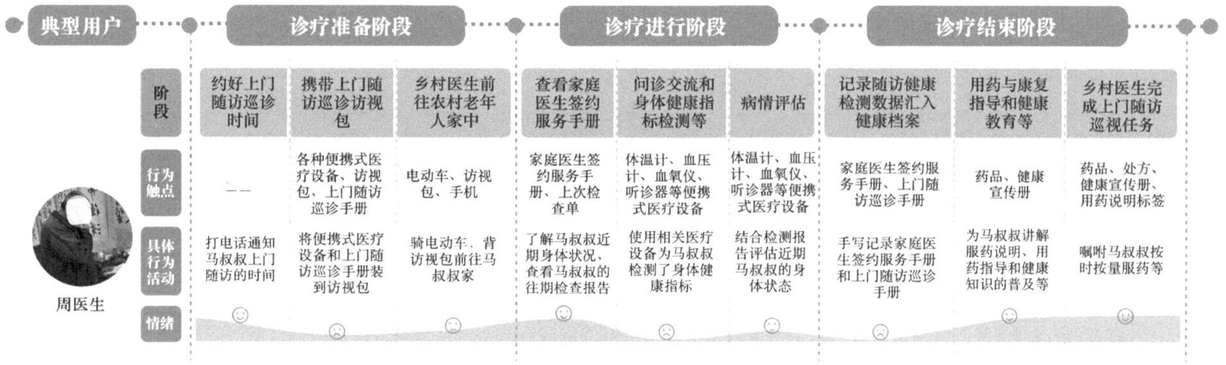

图 3　典型用户行为路径图

3.1.2 行为—对象—意义映射分析

首先，将乡村医生的典型行为路径拆分为行为模块、任务、环境、子任务和行为相关物，完成“行为—对象”的映射分析。由映射分析结果可知，乡村医生诊疗行为分为 3 个行为模块，可拆分为 10 个任务，20 个子任务和 17 个行为相关物。以“诊疗进行阶段”行为模块为例，对任务、环境、子任务和行为相关物分析过程如图 4 所示。

行为模块	任务	环境	子任务	行为相关物
B）诊疗进行阶段	B_1）查看以往随访和就医记录	乡村老年患者家中	B_{1-1}）查看家庭医生签约服务手册，查看以往检查报告和诊断报告	家庭医生签约服务手册、以往检查报告单和诊断报告单
	B_2）问诊交流		B_{2-1}）了解病情症状不适的原因和病情变化	家庭医生签约服务手册
			B_{2-2}）了解近期服药情况	药品
	B_3）提供相关身体健康指标检查		B_{3-1}）提供体温、血压、血氧饱和度、血糖等身体指标相关检查和肢体活动障碍等评估检查	体温计、血压仪、血氧仪、听诊器等相关医疗设备，椅子、床
			B_{3-2}）完成初步的诊疗服务	相关医疗设备
	B_4）完成乡村老年患者病情评估		B_{4-1}）结合相关身体指标检查给出病情评估报告	家庭医生签约服务手册、随访巡诊手册
			B_{4-2}）为乡村老年患者提出相关治疗的建议和康复的注意事项	家庭医生签约服务手册、随访巡诊手册

图 4　用户行为与对象的映射分析

接着，归纳乡村医生行为模块中各子任务在物理层、语构层、经验层、语意层、语用层和社会层 6 个意义维度的相关意义，完成“行为—意义”的映射分析。由映射分析结果可知，乡村医生 20 个子任务映射得到意义内容物理层 17 项、语构层 20 项、经验层 14 项、语意层 14 项、语用层 13 项和社会层 3 项。以“诊疗进行阶段”行为模块为例，对子任务和各意义层分析过程如图 5 所示。

3.1.3 意义聚类分析与基础意义簇

运用布尔逻辑运算关联矩阵，聚类乡村医生各意义层的意义内容，各意义层之间的相关性强弱可采用 0 ～ 3 划分 4 个等级来赋值表示，其中 0 代表不相关，3 表示核心相关。聚类得出各意义层次的意义内容，对后续确定产品功能架构有不同方向的设计思考[23]。本文在意义聚类分析阶段主要选取语意层、语用层、语构层和经验层，获得各意义层基础意义簇群。

语意层是用户对上门随访巡诊服务中的情感体验和需求。聚类分析得到 7 个基础意义簇：联系流程不便捷；路途远，需要带的就医材料繁杂且不便；查看零散的纸质检查报告效率低且不齐全；携带的医疗设备少，不能满足乡村老年患者检查需求；期待有上级医院专家开展远程会诊，获得更专业的治疗建议；手写健康数据记录方式繁杂和缓慢；健康知识宣传方式传统单一。乡村医生语意层聚类分析如图 6 所示。

行为模块	子任务	意义					
		物理层	语构层	经验层	语意层	语用层	社会层
B）诊疗进行阶段	$B_{1\text{-}1}$）查看家庭医生签约服务手册，查看以往检查报告和诊断报告	家庭医生签约服务手册、以往检查报告单、以往诊断报告单	查看以往的随访巡诊记录和就医记录	了解病情状态	查看零散的纸质检查报告效率低、部分不清晰	能快速且准确的知晓乡村老年患者的病情状态	—
	$B_{2\text{-}1}$）了解病情症状不适的原因和病情变化	家庭医生签约服务手册	了解乡村老年患者近期的病情症状	仔细询问有助于更准确的评估	提高问诊效率，快捷解决就医疑问	达到有效问诊交流	—
	$B_{2\text{-}2}$）了解近期服药情况	药品	查看乡村老年患者近期服用的相关药物	进一步详细了解病情	提高问诊效率	—	—
	$B_{3\text{-}1}$）提供体温、血压、血氧饱和度、血糖等身体指标相关检查和肢体活动障碍等评估检查	体温计、血压计、血氧仪、听诊器等相关医疗设备，椅子、床	提供相对应的基础性身体指标检查	根据身体症状需求展开相对应的身体指标检查	相关便携医疗设备缺少、不能满足随访巡诊检查需求	便携医疗设备种类丰富一些	—
	$B_{3\text{-}2}$）完成初步的诊疗服务	相关医疗设备	完成对乡村老年患者的相关检查	结合基础的检查和经验判断得出初步评估报告	增添相关便携医疗检测设备，减少主观经验诊断	能使上门随访巡诊检查更全面一些	—
	$B_{4\text{-}1}$）结合相关身体指标检查给出病情评估报告	家庭医生签约服务手册、随访巡诊手册	结合相关检查得出病情评估报告	向乡村老年患者告知病情状态	能舒畅有效地交流沟通	能使乡村老年患者更深入的了解病情	—
	$B_{4\text{-}2}$）为乡村老年患者提出相关治疗的建议和康复的注意事项	家庭医生签约服务手册、随访巡诊手册	为乡村老患者提出相关的治疗和康复建议	讲清楚治疗和康复注意事项，便于乡村老患者遵循	期待病情康复好转，乡村老年患者不按要求遵守医嘱	期待有上级医院专家开展远程会诊，获得更专业的治疗建议	—

图 5　用户行为与意义的映射分析

	联系流程不便捷，乡村老年患者不重视	不按要求遵守医嘱	需要带的就医材料和便携医疗设备多且繁杂	上门随访路途劳累	查看零散的纸质检查报告效率低、部分不清晰	提高问诊效率，快捷解决就医疑问	提高问诊效率	便携医疗设备少，不能满足随访巡诊检查需求	增添相关医疗检测设备，减少主观经验诊断	能舒畅有效地交流沟通	期待有上级医院专家开展远程会诊，获得更专业的治疗建议	手写过程复杂且效率低	健康数据录入方式繁杂和缓慢	健康知识宣传方式传统单一
联系流程不便捷，乡村老年患者不重视	3	3	0	0	0	0	0	0	0	1	0	0	0	0
不按要求遵守医嘱	3	3	0	0	0	0	0	0	0	0	1	0	0	0
需要带的就医材料和便携医疗设备多且繁杂	0	0	3	3	0	0	0	1	1	0	0	0	0	0
上门随访路途劳累	0	0	3	3	0	0	0	0	0	0	0	0	0	0
查看零散的纸质检查报告效率低、部分不清晰	0	0	0	0	3	2	2	0	0	0	0	0	0	0
提高问诊效率，快捷解决就医疑问	0	0	0	0	2	3	3	0	0	0	0	0	0	0
提高问诊效率	0	0	0	0	2	3	3	0	0	0	0	0	0	0
便携医疗设备少、不能满足随访巡诊检查需求	0	0	1	0	0	0	0	3	3	0	0	0	0	0
增添相关医疗检测设备，减少主观经验诊断	0	0	1	0	0	0	0	3	3	0	0	0	0	0
能舒畅有效地交流沟通	1	0	0	0	0	0	0	0	0	3	3	0	0	0
期待有上级医院专家开展远程会诊，获得更专业的治疗建议	0	1	0	0	0	0	0	0	0	3	3	0	0	0
手写过程复杂且效率低	0	0	0	0	0	0	0	0	0	0	0	3	3	0
健康数据录入方式繁杂和缓慢	0	0	0	0	0	0	0	0	0	0	0	3	3	0
健康知识宣传方式传统单一	0	0	0	0	0	0	0	0	0	0	0	0	0	3

图 6　乡村医生语意层聚类分析

语用层是用户对上门随访巡诊服务中具体医疗服务的真实期望。聚类分析得到 5 个基础意义簇：通知流程更便捷；能携带更多药品和丰富的医疗设备；期待有远程会诊医疗服务；期望健康数据的记录更快捷；提高乡村老年患者的健康生活意识。

语构层是能满足用户对上门随访巡诊服务中所需的相关功能模块。聚类分析得到 6 个基础意义簇：提前发布通知的功能；为上门随访巡诊做好充分准备；详细了解乡村老年患者近期病情状态；可提供健全的身体健康评估功能；快捷详细记录健康信息的功能；收纳好访视包完成上门随访巡诊。

经验层是用户从自身的使用经验和生活体验对完成上门随访巡诊服务过程的理解。聚类分析得到 5 个基础意义簇：使得乡村老年患者做好就医准备；能更清楚地了解病情状态；快速准确地完成身体健康评估；向乡村老年患者告知病情状态和康复注意事项；便捷记录健康信息。

3.2 AHP 获取核心意义簇

采用 AHP 对上文聚类分析获得的基础意义簇进一步分析，获取核心意义簇，即用户核心需求。以乡村医生语意层的基础意义簇为例。将乡村医生在上门随访巡诊服务过程中的情感体验作为目标层，以乡村医生语意层的基础意义簇为准则层，以乡村医生语意层的意义内容为方案层，构建了层次分析结构，如图 7 所示。文中只需计算准则层（基础意义簇）的权重值并排序，获取核心意义簇指导设计研究，不进行方案层权重值计算和排序。

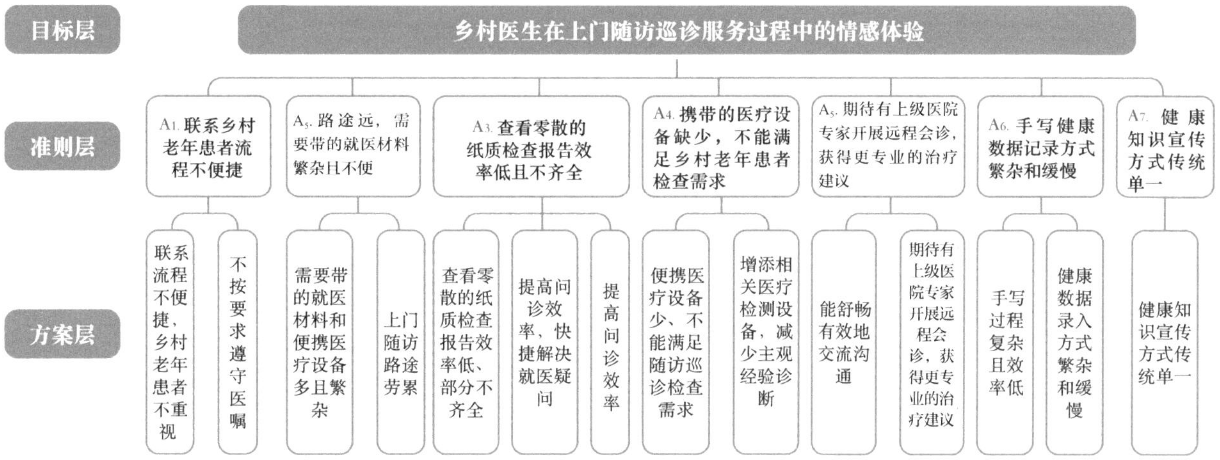

图 7　乡村医生语意层层次分析结构

根据构建的乡村医生语意层层次分析结构，对准则层的 7 个指标进行标示（a_1-a_7），采用专家法，邀请 4 位乡村医生，对乡村医生语意层中准则层指标重要性进行两两比较打分，取其打分的平均数，建立了准则层指标判断矩阵 ***A***，如表 1 所示。

表 1　准则层指标判断矩阵

指标	a_1	a_2	a_3	a_4	a_5	a_6	a_7
a_1	1	1/4	3	1/6	1/4	1	1/2
a_2	4	1	7	1/2	1	4	2
a_3	1/3	1/7	1	1/9	1/7	1/3	1/5
a_4	6	2	9	1	2	6	4
a_5	4	1	7	1/2	1	4	2
a_6	1	1/4	3	1/6	1/4	1	1/2
a_7	2	1/2	5	1/4	1/2	2	1

根据判断矩阵两两比较获得的指标权重，其中 a_{ij} 是 a_i 对 a_j 的重要程度，a_i 与 a_j（i，j=1，2，…，7）表示准则层指标。例如 a_{12}=（a_1，a_2）=4，即 a_1 对 a_2 的重要程度为 4。将打分获得的数值代入式（1）与式（2）计算得出判断矩阵归一化指标权重值 ω_i，如表 2 所示。

$$\overline{a}_{ij}=a_{ij}/\sum_{i=1}^{7}a_{ij} \tag{1}$$

$$\omega_i=\sum_{j=1}^{7}\overline{a}_{ij}/7 \tag{2}$$

表 2　判断矩阵归一化指标权重值

指标	a_1	a_2	a_3	a_4	a_5	a_6	a_7	ω_i（权重值）
a_1	0.0545	0.0486	0.0857	0.0620	0.0486	0.0545	0.0490	0.0576
a_2	0.2182	0.1944	0.2000	0.1855	0.1944	0.2182	0.1961	0.2010
a_3	0.0182	0.0278	0.0286	0.0412	0.0278	0.0182	0.0196	0.0259
a_4	0.3273	0.3889	0.2571	0.3711	0.3889	0.3273	0.3922	0.3504
a_5	0.2182	0.1944	0.2000	0.1855	0.1944	0.2182	0.1961	0.2010
a_6	0.0545	0.0486	0.0857	0.0620	0.0486	0.0545	0.0490	0.0576
a_7	0.1091	0.0972	0.1429	0.0928	0.0972	0.1091	0.0980	0.1066

$$\lambda_{\max}=\sum_{i=1}^{7}(A\omega)_i/7\omega_i \tag{3}$$

根据式（3）计算判断矩阵的最大特征值 $\lambda_{\max}$ =7.0822。

$$CI=(\lambda_{\max}-7)/(7-1) \tag{4}$$

$$CR=CI/RI \tag{5}$$

通过式（4）与式（5）对判断矩阵进行一致性检验，根据 RI 表查到对应的 RI 值为 1.36，CI=0.0137，CR=CI/RI=0.0101<0.1，因此权重值具有可信度。对准则层指标权重值进行排序，如表 3 所示。

表 3　准则层指标权重值排序

排序	准则层指标	ω_i（权重值）	CR
1	a_4）携带的医疗设备缺少，不能满足乡村老年患者检查需求	0.3504	
2	a_5）期待有上级医院专家开展远程会诊，获得更专业的治疗建议	0.2010	
3	a_2）路途远需要带的就医材料繁杂且不便	0.2010	
4	a_7）健康知识宣传方式传统单一	0.1066	0.0101
5	a_1）联系乡村老年患者流程不便捷	0.0576	
6	a_6）手写健康数据记录方式繁杂和缓慢	0.0576	
7	a_3）查看零散的纸质检查报告效率低且不齐全	0.0259	

由以上分析可知，乡村医生语意层的核心意义簇为：携带的医疗设备缺少，不能满足乡村老年患者检查需求；期待有上级医院的专家开展远程会诊，获得更专业的治疗建议；路途远，需要带的就医材料繁杂且不便；健康知识宣传方式传统单一。同理可得出，语用层的核心意义簇为：能携带更多药品和丰富的医疗设备；期待有远程会诊医疗服务；通知流程更便捷。语构层核心意义簇为：为乡村老年人提供健全的身体健康评估功能；为上门随访巡诊做好充分准备；快捷详细记录健康信息的功能。经验层核心意义簇为：快速准确地完成身体健康评估；便捷记录健康信息。

3.3 多层级核心意义簇与设计对象再映射分析

通过 AHP 获得了乡村医生语意层、语用层、语构层和经验层各层级的核心意义簇。而各层级核心意义簇之间存在同质性倾向与异质性倾向[22]；因此将各层级核心意义簇进行关联分析获取具有代表性的多层级核心意义簇，分别是：需要种类丰富的可移动医疗设备满足检查需求；期待有远程会诊医疗服务，获得更专业的治疗建议；能便捷地前往乡村老年患者家中；完善的健康教育及宣传平台；优化记录健康信息的方式；通知流程更便捷；携带相关常用药品。

在 SAPAD 理论框架中，核心意义簇的构建是挖掘乡村医生在上门随访巡诊服务全过程的核心需求，指出了乡村老龄医疗巡诊产品的设计方向[24]。完成多层级核心意义簇、关键物、关键行为与功能模块的映射分析，进行乡村老龄医疗巡诊产品功能模块的重新构建，获得 8 个新的功能模块，如图 8 所示。

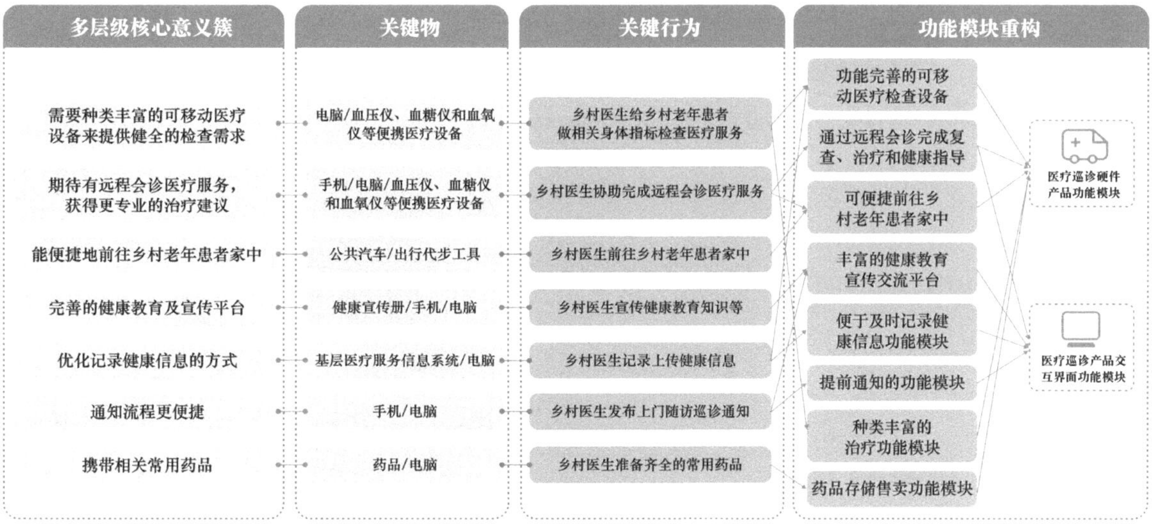

图 8　多层级核心意义簇—关键物—关键行为—功能模块重构分析

4 基于 SAPAD-AHP 法的乡村老龄医疗巡诊产品设计方案

基于 SAPAD-AHP 法重新构建了乡村老龄巡诊产品新的功能模块。现有乡村上门随访巡诊服务中相关医疗巡诊产品皆未完整包含以上 8 个新的功能模块。将新的功能模块融入乡村老龄医疗巡诊产品设计实践，分别展开对乡村老龄医疗巡诊硬件产品和信息系统的设计实践。

4.1 乡村老龄医疗巡诊硬件产品设计实践

乡村老龄医疗巡诊硬件产品新的功能模块有功能完善的可移动医疗检查设备；通过远程会诊完成复查、治疗和健康指导；可便捷前往乡村老年患者家中；种类丰富的治疗功能模块；药品存储售卖功能模块。将其映射到乡村老龄医疗巡诊硬件产品设计实践中，提出了具体的功能及分区：① 可移动功能。乡村医生可携带更丰富的医疗设备，便捷前往乡村老年患者家中，完成上门随访巡诊医疗服务。② 集成式医疗检查区。满足不同乡村老年患者的就医检查需求，对相关医疗设备重新布局，形成多功能的医疗检查区；配备了显示屏和健康报告打印区，使相关检查数据查看更直观。③ 就医问诊和治疗区。配备问诊交流显示屏和指引标识等，可完成远程会诊医疗服务；设置了治疗与输液功能区，消毒与医疗废物储存区等，便于乡村医生展开相关治疗。④ 健康知识宣传区。配备显示屏等，向乡村老年患者普及健康知识等。⑤ 药品存放售卖区。为缓解乡村老年患者取药不便的问题，备齐常用的相关药品，分为药品存放和售卖区。乡村老龄医疗巡诊硬件产品设计方案展示，如图 9 ～ 10 所示。

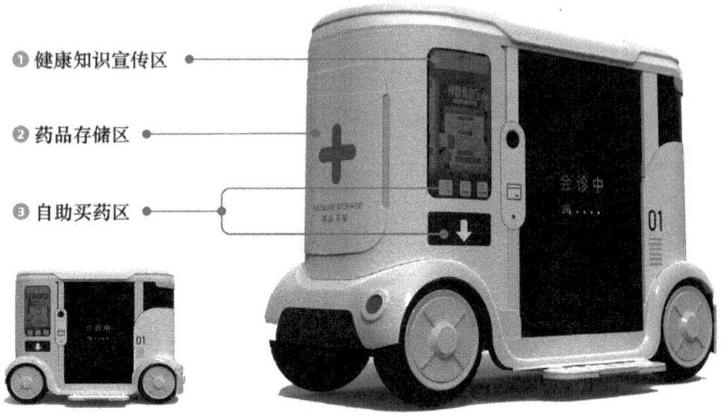

图 9　乡村老龄医疗巡诊硬件产品设计方案（1）

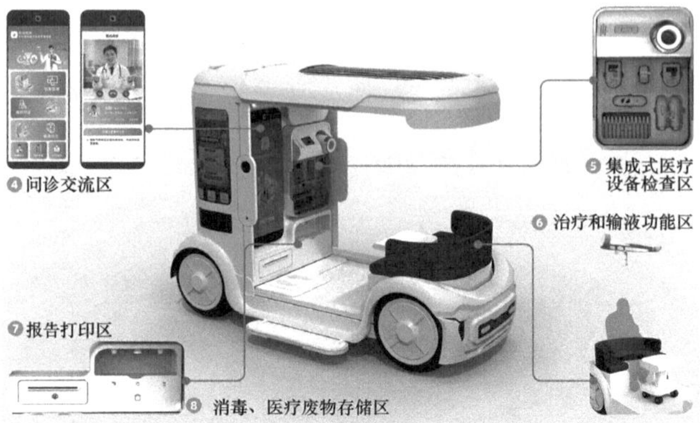

图 10　乡村老龄医疗巡诊硬件产品设计方案（2）

4.2 乡村老龄医疗巡诊信息系统设计实践

为提升乡村老龄医疗巡诊硬件产品设计的交互体验和更便捷地完成上门随访巡诊服务，推出了一款乡村老龄医疗巡诊信息系统应用。新的功能模块具备通过远程会诊完成复查、治疗和健康指导功能；丰富的健康教育宣传交流平台；便于及时记录健康信息功能模块；提前通知的功能模块。在此基础上构建了乡村老龄医疗巡诊信息系统的信息架构，如图 11 所示。

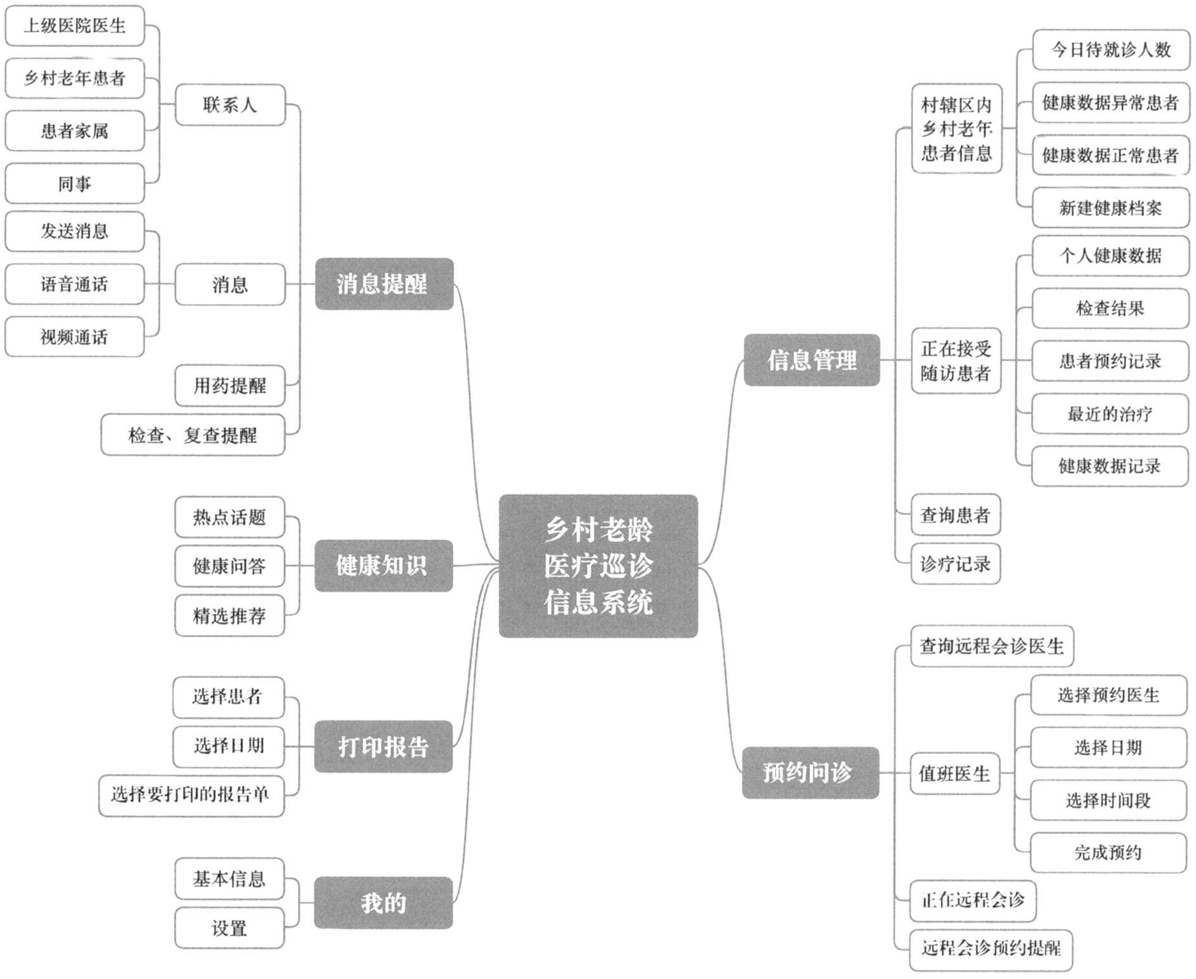

图 11　乡村老龄医疗巡诊信息系统信息架构

导航信息模块主要包括信息管理、预约问诊、健康知识、消息提醒、我的、打印报告 6 个部分。“信息管理”包括村辖区内乡村老年患者健康信息、正在接受随访患者、查询患者、诊疗记录。“预约问诊”包括查询远程会诊医生、值班医生、正在远程会诊、远程会诊预约提醒。“健康知识”包括热点话题、健康问答、精选推荐。“消息提醒”包括联系人、消息、用药以及检查、复查提醒。“我的”包括基本信息、设置。“打印报告”包括选择患者、选择日期、选择要打印的报告单。乡村老龄医疗巡诊信息系统的部分高保真界面如图 12 所示。

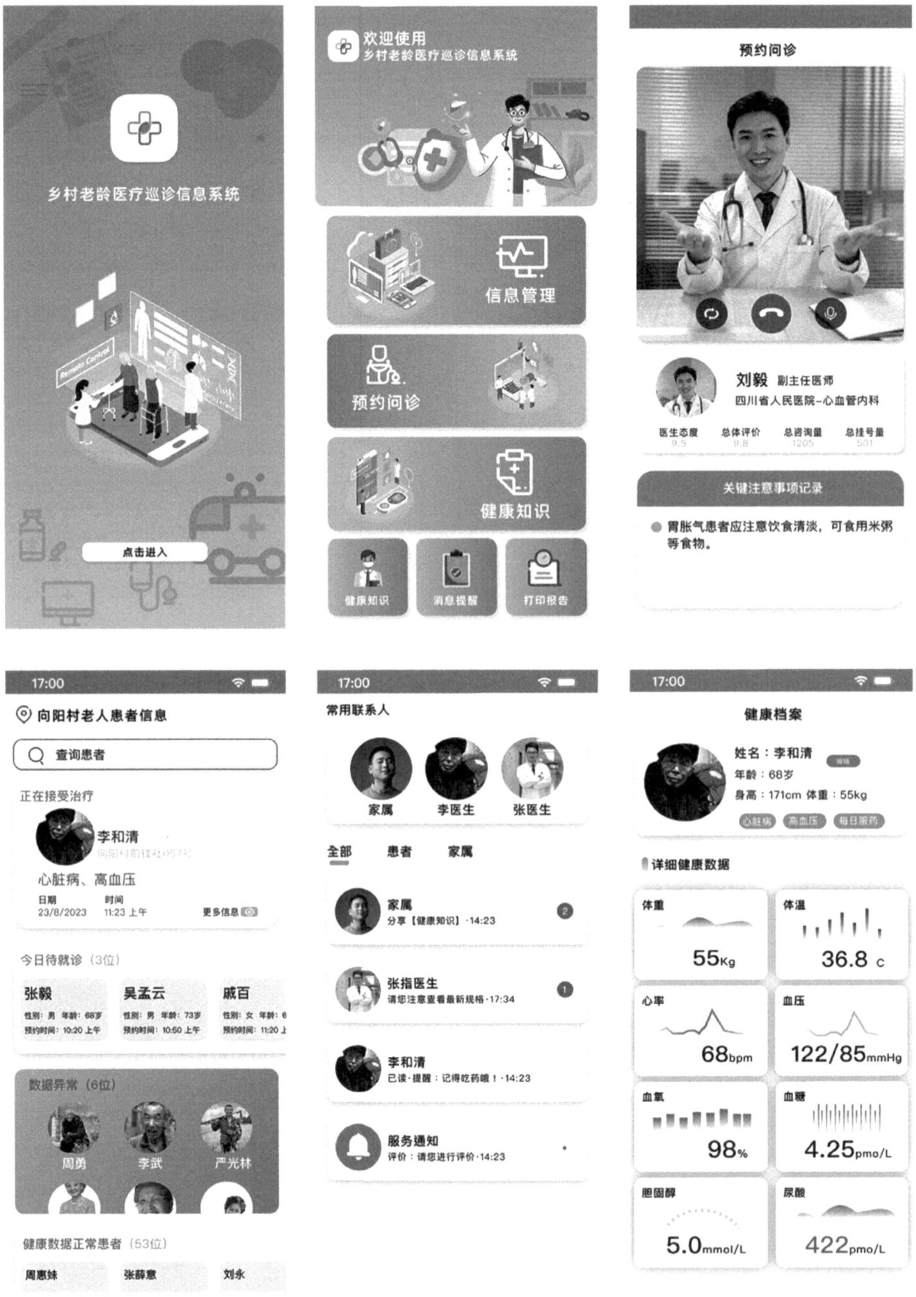

图 12　乡村老龄医疗巡诊信息系统部分高保真界面

5 结论

我国乡村地区老年人患有慢性疾病的比例高，就医需求与日俱增，亟须优化升级乡村地区上门随访巡诊服务，以改善医疗巡诊设备少和服务内容不足等问题。目前，从设计视角对乡村医疗产品和服务的研究仍处于探索阶段。笔者运用 SAPAD-AHP 方法，深入分析乡村上门随访巡诊服务场景中乡村医生的行为流程，挖掘更加真实和深层的诊疗需求。首先，实地调研获取了乡村医生的典型行为，采用 SAPAD 理论模型将乡村医生的典型行为拆分为行为模块、任务、环境、子任务和行为相关物，并对子任务和各意义层次完成映射分析，聚类获得基础意义簇。其次，将AHP引入能客观地量化各指标权重，并归纳获取多层级核心意义簇，即用户核心需求。最后，对多层级核心意义簇与设计对象再映射分析，重构符合用户核心需求的新功能模块，完成了对乡村老龄医疗巡诊硬件产品和信息系统的设计实践方案，为乡村老龄医疗产品相关研究提供新的设计参考。由于资源和条件的限制，研究中调研的地域跨度和用户样本多样性方面存在一定局限性。因此，未来的研究中需要进一步拓宽研究范围，更全面深入地理解乡村医疗服务的需求，从而为乡村医疗服务的优化提供更加有力的支持和依据。

参考文献

[1] 老龄健康司 . 2020 年度国家老龄事业发展公报 [EB/OL].（2021-10-15）[2024-06-05]. http：//www.nhc.gov.cn/lljks/pqt/202110/c794a6b1a2084964a7ef45f69bef5423.shtml.

[2] 白描 . 乡村振兴背景下健康乡村建设的现状，问题及对策 [J]. 农村经济，2020，7：119-126.

[3] 耿敏翼 . 乡村医生签约服务政策在晋北 H 县实施状况及对策研究 [D]. 太原：太原科技大学，2024.

[4] 郭爱妹，顾大男 . 健康不平等视角下医疗服务可及性对老年健康的影响：基于 CLHLS 数据的实证分析 [J]. 人口与发展，2020，26（2）：60-69.

[5] 林谋贵，兰韦娟，倪杰文，等 . 我国农村村级卫生资源配置公平与效率分析 [J]. 中国卫生经济，2023，42（2）：53-57.

[6] 贾兴旺，文庭孝 . 5G 时代农村医疗保障信息系统构建研究 [J]. 医学信息学杂志，2021，42（5）：50-55.

[7] 吴月 . 美丽乡村建设下老龄化辅助性医疗产品创新设计研究 [J]. 大众文艺，2020（7）：135-136.

[8] 伍健，尤冬桂 . 面向农村老人的医疗服务设计研究 [J]. 工业设计，2022（10）：100-102.

[9] 王慧敏 . 基于包容性设计理念的医疗扶贫产品设计研究 [D]. 青岛：青岛大学，2022.

[10] HU F，SATO K，ZHANG X， et al. Semiotic Basis For Designing Product Architecture[C]//19th International Confe-rence on Engineering Design（ICED）. Glasgow：Design Soc，2013：19-22.

[11] HU F，ZHANG X，SATO K，et al. Human-centred Product Architecture from UPPA to SAPAD[C]//International Confer-ence on Sustainable Energy and Environ-mental Engineering（SEEE）. PARIS：Atlantis Press，2015：112-115.

[12] HU F，SATO K，ZHOU K，et al. From Knowledge to Meaning：User-centered Product

Architecture Framework Comparison between OMUKE and SAPAD[C]//International Forum on Management，Education and Information Technology Application（IFMEITA）. 2016：877-885.
[13] 王炜，胡飞 . 家电设计中的地方性知识与情境重构 [J]. 装饰，2021（8）：24-29.
[14] 胡飞，沈希鹏，王兴宇，等 . 基于 SAPAD 的整体橱柜设计研究 [J]. 南京艺术学院学报：美术与设计，2015，（5）：188-192.
[15] 赵佳妮 . 基于 SAPAD 的移动音乐 APP 界面设计研究 [D]. 重庆：重庆大学，2017.
[16] SAATY T L. The Analytic Hierarchy Process：Planning，Priority Setting，Resource Allocation [M]. New York：McGraw-Hill，1980.
[17] 魏巍，张玲玉，汪顺，等 . 基于 AHP-TRIZ 的雪地救援装备概念设计研究 [J]. 图学学报，2023，44（5）：1057-1064.
[18] 李占利，党琪，李洪安，等 . 基于层次分析法的牙齿隐形正畸方案评价与优选 [J]. 图学学报，2021，42（5）：856-865.
[19] 胡飞，晋漪萌，王楷 . 基于 SAPAD 的无人售货产品服务系统设计研究 [J]. 机械设计，2019，36（10）：127-132.
[20] 刘建刚，马安，王宁生 . 基于设计结构矩阵的产品结构模块聚类方法 [J]. 华南理工大学学报（自然科学版），2006，2（11）：45-48，86.
[21] 陈珊珊，段齐骏，李亚军 . 基于 SAPAD-AHP 的儿童牙医服务系统设计研究 [J]. 包装工程，2021，42（10）：115-123.
[22] 刘宗明，王泽琦 . 基于 SAPAD-AHP 法的智能充电桩设计研究 [J]. 图学学报，2023，44（2）：380-388.
[23] 杨博琳，何人可 . 基于 SAPAD 和场景化思维的在线学习交互产品设计研究 [J]. 包装工程，2023，44（2）：167-179.
[24] 胡飞，周坤，刘章生 . 基于 SAPAD 的社区老龄康复服务设计研究 [J]. 包装工程，2018，39（2）：1-7.

十二生肖文化创意与IP形象设计

——以生肖虎为例

赵文锴

（绵阳城市学院 现代城市建设学院，四川 绵阳 610039）

摘要： 通过以生肖虎为例研究IP形象的设计方法，探讨中华生肖文化的传承与现代化发展。利用文化传播理论和视觉设计分析，设计并推广生肖虎的表情包等数字媒体产品，旨在吸引年轻群体，让其以更亲近和有趣的方式接触和理解传统文化。研究结果表明，生肖文化的IP形象设计有效促进了文化元素在现代社会的融入和传播，不仅有助于传统文化的持续传承，也为文化创意产业的发展开辟了新的途径。

关键词： 十二生肖；虎年；IP形象设计；表情包；文化创意

生肖文化是中华传统文化的重要组成部分，具有深厚的历史渊源和哲学内涵。十二生肖作为一个完整的系统，将各种动物以周期循环的方式组织起来，寓意深远。但是随着时代的变迁，传统文化正在面临新鲜事物的挑战。如何传承生肖文化，使其能与时俱进地成为当前文化传承的重要课题？在当今社会，随着社交媒体的兴起和文化IP（知识产权）的广泛应用，IP形象已经成为文化创意产业中的一大支柱，生肖IP不仅能够传承和弘扬传统文化，还能够创造丰厚的经济效益。通过形象设计可以赋予文化内容新的含义和生动的形象，生肖IP形象

基金项目：四川省民办教育协会基金资助项目“人工智能技术在民办高校课程创意激发中的实践教学建设与改革研究——以《品牌设计》课程为例”（项目编号：MBXH24YB158）；校级教研教改基金资助项目“‘一师一优课’品牌设计课程建设”（项目编号：MCYKXM2024072）。

作者简介：赵文锴（1988—），女，湖南邵阳人，讲师，硕士，研究方向为品牌设计、包装设计等，主持省级课题1项，参加国家级项目1项，获得国家级奖项1项，发表论文9篇。

成了传统文化元素与现代文化相结合的桥梁，是高效传播中国传统文化价值观和提升公众参与度的有效手段。

1 生肖文化的传承与演变

1.1 十二生肖的历史渊源与发展

十二生肖当起源于十二兽历，由来甚为古远。 从地域上看，埃及、巴比伦、印度及中国等四个文明古国恰好均在其流行的范围之内。其流传的区域虽广达亚、欧、非大陆，但主要集中于亚洲。由此推断，这一文化当起源于亚洲的某一民族，其后始逐步扩散，而先后为这一广大地区的诸多民族所接受。然而，最初究竟为哪个民族所创，至今却仍是不解之谜[1]。

在中国古代，生肖不仅是一种时间记载方式，更是一种文化符号。生肖的概念在汉朝时期已经形成，并逐渐成为中国文化的一部分。它与农业生产、宗教信仰和社会生活紧密相连，不仅用于标记年份，还与人的命运、性格甚至婚姻配对等方面联系在一起。在不同的朝代，生肖的象征意义和应用形式也随之变化，但其核心地位始终未变。随着社会的发展，生肖文化在现代社会中得到了更广泛的传承和发展。不仅在传统节日中有所体现，还成为文化创意产业的热门素材，为设计师们提供了丰富的创作资源。

1.2 生肖在古代文学艺术中的表现

生肖在中国文学中广泛出现。例如，民间传说十二生肖的起源的故事里，每个生肖都有其独特的来历和寓意，这些故事不仅富有想象力，还蕴含着丰富的文化内涵。《西游记》中的孙悟空以猴子的形象出现，其形象象征着智慧和顽强的生存意志。生肖也常常出现在古代诗词中，诗人们通过对生肖动物特征的描绘，表达自己的情感和寓意。例如，唐朝诗人李贺的《秦王饮酒》中的“秦王骑虎游八极，剑光照空天自碧”便以虎来象征秦王的威猛。宋代陆游的《饮牛歌》以牛为象征，表达了对劳动人民勤劳和坚韧不拔精神的赞美。

1.3 十二生肖在现代社会的传承

十二生肖在现代社会中仍然扮演着重要的角色，它作为中国文化的一部分，被广泛传承和应用在各个领域。例如，当今不少动画片、电影和游戏以十二生肖为背景或角色设定，吸引了广大观众和玩家的关注。

另外，无论是在庆祝活动、艺术创作还是商业宣传中，生肖都展示了它的独特魅力和文化意义，成为中华文化的重要组成部分。

1.4 生肖文化在传统节日的体现

生肖文化通常经过艺术品、装饰品、食物和庆祝活动等多种形式得到体现，特别是每年的中国传统节日春节，也是十二生肖文化体现得最为明显的时候。在春节期间，人们会以生肖为主题进行庆祝活动，如舞龙舞狮以及展示与生肖相关的艺术品和装饰品。此外，人们还会赠送红包，红包上常常印有生肖图案和祝福语，生肖作为中国文化的重要组成部分，为传统节日增添了独特的意义和乐趣。

1.5 虎在中国传统文化中的象征意义

十二生肖自古就是人们心目中的神奇动物，是各地年画、剪纸、皮影、雕塑等民间艺术、传统文化表现乃至玩具、饰品设计的重要内容，在辞旧岁、迎新年、庆丰稔、谢神灵、除灾祸、保平安以及婚嫁迎娶、生子满月等民俗活动中，十二生肖艺术形象更是具有独特的吉祥象征意义[2]。虎在中国文化中代表着力量、威严和勇敢，是相当正面和神圣的一个生肖符号。在虎年出生的人往往被赋予更高的期待。虎在中国文化中扮演着重要的角色，并被广泛用于艺术、文化和民间传说中。

2 文化创意与IP的理论基础

2.1 文化创意

国内学者王万举认为“文化创意是对文化元素的重构再现”，既要重组文化元素，又要挖掘创新的文化元素。白庆祥、李宇红在《文化创意学》一书中提到：文化与创意是互相依存的关系，文化是创意的基础和精髓，而创意则是“文化传承的动力之源”。同时指出，文化创意就是“以知识为元素，融合多元文化、整合相关学科、利用不同载体而构建的再造与创新的文化现象”。而学者胡鹏林将文化创意的内涵纳入人类的文明与历史文化的范畴，认为它包含文化、创意和艺术三个元素，文化是基础，创意是核心，艺术是手段。从三位学者的学术释义中可以看出，他们认为“文化创意”更侧重文化方面的内容，创意是为了文化而服务的[2]。

通过创意，传统文化得以注入新的生命力和活力，吸引更多的人参与和关注。生肖IP化也是一种文化创意，有助于跨文化交流和理解，促进文化多样性的保护和传播。文化创意的价值在于它能够保护和传承传统文化，同时满足现代社会的需求和审美趋势。它不仅为创作者提供了表达自身的平台，也为观众带来了全新的视觉和体验。通过文化创意的力量，十二生肖文化可以被用来创造出独一无二的作品，丰富人们的生活，推动文化的发展和进步。

2.2 IP的概念

IP是适应时代发展的新品牌观，具有文化母体、品牌创新和超级符号的属性，能够通过唤起记忆、触动情感、实现交流而成为高效的品牌传播载体[3]。IP形象是由人创造出来的品牌或者产品的形象代言人，它是一个有名称、有性格的漫画人、动物乃至非生命的形象[4]。以虎年为例，创造出与虎相关的IP形象，在设计上采用虎的元素，如虎纹、虎面，同时赋予其独特的性格和形象，使其成为易于识别和记忆的超级符号。这样的IP不仅能成为商业活动中的形象代言人，它还是文化传播的载体，能够跨文化和跨地域地传达相关的文化和情感内容。

3 虎年 IP 设计理念

3.1 设计目标

本项目的设计目标旨在创造一个既能迎合现代审美又深植于传统文化的虎年 IP。首先，该设计须具备视觉吸引力，以激发目标消费者的兴趣和好奇心。其次，设计应充分体现虎作为文化象征的各种属性，如力量、勇气和保护，使其成为文化传播的媒介。最后，设计还应富含创新性和教育意义，使该 IP 能够跨越文化和地理界限，提升全球观众对中国传统文化的理解和赏识。

3.2 设计理念的构建

目前市场大多数生肖文创的设计手法大多停留于二维拉伸、图案拼贴这样的常规性操作当中，这就导致产品单调、形式循规蹈矩、功能与文化内涵不匹配等现象发生。 因此在产品形态设计中可以根据需要对已有的生肖文化符号进行整理、归纳、修饰以及夸张 [5]。特别是针对虎的形象，作为中国文化中力量和祥瑞的象征，设计理念将侧重于通过动态的线条、鲜明的色彩和生动的姿态展示虎的特质，同时传达其力量感和庆祝气氛。此外，设计还将尊重传统文化，同时采用现代表达方式，打造既具古典韵味又符合现代审美的视觉效果。

3.3 元素的提取

在传统文化中，虎象征勇气和力量，常被视为护卫和驱邪的象征。虎的形象广泛出现在各类中国艺术作品中。首先，从剪纸艺术中提取元素，尤其是虎的线条，将这些线条进一步抽象化，形成 IP 形象的显著脸部轮廓，以适应现代审美，如图 1 所示。其次，参考山西黎侯布老虎的夸张设计风格，其宽大的头部、圆润的身体和生动的表情被用作 IP 形象的身形和表情设计，如图 2 所示。接着，引入年画娃娃的红脸蛋特征，这种象征幸福、健康和繁荣的元素能增强 IP 形象的亲和力，如图 3 所示。最后，借鉴国画写意风格中毛笔的自然流畅笔触和晕染效果，展现老虎的威猛、生动感以及独特的中国风情，如图 4 所示。

图 1　剪纸虎

图 2　山西黎侯布老虎

图3　年画娃娃

图4　写意老虎

通过以上的设计理念与元素提取，该虎年IP项目不仅将深化文化的表达，还将展示出独特的艺术美感，使之成为跨文化交流的桥梁。

4 虎年IP形象设计实践

4.1 形象设计的创意表达

生肖虎IP形象的设计是一个创意表达的过程，旨在捕捉虎的独特轮廓和特征，并将其转化为一个可爱且充满趣味的卡通形象，以吸引年轻的受众。设计借鉴了虎的典型特征，如其怒目圆睁的面孔和独特的斑纹，结合生动的橙色、黑色和红色，这些颜色不仅强调了虎的本色，也增添了视觉的冲击力。此外，融入传统的毛笔笔触和年画风格，为虎年形象增添了独特的文化氛围和艺术美。为确保细节的完整性和设计的连贯性，该形象将通过三个不同的视角进行展示：前视图、侧视图和后视图。前视图详细展示了虎的正面，包括头部和面部特征，如眼睛、鼻子、嘴巴以及身体轮廓，强调其形状和特点；侧视图揭示了虎的侧躯、尾巴的形状和比例以及身体的曲线和动态姿态；后视图则专注于虎的背面，展示尾巴的长度和背部的纹理细节。这三个视图的整合不仅为设计师和制作团队提供了一致的形象指导，也确保了最终产品在宣传和市场展示时的视觉一致性，如图5所示。

图5　生肖虎IP形象三视图

4.2 IP 形象 3D 建模

确定了虎年 IP 形象特征后，进行 3D 建模成为展示其全面特征的关键步骤。具有 3D 模型的 IP 形象不仅便于精确展示，而且极易应用于各种产品中，如玩具和其他衍生品。这种精确的 3D 模型可以直接用于制造过程，确保所有细节都按照设计意图准确再现。因此，3D 建模不仅提高了设计的实用性和适用性，还确保了设计在各种应用中的一致性和可靠性。这使得虎年 IP 形象在市场上具有更广泛的应用前景和商业价值。如图 6 所示。

图 6　生肖虎 IP 形象 3D 建模图

5 虎年 IP 形象传播

5.1 结合传统文化与现代设计

在“去中心化”的影响下，传统的新闻传播方式正在改变。随着许多新型自媒体的兴起，IP 形象的传播途径和媒介变得更加广泛。由于 IP 形象本身具有强烈的衍生能力，它们可以被有效地融入互联网社交环境中[5]。虎年 IP 形象可以通过现代设计手法和技术手段，融合传统虎年元素，制作出具有时尚感和艺术感的表情包等应用，有效地融入互联网社交环境中，增强其广泛的传播和影响力。

5.2 表情包的文化沟通作用

表情包作为一种新兴的数字沟通工具，不仅可以弥补文字表达的局限，丰富沟通的表现形式，而且已经成为当代社交媒体中的重要文化符号。通过设计具有虎年特色的表情包，不仅能够传达新年的祝福，还能在社交平台上引起广泛关注，有效结合传统文化和现代设计，为虎年 IP 的宣传提供有力支持。

5.3 虎年表情包设计原则

设计虎年表情包时，应注重简洁明了的视觉表达，确保其在小尺寸显示时的清晰度和识别性。因此，可通过夸大的面部表情和身体动作来传递丰富的情绪。此外，明亮的色彩设计，如橙色和黑色条纹，可以提升表情包的吸引力，确保其在不同平台上的显著性。此外，文化元素的融入，如春节的红包或鞭炮，既增强了表情包的文化共鸣，又丰富了情感表达，满足了广泛的沟通需求。

5.4 设计和推广虎年新年表情包

在设计虎年新年表情包时，应创建一系列生动有趣的虎形象，通过不同的表情和动作表达各种情绪和祝福。为营造浓厚的春节氛围，应当巧妙地融入拜年、烟花绽放和红包等传统元素，使虎的形象与节日的喜庆气息相得益彰，传递出欢快与祝福的情感。同时，考虑到表情包在社交媒体平台上的广泛传播与应用，适配性至关重要，需确保表情包的尺寸和格式兼容各种主流的聊天应用和社交媒体平台。最后，通过用户反馈调整内容，可以确保表情包在实际应用中的有效性和受欢迎程度，如图 7 所示。

图 7　生肖虎 IP 表情包设计图

6 设计经验总结

由此可见，通过生肖虎 IP 形象设计的实践，得出的经验可广泛应用于其他十二生肖的 IP 设计。首先，突出每个生肖的主题至关重要，且形象需简单易识别。其次，流畅的轮廓线条和简洁明确的形状有助于明确定义每个生肖的主题和特色。例如，设计时可参考具体生肖的特征，如老虎的大眼睛、花纹和“王”字形象，并结合中国传统元素，以增加特色和可爱感。此外，在 IP 形象设计中，尝试采用卡通风格并保留传统元素，如元宝、平安福衍生图案等，能有效突出形象的独特性并吸引年轻受众。色彩的选择也极为重要，推荐使用温暖的颜色如橘黄来体现各生肖的属性，同时避免使用过冷的色彩以增强亲和力。再次，设计中还需考虑表情和动作在不同情景下的表现，以丰富每个生肖形象的个性。简单而富有动感的设计能立即传达情绪及趣味性，引起用户共鸣。多样化的表现方式，如静态和动态形象，能满足不同用户的需求，增加互动性和分享性。最后，发布于微信等社交平台的表情包，通过微信小程序等渠道进行推广，可显著增加使用频率和知名度。

7 结论

生肖虎 IP 形象设计的研究展示了如何将传统文化符号与现代设计元素有效结合，从而吸引现代观众并促进文化的传承。这一实践通过创新的视觉表现和数字媒体的应用，成功地将生肖文化融入日常生活和交流中，激发了公众对传统文化的兴趣和认同感。此外，实践不仅传播了生肖虎的文化意义，还为其他十二生肖的 IP 设计提供了宝贵的策略和经验。这一过程强调了文化创新的重要性，必须持续进行，以确保传统文化在不断创造与刷新中发展，适应现代社会的需求。

参考文献

[1] 李树辉 . 十二生肖的起源及其流变 [J]. 喀什师范学院学报，1999（1）：50-60.
[2] 薛可，余明阳 . 文化创意学概论 [M]. 上海：复旦大学出版社，2021.
[3] 李建 . 十二生肖造型艺术与吉祥观念 [C]// 山东省社科联，山东省民俗学会，潍坊市委宣传部，等 . 中华吉祥文化与和谐社会建设学术研讨会暨山东省民俗学会 2007 年学术年会论文集 . 泰山学院中文系，2007：5.
[4] 刘方林 . 传统年节特色 IP 对中国品牌形象传播的价值研究 [J]. 包装工程，2019，40（24）：111-116.
[5] 郭靖华 . 十二生肖文创产品设计的新思路探索：以生肖牛为例 [J]. 文化创新比较研究，2021，5（31）：129-132.

数字化时代环境设计专业课程思政研究

张芷娴[1]，王崇东[2]

（1. 成都银杏酒店管理学院，四川 成都 610097；2. 西华大学 美术与设计学院，四川 成都 610039）

摘要：本文从分析课程思政的理论基础、环境设计专业的特点，以及数字化时代环境问题对这一专业的挑战，通过系统研究不同的教育方法和实践，希望为数字化时代的环境设计教育提供更具前瞻性和全面性的思考，促使学生更好地适应社会发展的需要，为可持续的未来作出积极的贡献。这一研究的成果不仅为环境设计教育提供新的思路和方法，还为课程思政的实践提供有益的经验，有助于培养更加全面发展的环境设计专业人才，以满足数字化时代的社会需求。同时，也为其他领域的教育融入思政元素提供有价值的借鉴和启示。

关键词：数字化时代；环境设计专业；课程思政

数字化时代带来了前所未有的社会变革和教育挑战，深刻地塑造了我们的生活方式和学习方式。信息技术的快速发展不仅改变了我们与世界互动的方式，也重新定义了教育的本质和目标。在数字化时代，教育的任务不仅仅是传授知识和技能，更重要的是培养学生的思想政治觉悟，引导他们担当社会责任，成为具有社会责任感和道德品质的公民。环境设计专业作为一门涉及人类生活环境、社会文化和可持续发展的跨学科领域，也受到了数字化时代的深刻影响。传统的环境设计教育往往侧重于技术和美学，但在当今世界，环境设计专业的教育应该更广泛地考虑到社会、文化、伦理和可持续性等方面的问题。因此，如何将环境设计专业与课程思政相融合，使学生不仅具备专业技能，还具有社会责任感和良好的道德品质，成了一个迫切需要研究和探讨的问题。本文旨在深入探讨数字化时代环境设计专业课程思政的方法和实践，以及这一融合对学生素养的培养和社会的影响。

第一作者简介：张芷娴（1981—），女，副教授，研究方向为环境设计，发表论文 12 篇。

1 课程思政与数字化时代的关系

通过将思政元素融入课程、教育体系可以更好地满足数字化时代的社会需求，培养更具综合素养的人才。数字化时代不仅要求学生具备技术和专业知识，还要求他们具备较高的思政觉悟，包括社会责任感、伦理道德等方面的素养。课程思政强调将思想政治教育融入各个学科和领域，以培养具有全面素质的人才，这与数字化时代的社会需求相契合。数字化时代的学习环境使学生更容易接触到各种信息和观点，而课程思政可以帮助他们筛选和分析这些信息，培养批判性思维和独立思考的能力，引导他们积极参与社会互动和公共事务。数字化技术的广泛应用引发了众多伦理和社会问题，如隐私保护、数据安全、数字鸿沟等。课程思政可以引导学生思考和讨论这些问题，培养他们的伦理意识，使他们在数字化时代中具备应对伦理和社会挑战的能力。数字化时代的复杂性要求学生具备跨学科的知识和能力，而课程思政可以促进不同学科的融合，使学生能够更好地理解社会、文化等多个领域的相互关系。

2 数字化时代的环境设计专业

2.1 数字化时代对环境设计的影响

数字化时代为环境设计领域带来了更多工具、资源和方法，使设计更具创新性、可持续性和智能化。如计算机辅助设计（CAD）和三维建模软件使环境设计师能够更容易创建和修改设计方案。同时也越来越依赖于大数据分析，以优化设计方案。模拟和数据分析工具可以帮助设计师评估能源效率、材料成本和废物管理。虚拟现实（VR）和增强现实（AR）技术可以帮助环境设计师和客户更好地理解和体验设计方案。另外，环境设计与智能化集成系统的联系越来越密切，如智能照明、温控、安全系统等，需要环境设计师具备数字技术的知识。互联网和在线协作工具改变了设计团队的工作方式，数字化时代使环境设计师能够更轻松地进行全球性合作和共享设计资源。

2.2 环境设计专业的发展趋势

环境设计专业在社会、技术和文化变革的影响下不断发展和演进，近年来，可持续性和绿色设计已经成为环境设计专业的核心要素。设计师越来越关注如何减少环境影响，越来越关注如何创造社会包容性的环境，以确保环境对老年人、残障人士和其他特殊需求群体友好，使所有人都能够平等地参与和受益。

3 数字化时代环境设计课程思政的必要性

3.1 环境设计与社会责任

环境设计的决策和实践对社会和环境产生深远的影响。环境设计师有责任确保其设计方案对环境的影响最小化，如降低能源和资源的浪费、减少污染、保护自然生态系统等。环境设计还要考虑社会的多样性和包容性，需要创造可访问和友好的环境，确保不同年龄、能力和文化背景的人都能够平等地使用和享受设计的空间。这体现了设计师对社会的尊重和关心。

3.2 课程思政与数字化时代环境设计的关联

通过课程思政，我们可以培养学生的伦理意识、社会责任感、批判性思维和信息素养，有助于培养素养全面的学生，使其能够更好地应对数字化时代带来的复杂环境挑战。数字化时代的环境设计不仅涉及科技、审美和场地，还牵涉伦理、价值观和社会责任。课程思政可以帮助学生更好地理解和关注环境设计，并形成有价值的设计理念。

3.3 学生素养培养与课程思政的关系

学生素养培养与课程思政是相辅相成的，它们共同构成了当代教育体系中重要的一环。通过将课程思政融入学生素养的培养中，可以有效地提升学生的综合素质和社会责任感。课程思政侧重于培养学生的政治意识和社会责任感，而学生素养培养则更多强调个人的综合素质，如思维能力、沟通技巧和专业知识等。这两者相互补充，共同促进学生全面发展。在实际教学过程中，课程思政与学生素养培养往往是融合的。例如，通过课程思政教育中的案例分析、讨论和反思，学生不仅学习到了政治理论，还能提升批判性思维、公民意识和社会责任感等素养。良好的学生素养是课程思政教育的基础和保障。只有具备了基本的思维能力、知识水平和道德观念，学生才能更好地接受和理解思政教育。反过来，高质量的课程思政教育也能促进学生素质的提升，使他们在社会实践中展现出更好的综合能力。两者最终的目标都是为了培养具有社会责任感、创新精神和实践能力的高素质人才，为社会的发展作出贡献。

4 数字化时代环境设计专业课程思政的方法与实践

4.1 优化课程内容

将大数据分析融入环境设计专业教学中，结合具体案例，选取与思政教育相关的优秀环境设计案例进行分析和讨论，让学生理解如何将思政理念融入实际工作中。环境设计是一个多学科交叉的领域，包括科学、技术、政治、经济和社会等多个方面。在课程思政中可以融入这些跨学科的内容，促进学生从多角度理解和分析问题。与其他学科如社会学、哲学等进行交叉，开展跨学科项目，促进学生从不同角度理解和应用思政教育。随着环境设计技术、政策等的不断更新，要定期修订课程内容，以确保学生能够了解最新的环境设计趋势动态和技术发展，如图 1 所示。

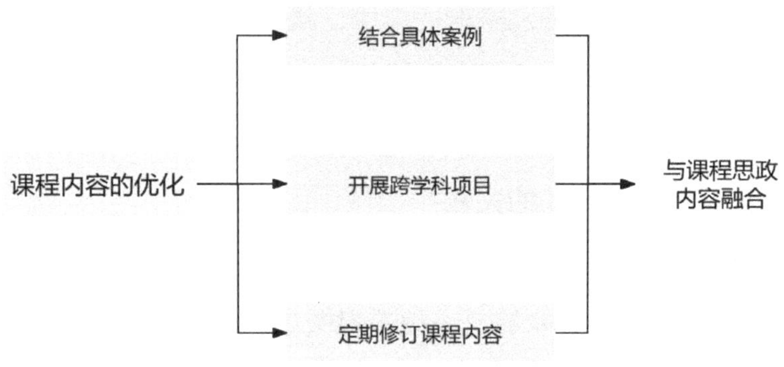

图 1　课程内容优化措施

4.2 改进教学方法

采用线上线下结合的教学模式，利用数字技术，如在线教育平台、虚拟现实（VR）和增强现实（AR）技术，丰富课程内容。例如，通过虚拟现实技术模拟环境问题的真实场景，增强学生的体验感和参与感，从而加深对环境保护的认识和思考。可以在教学上增加社会实践相关项目的学习，鼓励学生参与社会实践活动，如环境监测、公益活动、社区教育等，将理论知识应用于实践，培养学生社会责任感和实际操作能力。也可以通过设计项目来融入思政元素。例如，学生在进行环境设计时，可以考虑社会责任、环境可持续性等思政元素，将这些概念融入设计过程。还可以利用网络讨论与互动学习，如利用学习通、QQ 群等工具，搭建学生交流和讨论的平台。通过线上讨论，促进学生之间的交流和思想碰撞，提高批判性思维和团队合作能力。

4.3 整合教育资源

将思政理论与环境设计专业知识结合起来。例如，在讲授环境设计原理时，可以引入社会主义核心价值观的相关内容，让学生在学习专业技能的同时，了解和吸收思政教育。利用数字化技术，如虚拟现实（VR）、增强现实（AR）等工具，为学生提供更加直观、互动的学习体验。通过这些技术手段，可以更生动地展示思政教育内容。定期组织教师参加思政教育以及数字化教学技术相关培训，促使教师熟练掌握并将这两方面内容高效融入日常教学之中。

4.4 提升学生参与度

采用讨论、小组合作、案例分析等互动教学方法，鼓励学生积极参与课堂活动。互动式教学能够激发学生的兴趣，增强他们的参与感。通过实际项目来教授课程内容。让学生参与真实或模拟的设计项目，将理论知识应用于实践中，提高学生的实践能力和创新思维。定期提供具体、个性化的反馈，帮助学生了解自己的进步和需要改进的地方。同时，采用多元化的评估方式，如同行评审、自我评估，提升学生的参与度和自我反思能力。鼓励学生参与课程设计、教学活动安排等，提高他们的自主学习能力和责任感，如图 2 所示。

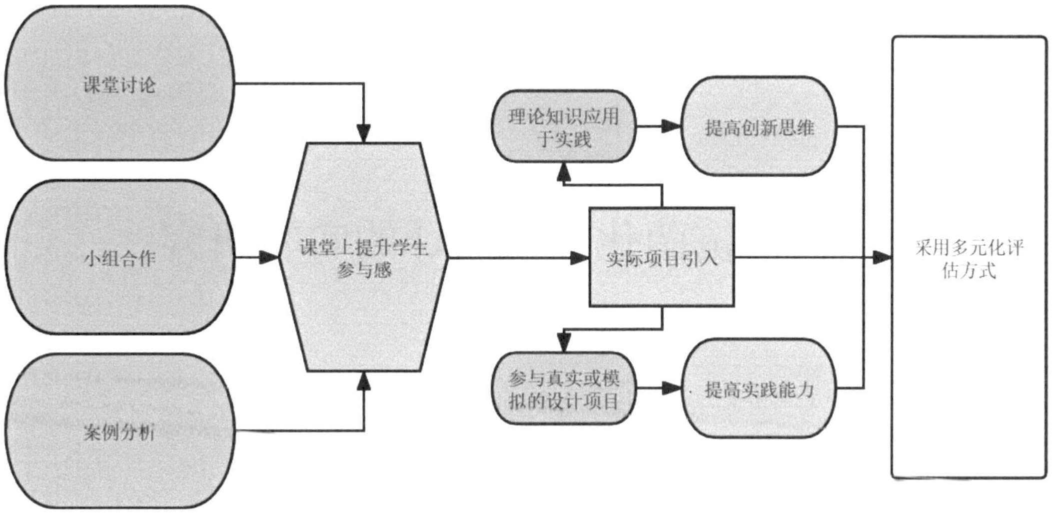

图 2　学生参与度提升的方法

5 结论与展望

环境设计专业的课程思政在数字化时代面临着新的机遇和挑战。通过不断创新教学方法、深化跨学科融合、强化实践参与和价值观教育，可以有效地提升环境教育的质量，为培养能够应对未来环境挑战的高素质人才打下坚实基础。面对环境问题的复杂性，未来将培养更多能够跨学科工作、具有创新思维和解决问题能力的复合型人才。

环境设计专业课程思政研究存在一些局限和不足，如实证研究不足，关于课程思政与环境设计专业融合的实证研究特别是长期的跟踪研究和大规模的定量研究不足，这限制了我们对这一领域效果的全面理解。总的来说，数字化时代环境设计专业课程思政研究是一项长期的、实践性的工作，需要环境设计专业教师共同完成。

参考文献

[1] 徐鹤桐 . 课程思政背景下高校环境设计专业教学探究 [J]. 吉林省教育学院学报，2022（3）：111-114.

[2] 王婉婷 . 基于混合式教学模式的高校环境设计专业课程思政教学改革研究 [J]. 美术教育研究，2023（4）：61-63.

[3] 李温喜 . 高校环境设计专业“课程思政”实践研究 [J]. 大众文艺，2022（10）：172-174.

[4] 李勇 . 数字化时代高校课程思政创新发展策略研究 [J]. 天中学刊，2023（2）：138-142.

[5] 张江艺．“十四五”时期高校网络思政工作的时代内涵和发展逻辑 [J]．国家教育行政学院学报，2021（6）：66–72．

负离子抗菌化妆刷设计的实验研究

魏志军

（中山尚洋科技股份有限公司，广东 中山 528400）

摘要：研究旨在设计一款基于负离子技术的抗菌化妆刷，以解决传统化妆工具的卫生隐患。实验结果显示，含负离子技术的化妆刷在抗菌性能、负离子释放量、耐用性和用户体验方面表现出色。其中，负离子释放量达到 835 个 /cm³，细菌减少率达 90.0%，显著高于传统化妆刷。经综合模拟使用测试，实施例样品表现出更低的刷毛脱落率和变形率，耐用性更强。通过用户调查，显示实施例样品具有良好的外观设计和使用感受。因此，负离子技术能有效提高化妆刷的卫生安全性和用户体验，为开发更安全、更健康的化妆工具提供了理论和实践支持。

关键词：工业设计；负离子技术；化妆刷设计；实验研究；抗菌化妆刷设计

化妆刷作为日常化妆不可或缺的工具，在提升妆容效果和舒适度的同时，也可能成为细菌和微生物的滋生温床，给皮肤健康带来潜在风险。长期使用未经清洁的化妆刷可能导致皮肤疾病，甚至严重的健康问题。然而，当前市面上的化妆刷多数着重于美观和使用感受，对其卫生安全性的关注不足。因此，迫切需要开发一种能够有效抑制细菌生长的抗菌化妆刷[1]。研究旨在通过设计一种新型的化妆刷，利用负离子技术持续提供抗菌保护，降低细菌传播的风险，从而提高用户的面部健康水平。为此，笔者研究设计了一系列实验，以评估含负离子技术的化妆刷相比于传统化妆刷的抗菌性能，并对其负离子属性、耐用性以及用户体验进行了综合评估。通过对实验结果的分析和讨论，期望能够为开发更安全、更健康的化妆刷

作者简介：魏志军（1976—），男，湖南石门人，本科，研究方向为工业设计、美妆产品设计开发等。

提供理论和实践支持。

1 负离子抗菌化妆刷的实验设计

设计一系列实验，旨在评估含负离子技术的化妆刷相对于传统化妆刷的抗菌性能[1]。首先，准备实验所需的材料，包括含负离子技术的化妆刷（测试组）、标准化妆刷（对照组）以及细菌培养物（包括大肠杆菌和金黄色葡萄球菌）。实验过程如下：① 在琼脂平板上接种细菌培养物，确保细菌均匀分布；② 将化妆刷轻轻压在接种了细菌的琼脂平板上，以确保刷毛与细菌接触；③ 将含有刷印的琼脂平板置于 37℃的培养箱中孵化 24h，提供适宜的温度促进细菌生长。④ 孵化后，测量刷印周围无细菌生长的抑菌圈大小，用于评估化妆刷的抗菌效果。为了确保实验结果的可靠性和统计学的相关性，进行了三次重复实验。通过这一实验设计，能够客观比较含负离子技术的化妆刷与传统化妆刷的抗菌性能，为评估抗菌化妆刷的抗菌效果提供可靠的数据支持。

2 实验过程与数据收集

在实验开始之前，对所有的化妆刷进行了彻底的灭菌处理，以确保它们不含有任何现存的污染物。接着，按照标准微生物学方法，准备所需的细菌培养物。随后，将每个化妆刷轻轻按压在事先接种了细菌的琼脂平板表面，确保细菌与化妆刷充分接触。之后，将琼脂平板放置在 37℃的恒温孵化器中，进行为期 24h 的孵化。孵化结束后，测量由化妆刷印记周围形成的抑菌圈的直径。在实验过程中，需要严格记录所有平板数据，以确保数据的准确性和可靠性[2]。

2.1 化妆刷毛负离子性能测试结果

实施例为负离子远红外化妆刷毛、对比例为普通市售化妆刷毛，空白样为空气。参照 JC/T 1016—2006《建筑材料中负离子发生量的测定方法》，对实施例和对比例的化妆刷刷毛进行负离子性能测试，测试结果如表 1 所示。

表 1　刷毛负离子性能测试结果

性能指标	负离子释放量（个 /cm^3）		
	1	2	3
实施例	835	842	838
对比例	100	95	100
空白样	85	87	84

由表 1 可以直接看出实施例样品的负离子释放量明显大于对比例和空白例。

2.2 化妆刷毛抗菌性能测试

实施例为负离子远红外化妆刷毛，对比例为普通市售化妆刷毛。将实施例和对比例的化妆刷刷毛分别制备成化妆刷，相同条件下使用 1 个月后，再参照标准试验方法 ASTM E2149—2013a，测定抗菌剂在动态接触条件下抗菌活性的标准试验 [3]，测试使用的菌液浓度如下。大肠杆菌：2.0×10^5 CFU/mL；金黄色葡萄球菌：9.0×10^4 CFU/mL，1h 后的抗菌效果如表 2 所示。实施例大肠杆菌 ATCC25922 抗菌率：（2.0×10^5 ～ 2.0×10^4）/（2.0×10^5）$\times100\%$ = 90.0%。实施例金黄色葡萄球菌 ATCC6538 抗菌率：（9.0×10^4 ～ 0.61×10^4）/（9.0×10^4）$\times100\%$ = 93.2%。

表 2　刷毛抗菌测试结果

样品	大肠杆菌 ATCC25922			金黄色葡萄球菌 ATCC6538		
	“0”接触时间	“1h”接触时间	细菌减少率（%）	“0”接触时间	“1h”接触时间	细菌减少率（%）
实施例	/	2.0×10^4	90.0	/	0.61×10^4	93.2
对比例	2.0×10^5	2.0×10^5		9.0×10^4	9.0×10^4	
对照组	2.0×10^5	2.0×10^5		9.0×10^4	9.0×10^4	

从表 2 可以看出，实施例样品在室温下较其他样品具有持久稳定的抗菌性能。

2.3 化妆刷毛耐用性能测试

实施例为负离子远红外化妆刷毛、对比例为普通市售化妆刷毛。

2.3.1 摩擦测试

将实施例和对比例的化妆刷刷毛分别制备成化妆刷，利用化妆刷毛弯曲力测试仪进行摩擦测试。测试过程是将化妆刷固定在夹具上，按照标准要求调节好毛束高度，设定前进距离和速度，步进电机驱动丝杠带动刷毛往复运动，刷毛束对传感器产生弯曲力，控制器记录正向力量和反向力量，运动次数做耐劳测试，最后用扫描电镜观察刷毛的表面，以判断刷毛的耐用性。实验中测试速度 5000 mm/min，前进距离 250 mm，摩擦台长度 100 mm，运动次数为 10000 次。实验结果如图 1 和图 2 所示。

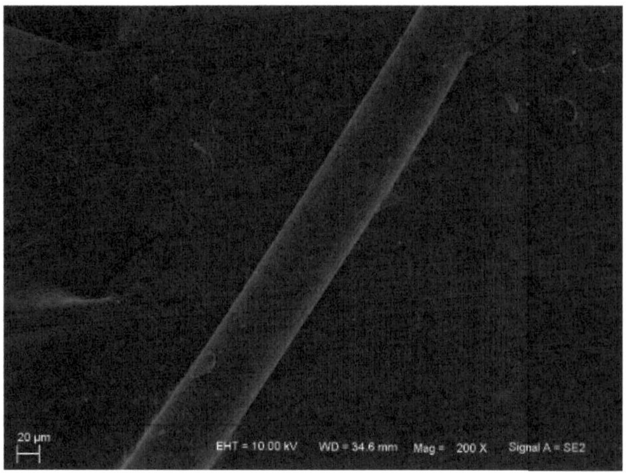

图 1　实施例 SEM 图

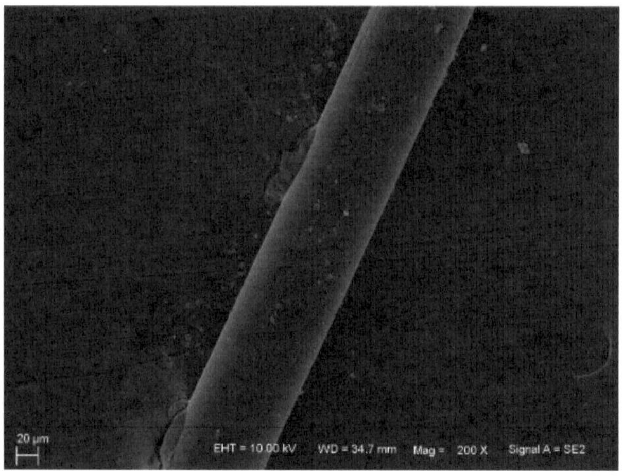

图 2　对比例 SEM 图

由实施例 SEM 图和对比例 SEM 图对比，可以看出：前者经过摩擦测试后刷毛表面仍光滑，说明刷毛表面磨损少，后者刷毛表面上出现一些白色小麻点，说明刷毛已经受到一定程度的磨损，因此实施例的刷毛比对比例更耐摩擦。

2.3.2 综合模拟使用测试

分别取 10 个实施例和对比例刷子，5 个模拟日常化妆蘸粉试用测试，5 个模拟日常化妆蘸液试用测试，每天试用一次并清洗干燥一次，试用周期为 30 天，试用过程中观察刷子的功能和外观变化，试用结果如表 3、表 4 所示。

表 3　实施例化妆刷试用结果

性能指标	5 天	10 天	15 天	20 天	25 天	30 天
刷毛脱落	/	/	/	＜ 3 根	＜ 5 根	＜ 10 根
刷毛变形	/	/	/	/	/	轻微
刷毛颜色变化	/	/	/	/	/	/
刷毛性能衰减	/	/	/	/	/	基本不影响上妆

表 4　对比例化妆刷试用结果

性能指标	5 天	10 天	15 天	20 天	25 天	30 天
刷毛脱落	/	/	＜ 3 根	＜ 5 根	＜ 10 根	＜ 20 根
刷毛变形	/	/	/	轻微	较强	基本报废
刷毛颜色变化	/	/	/	/	轻微	长霉
刷毛性能衰减	/	/	/	/	蘸粉蘸液量减少	无法均匀上妆

由表 3 和表 4 对比可以看出实施例的刷子比对比例的更耐用。

3 负离子化妆刷用户体验评价

在用户中抽取 100 名习惯每天化妆的美妆用户，使用负离子远红外化妆刷在相同条件下试用 1 个月，收集用户的体验评价。体验结果如表 5 所示。

表 5　负离子远红外化妆刷用户体验结果

项目	具体评价
外观设计	大众化常见的普通产品，适合粉底化妆品的涂抹
使用感受	刷毛亲肤、柔软、绒毛般触感，静电小，无过敏等不良反应，刷子清洗后更容易干燥，无异味，不掉毛，不易变形，容易清洁
功能表现	蘸粉能力更强，上妆无粉痕，化妆无厚重感觉，自我感受更加清新、放松
反馈信息	与普通化妆刷相比，产品价格更高、外观设计不够新颖独特
改进建议	降低价格至消费者接受范围，设计新颖独特时尚的外观，扩大试用客户群体

3.1 结果分析与讨论

研究对含负离子技术的化妆刷的抗菌性能、负离子属性、耐用性和用户体验进行了综合分析。在抗菌性能方面，通过比较测试组（含负离子技术的化妆刷）和对照组（标准化妆刷）

的抑菌圈大小，发现抑菌圈的直径越大，抗菌活性越强。使用统计方法确认了测试组化妆刷的抗菌效果显著优于对照组。在负离子属性方面，研究探讨了负离子技术在减少静电和细菌在刷毛上的附着上的潜在效益，验证了其在净化空气和物体表面的作用，有助于减少化妆刷上细菌和微生物的堆积，从而延缓化妆刷的污染过程。在耐用性和用户体验方面，观察了重复使用和清洁后的刷毛磨损情况，并通过用户体验调查得到了关于使用感受、易用性和满意度的反馈，与传统化妆刷相比，含负离子技术的化妆刷显示出更好的性能。

研究的实验结果对化妆刷的产品设计具有重要的启示作用。数据显示，含负离子技术的化妆刷在抗菌性能上明显优于传统化妆刷。这一发现不仅验证了负离子技术的有效性，而且为化妆刷行业提供了一种新的设计方向，即通过技术创新来提高产品的卫生安全性。同时，这种技术改进的化妆刷可以显著减少因化妆刷造成的皮肤问题，如痤疮和皮肤感染，从而改善用户的皮肤健康状况。此外，通过减少细菌积聚，这些化妆刷也可能减少用户在日常使用中的维护负担，如频繁的清洗和消毒。

在实验过程中也遇到了一些限制，如实验的样本数量和实验条件的控制可能影响了结果的普遍适用性。因此，未来的研究需要包括更大规模的样本和更加多样化的使用环境，以验证这些结果的稳定性和广泛适用性。此外，建议未来的研究应关注长期使用含负离子技术的化妆刷的效果，包括其耐用性和长期使用对皮肤健康的影响。同时，消费者的接受度也是一个重要的研究方向，包括市场接受度、价格敏感度以及用户对新技术的态度和偏好 [4]。理解这些因素将有助于优化产品设计，并确保新技术能够成功地融入市场，并被广泛接受。

通过深入分析实验结果并将其与产品设计和市场需求相结合，可以更好地理解含负离子技术的化妆刷的潜在价值和实用性。这种综合视角不仅有助于推动技术创新，还能确保这些创新能够符合消费者的实际需要和偏好，从而提升产品的市场竞争力。

3.2 化妆刷产品设计

根据上述研究，设计一款粉底刷、遮瑕刷二合一的产品，如图 3 所示，这款产品设计不仅体现了对美的追求，更体现了对用户体验的深入考量。

图 3　抗菌化妆刷设计图

功能设计上巧妙地将粉底刷与遮瑕刷融为一体，既方便又实用。大毛头粉底刷能够快速均匀地涂抹粉底，使得底妆看起来自然无瑕。而小毛头遮瑕刷则能够精准地修饰面部的小瑕疵，如黑眼圈、痘痘等，让妆容更加完美。同时化妆刷的手柄设计更是充分考虑了人体工学原理，手柄的凹面造型使得抓握感更加舒适，无论是长时间化妆还是短途补妆，都能让用户感到便捷、轻松。最为核心的是含负离子的抗菌毛质，有效降低了细菌滋生的可能，保证了使用者的皮肤健康。此外，简洁大方的外观设计，无论是放在化妆台上还是随身携带，都非常美观实用。而高品质的材料和精湛的工艺，更使得这款化妆刷具有长久的使用寿命。总的来说，化妆刷粉底遮瑕二合一刷综合了人性化的设计、实用的功能和美观的外观。

4 结论

通过研究，设计并开发了一种新型的化妆刷，利用负离子技术，旨在持续提供抗菌保护，减少细菌传播的风险，从而提高用户的面部健康水平。实验结果表明，在抗菌性能方面，含负离子技术的化妆刷在实验中表现出明显的抗菌效果。与传统化妆刷相比，实施例样品的抑菌圈明显更大，显示出更高的抗菌活性。统计分析结果表明，含负离子技术的化妆刷在抗菌性能上显著优于传统化妆刷。在负离子属性方面，实施例样品表现出优异的负离子释放量，远高于对比例和空白样品，这可能有助于减少静电并降低细菌在刷毛上的附着。因此，负离子技术有望在化妆刷上起到净化空气和刷毛表面的作用，从而减缓刷子变脏和滋生细菌的速度。在耐用性和用户体验方面，实施例样品在经过综合模拟使用测试后表现出更高的耐用性。实验结果显示，实施例样品的刷毛脱落率更低，变形更小，颜色变化更少，性能衰减更缓慢，与对比例相比更加耐用。此外，用户体验调查显示，实施例样品具有良好的外观设计和舒适的使用感受，但价格较高，外观设计有待改进。

综上所述，含负离子技术的化妆刷在抗菌性能、负离子属性、耐用性和用户体验等方面均表现出优异的性能。因此，该技术有望应用于化妆刷的设计与开发中，提高化妆刷的卫生安全性，降低用户面临的健康风险。然而，未来的研究仍需进一步探索该技术在长期使用和消费者接受度方面的影响，以完善产品设计并满足消费者的需求。

参考文献

[1] 刘千涵，肖文华．纳米氧化锌抗菌机理在聚酯纤维及纺织品上的应用 [J]. 丝网印刷，2022（3）：47-50.

[2] 张岑岑，张鹏程．银纤维抗菌面料的设计 [J]. 河南工程学院学报（自然科学版），2022，34（1）：1-3.

[3] 中山尚洋科技股份有限公司 . 一种负离子远红外抗菌尼龙毛、化妆刷刷毛和化妆刷：CN201910221350.3[P]. 2019-07-26.

[4] 黑丽军 . 化妆用具机械结构优化设计的应用及趋势探究 [J]. 电脑爱好者（电子刊），2020（8）：2887-2888.

巫溪洋芋“食玩”设计路径研究

陈浩然[1]，罗晓欢[2]

（1. 绵阳城市学院 现代城市建设学院，四川 绵阳 621054；2. 重庆师范大学 美术学院，重庆 401331）

摘要：“食玩”设计是以食品消费和饮食体验为核心的创意拓展，它通过融合特色饮食元素、重塑饮食方式，赋予食物仪式感，旨在打破消费者对现有食品消费形式的刻板印象。在马铃薯主粮化政策推动下，巫溪洋芋迎来了多元化市场消费需求增长的新契机。经过调研发现，借助食境塑造、食趣引入、食育传播的设计路径，可以有效调动巫溪饮食资源的创意转化，构建出巫溪洋芋“食物＋趣玩＋体验”的消费新方式，这种新方式不仅提升了巫溪洋芋的食用价值，还增强了其传播价值，进而打造出具有地标意义的巫溪洋芋产品，推动巫溪洋芋特色食品的可持续性发展，并促进多产业联动的新型食品消费模式的产生。

关键词：艺术设计；巫溪洋芋；食物设计；“食玩”

“食玩”设计作为食物设计领域的新兴趋势，显著地拓展了设计内容的边界并开拓了创意路径的新领域，对传统食品设计理念进行了颠覆性的革新与超越。它从最初日式食玩的单一形式出发，逐步演进为深度结合国内地域文化与特色食品的创意实践。这一设计理念的根本性转变，极大地丰富了食品消费市场的形式与内涵，为特色食品产业的创新发展提供了坚实的支撑与推动力。巫溪洋芋，作为首批获得“中欧互认证”殊荣的中国地标农产品，其特色食品的发展在当下消费市场多元化扩张的背景下，面临着食品产业延续性不足的困境。然而，农业部发布的《关于推进马铃薯产业开发的指导意见》中指出：“加快推进马铃薯产品主

第一作者简介：陈浩然（1998—），女，重庆江津人，助教，硕士，研究方向为视觉传达设计。

通信作者简介：罗晓欢（1972—），男，四川南江人，教授，博士，研究方向为中国古代艺术史论、民间美术、墓葬美术研究。

食化，全方位、多途径开发食物资源，树立健康理念。”[1] 这为巫溪洋芋产业的跨越式发展带来了转机。为了充分把握这一契机，笔者提出借助“食玩”设计的创新理念，整合巫溪洋芋的饮食文化资源与地域文化要素，开展跨学科的研究与实践，以推动巫溪洋芋的生产、销售、营养推广等方面的全面发展。同时，结合食育教育的趋势，利用儿童群体对新鲜事物的浓厚兴趣，加强巫溪洋芋的品牌创意发展，提升其在消费者心中的认知度和好感度。在实施层面，采用以“食物 + 进食”“食物 + 烹饪”“食物 + 教育”的“食玩”设计策略，探索洋芋消费的新模式。这一跨学科的研究与实践框架，不仅有助于增强巫溪洋芋的市场竞争力，更为洋芋主粮化的推广提供了坚实的支持。

1 “食玩”设计的起源发展

“食玩”的产生在日本具有深厚的文化根源，其历史可以追溯到江户时代。那时，商家就采用了在食品中附赠玩具的策略，以此吸引儿童并激发他们的购买欲望。传统上，“食玩”被视为与食品紧密相连的附属品，但随着 IP 合作、玩具设计以及盲盒经济的兴起，“食玩”的概念与形式在日本逐渐丰富并走向成熟。在何玉龙《食玩的延展与应用思考》中提到“食玩的概念延展为探索食物世界乐趣的玩具”，从食物的生产、消费到再利用的整个循环过程，这种全新的视角突破了人们对传统“食玩”仅为食品附带品的固有印象，进一步拓宽了“食玩”的形态，包括食物造型类、食物工具类以及食物捆绑销售类等多种形式[2]。在现代饮食文化日益多元化的背景下，“食玩”的定义和应用场景已经远远超出了简单的附属玩具范畴。它可以是贯穿食物从农田到餐桌，再到餐余处理的完整系统设计，也可以是与自然农耕和生态系统教育相结合的跨领域实践项目。这种变化不仅展现了“食玩”在广度上的拓展，也体现了其在应用场景深度上的不断挖掘和创新。

近年来，“食玩”主要以食物外观造型的创意提取、包装设计惊喜元素吸引儿童消费群体作为主要的设计策略，由此衍生出的模型类“食玩”题材内容广泛，做工精致，具有收藏价值。如 RE-MENT 公司的“和食”系列，通过缩小日本特色料理模型并融入糖果包装，让儿童在享受美食的同时了解日本饮食文化。从当前的“食玩”设计趋势来看，国内外“食玩”形式正逐渐从传统的多数量食物与轻量型玩具的组合方式，向场景化、互动化、多样化的组合方式转变。以日本设计师设计的一款“心安寺石庭院”和果子为例，如图 1 所示，该产品巧妙地提取了日本特有的园林形式——枯山水，将其融入“食玩”设计中。这款“食玩”间接地展示了日本缩微式园林景观，营造出一个别具一格的“和果子”庭院。间接展示了日本缩微式园林景观，营造“和果子”庭院，将日式点心的甜蜜与一沙一世界的玄妙感受相融合，使食物呈现方式别具一格，让食用者品味美食的同时领略日本文化的独特魅力[3]。

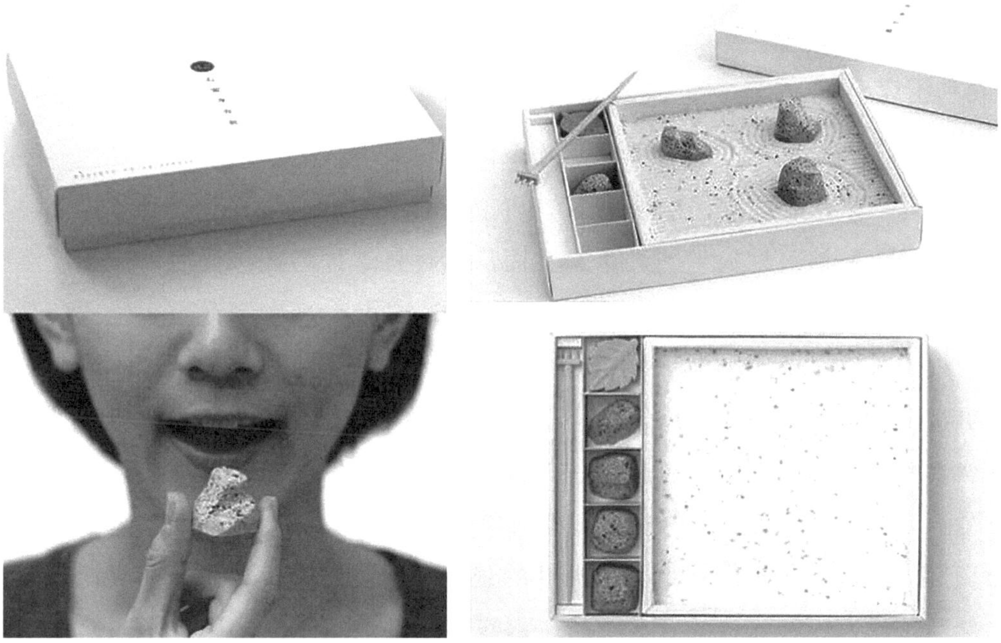

图 1 “心安寺石庭院”和果子

在国内“食玩”设计领域，一个显著的趋势是结合地区饮食特征，融入地域文化要素和传统节日饮食习俗，进行创新设计。这种设计策略不仅注重“食玩”的外在表现和趣味性，更重要的是通过“食玩”传递其背后的文化内涵和教育价值。以徽州渔亭糕为例，它被称为“能吃的徽雕”[4]。如图 2 所示，其形状和色彩均受到徽州古建筑中徽雕图案的启发，借助于精美的糕点模具，儿童可以亲手参与糕点的制作过程。鉴于“食玩”设计在文化传承和食品创新方面的成功经验，可以将其理念应用于重庆巫溪洋芋特色食品的发展上。具体而言，通过整合巫溪洋芋的饮食文化资源和地域文化要素，可以进行跨学科的研究和探索，涵盖马铃薯的生产、分配、消费等多个维度。同时，借助儿童或家庭式教育的参与方式，可以加强巫溪洋芋的品牌创意发展，提升其市场知名度和认可度。这不仅有助于宣传巫溪洋芋的营养价值和口感品质，也有助于传承和弘扬当地的文化特色。

图 2　徽州渔亭糕

2 巫溪洋芋“三大坨”的困境机遇

2.1 地域特色不突出

巫溪洋芋，作为重庆巫溪的特色食品代表，已经发展成为当地“三大坨”（洋芋、苞谷、红苕）之首。近年来，巫溪地区通过鲜薯销售市场的渠道推广，有效提升了巫溪洋芋加工产业的发展，带动了种植育种技术的进步。然而，尽管有这样的积极进展，但巫溪洋芋深加工产品和以其为主的餐食作为地域特色食品领域仍鲜为人知。现有产品过于注重商品属性，产品外包装的视觉表现以及产品衍生开发往往缺乏创新，同质化现象严重，难以凸显巫溪的地域特色。事实上，巫溪洋芋的发展价值不仅在于其作为食品本身的属性，更在于其背后所蕴含的丰富饮食资源，这些资源承载着传承与传播的使命。为了充分发挥巫溪洋芋的地域特色和文化内涵，需要转变策略，强调饮食过程与食客的互动体验。“食玩”设计正是一种创新的手段，为我们提供了一个多元化、有趣味性的载体。通过“食玩”设计和互动体验，我们可以将“吃食”转化为一种隐性的宣传手段，将巫溪传统流传下来的民俗历史、洋芋饮食文化资源等巧妙地传达给食客。

2.2 吸引力要素不足

巫溪洋芋作为重庆巫溪的地域特色食品，虽然近年来在推动马铃薯多产业融合发展的道路上取得了一定成果，利用绿色、生态、有机等理念打造了独特的品牌[5]，并推出了巫溪“洋芋宴”、土豆博物馆等体验项目，尝试与消费市场建立联系，但在吸引消费者方面仍存在明显的不足。目前，巫溪洋芋的开发和推广过于机械地将食物产品直接呈现在消费者面前，仅仅强调了洋芋的食用性和营养价值，而忽略了消费者在感官上的丰富体验。食物外观造型的审美性、食物展销方式的创新性以及食客在体验过程中的情感共鸣等要素均被忽视。

为了提升巫溪洋芋的吸引力，需要跳出传统的产品逻辑，即仅满足营养和饱腹的需求。相反，应当借鉴其他成功的食物体验模式，如徽州渔亭糕的“食物＋食作”模式，从食客体验的角度出发，深入挖掘和呈现巫溪洋芋背后的文化内涵和地域特色。从食物的味觉体验、餐具的使用，以及整体的用餐环境等多个方面进行创新设计，让食客在享受美食的同时，也能感受到巫溪地区的独特文化和历史底蕴，从而产生情感共鸣，增强对巫溪洋芋品牌的认同感和忠诚度。

2.3 延续性不足

食物，作为人类生活的基本要素，自古便承载着传播文化的功能。正如先秦《礼记》中记载：“字能食食，教以右手”[6]，深刻揭示了食物在文化传承中的重要地位，它不仅满足了人们的生理需求，更承载着教育与传承的功能。与饮食活动相关的饮食教育，不仅是对健康饮食行为和方式的普及，更是对饮食文化的一种传承。

然而，在巫溪洋芋产业的发展中，尽管已经建立了鲜食生产、干制品、精品生产等多条生产线，并通过培育洋芋休闲食品等措施成功延伸了产业链条，但在儿童食育领域的拓展中，其发展的延续性却显得不足。根据中国儿童产业中心公布的数据，儿童消费市场潜力巨大，80% 家庭中儿童支出占家庭总支出的 30% ～ 50%[7]。在食品安全、科学膳食和食育日益受到重视的环境下，巫溪洋芋产业应当深入挖掘洋芋的营养价值，将其饮食模式转化为适合儿童的食育产品，以弥补其在儿童食育领域的不足。这样的产品不仅能够助力儿童了解食物的知识、从农田到餐桌的整个过程，更能培养他们对食物链的敬畏之心，同时加深大众对巫溪洋芋的认知，促进地方饮食文化的传播与教育的连续性。然而，目前这一潜力尚未被充分地挖掘和释放。

3 巫溪洋芋“食玩”开发的三条路径

以饮食为载体的巫溪“食玩”设计，不同于传统“食玩”设计的实体产品概念，它引入食物设计元素，重新定义了设计特征。巫溪“食玩”设计开发需要深入挖掘巫溪的饮食文化元素，使“食玩”不仅仅是一种产品，更是一种文化的载体。中国学者柳冠中教授在《工业设计学概论》中强调，设计是由“事”到“物”，再回到“事”中检验的过程，确保其适用性符合人们的生活情理和实际需求[8]。在巫溪洋芋“食玩”设计中，这一理念得到了充分体现。我们可以以巫溪洋芋饮食资源作为原型，进行“物”的创意转化，形成实际流通产品，同时，巫溪洋芋背后的“事”可通过“食玩”形式促进巫溪饮食价值的传播，使食客能够真切感受巫溪的精神内涵和文化意蕴，实现其科普教育的功能。在巫溪洋芋“食玩”设计中，不仅要关注产品本身，还要考虑饮食系统的整体关系设计以及对饮食内外部因素的整合设计。为此，笔者绘制了关于巫溪洋芋“食玩”设计的策略框架，如图 3 所示，旨在通过系统化和整合性的设计方法，为巫溪“食玩”设计提供一条清晰的路径思考。

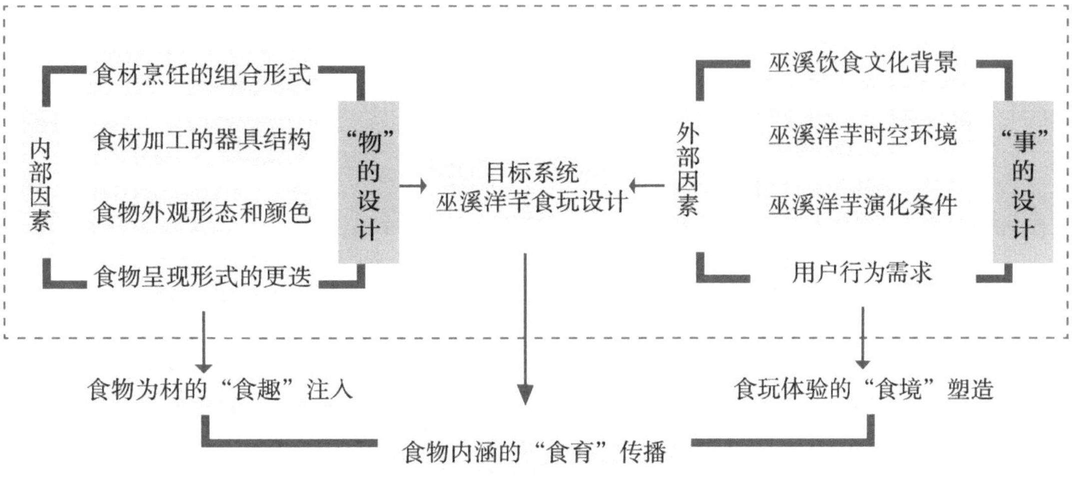

图 3　巫溪洋芋食玩设计的策略框架

3.1 食玩体验的“食境”塑造

在巫溪洋芋“食玩”的开发中，更强调本土化消费体验的典型性，并着重考虑食客饮食体验时外部因素的影响。“食玩”消费体验的场域维度变得异常突出，不同于一般“食玩”产品的简单食物元素转化，需要寻求更高层次的文化属性赋予洋芋“食玩”[9]。通过深入挖掘洋芋宴席的传统饮食模式“6+N+2”（六道表内菜 + 若干道表外菜 +2 道小吃），笔者发现“人—物—场”的巧妙融合，能塑造出独特的饮食场景意象，优化食客的饮食体验。在运用“食玩”体验设计思维时，可以摒弃直观的食物呈现方式，借助 VR 虚拟、多媒体交互和网络艺术语言，将巫溪洋芋的文化诗词、农谚等巫溪地域文化元素与上菜形式、菜品进行视觉层的融合设计。例如，针对巫溪白鹿引泉的故事情节，可以设计专属的进食空间，开发小鹿造型的洋芋食品，让食客在品尝美食的同时，也能沉浸在巫溪文化的语境中。如图 4 所示，展示了多感官美食空间的设计概念，点餐体验可借助先进的 3D 投影技术，使得所选择的食物如同经过魔法般的渲染，精准地呈现在食客眼前。这正是想要为巫溪洋芋食物创造的“人—物—场”体验。通过场景化的设计，期望食客能够跨越食物的物质实体形式，获得更丰富的视觉、感官体验。从饮食场景解读从而跨越食物物质实体形式，增强用户对巫溪地区视觉、感官的不同体验。

图 4　AR 点餐

此外，食物形态的符号化设计也是情境演绎的重要手段。巫溪洋芋饮食文化中的实体物质，如古老的点心模具、传统烹饪工具等，都是记载巫溪饮食文化形成与发展的独特符号。在巫溪洋芋“食玩”设计中，巫溪洋芋饮食文化在人民群众生活中沉淀的各种实体物质，是记载巫溪饮食文化形成与发展的独特饮食符号，巫溪洋芋“食玩”设计以食物为载体更容易实现文化符号的转译。例如，点心于小菓在古老模具的图案里寻求中式点心衍生品设计，通过图形提取与简化复刻，给予传统点心以新的仪式感，如图 5 所示。这种设计方式不仅是对传统饮食符号的发展，还形成了新的符号潮流，有助于受众理解节庆主题的饮食文化。在巫溪洋芋“食玩”设计中，同样可以借鉴这种方法。可以将巫溪浓厚的地域文化内涵，如巫文化、盐文化、民俗故事等，进行符号化提取，并与洋芋“食玩”的设计相结合。这样既能传输特有的巫溪文化内涵，又能使洋芋“食玩”更具独特性，刺激受众的感官融入情节中，营造一种身在其中的情景体验感。

图 5　于小菓点心设计

3.2 食物为材的“食趣”注入

巫溪洋芋以自然、生态的食材原料和原始、传统的烹饪方法，构成了朴实无华、营养健康的特色美食体系。系统化、多元化的洋芋产品开发是保证巫溪洋芋可持续发展的有效动力，而趣味性能够为巫溪洋芋宴等活动注入新鲜活力，解决巫溪现洋芋产品吸引力不足的问题，促进当地经济效益的提升。

在“食趣”注入的过程中，可以从感官补偿、功能引导和情感联想三个层次来考虑设计影响因素，如图 6 所示。利用游戏、娱乐的设计机制使食物与受众之间的互动变得更加有趣，从而让食客在一种轻松娱乐的心理状态和环境氛围中参与其中的某个环节，完成食物产品的消费。通过改变食物的外观形态、色彩、肌理和图案等元素，可以激发食客的好奇心，将食客的饮食过程转变为多维的感官体验。例如，设计类似于“饼干拼图”的洋芋食品，通过不同种类食材的组合为食客带来全新的味觉体验；或是采用“面包调色盘”的设计理念，将食材与器皿相结合，引导食客进行后续的饮食互动；还可以设计“手指饼干”等形态独特的食物，刺激食客与食物造型产生互动，体验蘸食的乐趣。

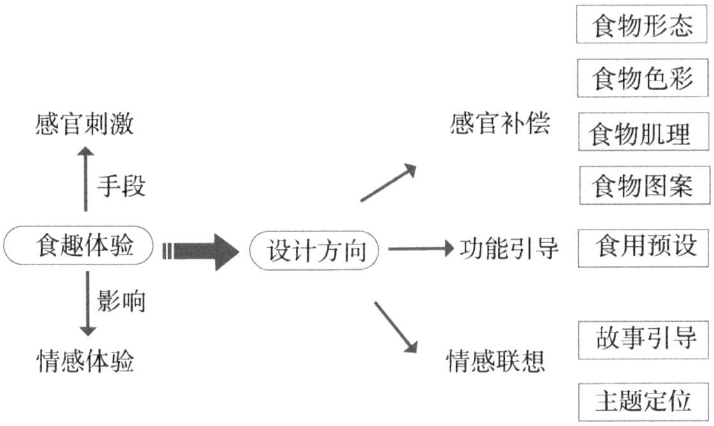

图 6　趣味性引入“食玩”设计的方向

此外，还可以通过游戏化和叙事化的方式进一步增加“食趣”。游戏化的进食方式，如改变食物的外观与食用方式，能带给食客意想不到的趣味性和吸引力。而叙事化的“食玩”设计，则能更好地迎合食客的情感需求，还原设计主题背后的信息内涵。例如，可以借鉴“吃豆腐”食物设计实验艺术项目以巫溪洋芋为设计媒介，通过展览叙事、手作的仪式等方式，带动食客体验过程产生直接感受的愉悦。同样，可以挖掘系列化“食玩”的主题情节，契合不同群体的认知心理，特别是儿童的认知心理。通过有趣的故事情节和互动设计，诱导儿童去联想，增加“食玩”体验的吸引力和互动性。

3.3 食物内涵的“食育”传播

巫溪洋芋“食玩”开发不仅聚焦于食物本身带来的趣味性体验，更承载着对马铃薯文化的传播与教育使命。在这一过程中，“食玩”产品与教育紧密结合，通过整合优化现有巫溪洋芋的特色食作方式，提取出种植培育、烹饪流程中的关键互动要素，让儿童在玩耍中深刻感受到巫溪洋芋的魅力。

为了实现这一目标，笔者关注到现有巫溪洋芋制作过程中使用的传统工具，如手把式磨蓉器和按压式工具等。这些工具虽然承载着丰富的文化内涵，但在实际体验中存在着开启方式老旧、视觉同质化严重以及难以全面识别等问题，导致互动体验的不足。为此，可以进行设计改进，儿童可以通过模拟操作这些简化后的工具，更好地进行手眼协调合作，提高对物体整体的认识。同时，这种互动体验也激发了儿童对知识的探究欲望，促使他们在使用产品的同时积极主动地学习关于洋芋的营养成分、功能特性以及主食食品膳食结构等相关知识。

此外，随着学校劳动课程的增加，可以利用巫溪洋芋“食玩”产品作为教学工具，入驻学校劳动课堂。通过寓学于趣的方式，让学生更加深入地了解洋芋的营养价值及其健康功效。这不仅有助于培养儿童对传统食物食材的认同感，还能将地方特有的洋芋文化和食物背后所承载的社会价值观念传递给年轻一代，从而促进文化的传承与发展。

4 小结

在食物设计语境下，“食玩”设计通过探究多感官、跨通道、多互动的设计方式，极大地丰富了消费者的饮食体验。巫溪洋芋，作为巫溪地区可持续发展的重要支柱，其食物开发策略必须同时考虑食用价值与文化传播价值的双重提升。针对巫溪洋芋当前面临的地域性局限、吸引力不足以及衍生性开发薄弱等问题，其“食玩”设计的开发需采取综合性的策略。一方面，需从外部因素出发，以当地丰富的饮食资源为设计原型，通过创新的“物”的转化，为食物注入独特的“食趣”元素。另一方面，亦需回归食物本身的内在价值，从感官体验、情感共鸣以及场景意象构建等层面，引导消费者的饮食行为和联想，从而塑造独特的“食境”体验。通过这种“食境”的塑造和“食育”的传播，不仅能够增强消费者对马铃薯主食文化的认同感，还能有效传达巫溪地域独特的饮食文化内涵；不仅有助于提升巫溪洋芋的市场竞争力，更为推动地域特色食物创意产业的可持续发展提供了多元化的路径和可能性。

参考文献

[1] 国务院办公厅 . 国务院办公厅关于进一步促进农产品加工业发展的意见 [Z].2016.
[2] 何玉龙，叶琲 . 食玩的延展与应用思考 [J]. 中外玩具制造，2022（3）：66-68.
[3] 王玉明 . 基于情感体验的交互式包装设计应用解析 [J]. 食品与机械，2022，38（2）：118-122.
[4] 李岩 . 地方特色食品视觉再设计 [D]. 北京：北京服装学院，2020.
[5] 陈伯凯 . 巫溪洋芋志 [M]. 重庆：重庆出版社，2018.
[6] 王红娟 . 礼记 [M]. 长春：吉林大学出版社，2021.
[7] 洛尘 . 国务院印发《中国儿童发展纲要（2021—2030 年）》[J]. 青春期健康，2021，19（21）：41.
[8] 罗鸿，李永春，张瑞平 . 基于设计事理学的故宫博物院文创产品创新策略 [J]. 家具与室内装饰，2021（12）：16-19.
[9] 徐楠 . 感官体验在食物设计中的应用研究 [J]. 设计，2020，33（5）：88-89.

基于 MEC 理论和灰关联的适老化交互界面价值评价研究

李娟，温家奇，王子涵，徐宁，郭静茹

（西华大学 美术与设计学院，四川 成都 610039）

摘要：为了提升适老化交互界面的价值水平，提出了一种基于手段－目的链（MEC）理论和灰色关联分析法的适老化交互界面价值评价模型。首先，通过访谈将老年人使用交互界面的痛点转化为交互界面的属性，依据 MEC 理论构建起属性—结果—价值链模型。其次，构建以功能价值、社会价值、情感价值、认知价值、条件价值为准则的适老化交互界面价值评价体系，制作样本并邀请被试者进行价值评价。最后，采用灰色关联分析法计算灰色关联度，根据灰色关联度大小确定最优方案。以社交通信类 App 为研究案例，验证了评价模型的可用性。基于 MEC 理论和灰色关联分析法的适老化交互界面价值评价模型，可以量化老年人的价值偏好，有效地挖掘用户需求、筛查设计不足，为适老化交互界面设计决策提供理论参考。

关键词：交互界面评价；适老化；手段－目的链理论；灰色关联分析法

2023 年 12 月工信部印发的《促进数字技术适老化高质量发展工作方案》提出："要提升数字技术适老化产品服务供给质量，深化互联网应用适老化改造，加强数字技术适老化领域标准化建设，健全适老化水平评测评价体系。"目前，我国已进入科学化应对人口老龄化的新阶段，老年人对于养老产品或服务的需求层次和消费结构也从相对单一的基本生活需要向情感交流和自我实现等多维度需求转变[1]。新阶段下，数字技术成为承载养老产品或服务的主

第一作者简介：李娟（1985—），女，河北邯郸人，副教授，博士，研究方向为信息交互设计、人机工程学。

通信作者简介：温家奇（1998—），女，内蒙古巴彦淖尔人，西华大学硕士研究生，研究方向为信息交互与体验设计研究。

要媒介，促进数字技术产品或服务的适老化，满足广大老年人的多维度需求，是增强老年人福祉，提升老年人幸福水平的关键。交互界面是连接老年人与数字技术的纽带，高质量的交互界面设计可以帮助老年人快速理解和掌握相应功能和技术，更便捷地享受高品质的养老产品或服务。然而，当前许多数字技术产品或服务平台并未注意到老年人区别于年轻人的不同感知与特征，其交互界面的设计并不符合老年人的需求和习惯，造成老年人在使用产品或服务时存在更多困难，难以享受数字技术带来的便利[2]。现阶段，学者对于适老化交互界面的研究，主要从用户体验的角度进行讨论[3-4]，鲜有研究从老年人与界面交互过程中所获价值的角度进行讨论。价值是消费者对产品的客观属性、性能表现及该产品在特定情境下为消费者带来的使用结果的感知与评价[5]。相关研究表明，产品或服务的价值对用户满意度、使用意愿等具有显著影响[6-7]。

综上所述，本研究依据手段－目的链（Means-end Chain，MEC）理论提出一种适老化交互界面价值评价模型，将熵权法计算所得的指标权重纳入灰色关联分析法中进行决策评价，以得到最优设计方案。该评价方法通过分析老年人的价值需求偏好，得出满足老年人需求的交互界面设计方案，为适老化交互界面设计提供了理论参考。

1 理论背景

1.1 MEC 理论与消费价值理论

MEC 理论旨在解释产品或服务的选择如何促进消费者最终预期的实现[8-9]。该理论将消费者与产品或服务结合起来考虑，认为消费者通常将产品或服务的属性（Attributes，A）视为手段，通过消费属性产生结果（Consequences，C），获取自身想要的价值（Values，V），达到消费的目的。这里，结果是属性导致的、介于属性与价值之间一种状态，如消费者的体验。价值则是指消费者达成消费目标后，对产品或服务的感知效用。即 MEC 理论连接属性、结果和价值，用于研究三者之间的层级关系。

交互界面作为一种产品或服务，老年人通过交互界面属性实现信息的输入或输出，获取价值。借助消费价值理论，将所获取的价值解析为以下五种：功能价值、社会价值、情感价值、认知价值、条件价值[10]。其中，功能价值指用户从产品或服务的实用性能、物理性能中获得的价值，交互界面满足老年人的使用需求，则可以认为老年人获得了功能价值。社会价值指用户从一个或多个特定社会群体的联系中获得的价值，老年人使用交互界面满足了其社交需求，则可以认为老年人获得了一定的社会价值。情感价值指用户从产品或服务唤起的感觉、情感中获得的价值，老年人与交互界面进行交互时产生获取知识的愉悦、沟通的便捷等情感，则可以认为老年人获得了情感价值。认知价值指产品或服务引起用户的好奇心、为用户提供新颖性或满足用户求知欲。借助交互界面，老年人可以实现自身知识水平的提升、对外界事物的知晓，则可以认为老年人获得了认知价值。条件价值指在特定情况或环境下，产品或服务能暂时发挥较大的功能或提供社会价值，如老年人因使用交互界面的大字版功能而获得信息并产生被尊重感，则认为他获得了条件价值。

1.2 灰色关联分析法

灰色关联分析法可用于确定各因素对其所在系统的影响程度[11]。其优势在于，在信息不完全的情况下，仍旧可以完成对样本数据的分析与研究对象的评价，并为决策者提供更为可靠的决策依据。在适老化交互界面价值评价中，往往存在老年人需求不明确、调研信息不全面的情况；即部分信息已知，部分信息未知。而灰色关联分析法则可以通过已知信息，综合考虑多个因素对于方案的影响，结合数据分析结果，对方案进行综合的权衡，帮助设计师作出更加合理的决策。

2 基于 MEC 理论和灰关联的适老化交互界面价值评价流程

本研究旨在通过 MEC 理论将用户痛点量化为价值需求，将主观感受转化为客观的评价指标，并通过灰色关联分析法进一步对交互界面价值作出评价。评价流程分为挖掘痛点并提炼为交互界面属性、基于 MEC 理论的价值评价体系构建、适老化交互界面价值评价、熵权法计算指标权重、界面价值评价的灰色关联分析和分析讨论六个阶段，评价流程如图 1 所示。

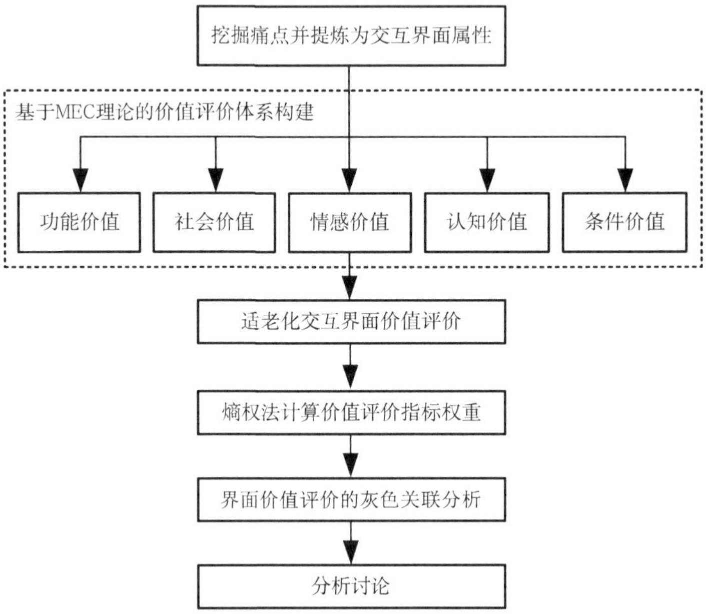

图 1　评价流程框架图

2.1 熵权法计算适老化交互界面价值评价指标权重

熵权法是一种基于信息熵原理的指标权重计算方法，它通过测量决策矩阵中的模糊变量不确定性来客观计算各因素的权重，提供接近真实的评估结果，辅助决策者制定决策。其优点在于充分考虑各个评价指标的信息熵，避免了主观赋权的不确定性[12]。在价值评价研究中，通过将熵权法和灰色关联分析结合，实现充分考虑各个评价指标的权重和指标对界面设计方案的影响程度，从而有效避免灰色关联分析法的主观性，提高评价结果的客观性和准确性。采用熵权法客观地计算适老化交互界面价值评价体系中评价指标的权重，确保评价结果有较高的可信度和精确度，具体步骤如下[13]：

第一步，结合适老化交互界面价值评价的结果，构建原始评价矩阵。假设在由 n 个评价指标、m 个被评价对象所构成的评价体系中，所有指标原始数据构成的矩阵记为 $\boldsymbol{X}=(x_{ij})_{m\times n}$：

$$\boldsymbol{X}=\begin{bmatrix} x_{11} & x_{12} & \cdots & x_{1m} \\ x_{21} & x_{22} & \cdots & x_{2m} \\ \vdots & \vdots & & \vdots \\ x_{n1} & x_{n2} & \cdots & x_{nm} \end{bmatrix} \tag{1}$$

其中，x_{ij} 为第 i 个评价指标下第 j 个评价对象的评分（i=1，2，…，n；j=1，2，…，m）

第二步，计算各个评价指标的特征比重，如式（2）所示。

$$p_{ij}=\frac{x_{ij}}{\sum_{j=1}^{m} x_{ij}} \tag{2}$$

第三步，计算得出第 i 个指标的熵值 e_i，（i=1，2，…，n），如公式（3）所示。

$$e_i=-k\sum_{j=1}^{m} p_{ij}\ln p_{ij} \tag{3}$$

其中

$$k=1/\ln m$$

第四步，计算得到第 i 个指标的权重 w_i，（i=1，2，…，n），如式（4）所示。

$$w_i=\frac{1-e_i}{\sum_{i=1}^{n} 1-e_i} \tag{4}$$

2.2 适老化交互界面价值评价的灰色关联分析

通过灰色关联分析法对适老化交互界面价值评价的数据进行分析，具体步骤如下[14]：

第一步，根据适老化交互界面样本的序号，将交互界面价值评价得到的数据定义为序列 X_i 见式（5），参考序列定义为 X_O。

$$\boldsymbol{X}_i=\{x_{ij}\mid j=1,2,\cdots,m\} \tag{5}$$

其中，i 为评价指标，j 为评价对象，x_{ij} 代表第 j 个评价对象在第 i 个评价指标下的初始评价值。

第二步，采用均值法对序列中的指标进行处理，以消除量纲的影响，如式（6）所示。

$$x_{ij}=\frac{x_{ij}}{\overline{x_i}} \tag{6}$$

第三步，计算出灰色关联系数。灰色关联系数反映了各评价样本的无量纲化数值与理想数值之间的关联程度。其中，灰色关联系数越大代表关联程度越高，计算方式如式（7）所示。

$$\xi_i=\frac{\min_i\min_j|x_{oj}-x_{ij}|+\rho\max_i\max_j|x_{oj}-x_{ij}|}{|x_{oj}-x_{ij}|+\rho\max_i\max_j|x_{oj}-x_{ij}|} \tag{7}$$

其中，ρ 是分辨系数，通常取 0.5。

第四步，计算各样本方案的灰色关联度，见式（8）。

$$g_j=\sum_{i=1}^{n}w_i\xi_j \tag{8}$$

其中，w_i 为熵权法计算出的指标权重。

根据各样本方案灰色关联度大小进行排序，灰色关联度越大方案越优。

3 基于 MEC 理论和灰关联的适老化交互界面价值评价应用

《促进数字技术适老化高质量发展工作方案》指出，要重点引导手机 App 及小程序完成适老化改造。手机 App 是老年人日常生活中最常使用的数字技术产品服务之一，根据《适老化 App 消费监督评测项目研究报告》，老年人最常用的 App 类型是社交通信类。因此，文中以社交通信类 App 为例，对社交通信类 App 的适老化交互界面价值进行评价。

3.1 挖掘痛点并提炼为交互界面属性

该阶段采用攀梯法对老年人进行半结构化访谈，该方法利用引导性的方式，反复询问受访者，通过对受访者的回答内容进行分析，找出产品或服务的属性、结果和价值之间的联系，是 MEC 理论在评价数据获取方面采用的主流方法。共邀请了 35 名受访者，其中男性 16 人，女性 17 人。年龄主要分布在 60 ～ 85 岁，受访者均有着一年以上的社交通信类 App 使用经验。本次访谈在开始之前均对受访者进行了访谈主题及注意事项的说明，平均每位受访者的访谈时间在 10 ～ 20 分钟，最终收集到 33 份有效访谈数据。从整理后的访谈数据中随机选择三分之二作为分析数据，另外三分之一用于理论饱和度验证 [15]，访谈提纲样例如表 1 所示。反复对问题答案询问“为什么”，直至受访者回答“就应该这样”或“我不知道”为止。

表 1　访谈提纲

序号	问题
1	您在使用社交通信类 App 时有什么糟糕的体验？
2	您说的这个“点击没反应”主要体现在哪些地方呢？
3	为什么关闭按钮对您来说很重要？

对访谈收集到的数据进行整理，三位研究者均独立将访谈数据中的痛点总结为对应的交互界面属性，如表 2 所示。

表2　部分痛点-属性关系列表

痛点	原因	属性~~（A）~~
无法快速找到所需的功能	功能显示及排布不合理	合理的功能排布
功能太多，部分功能使用率低	功能烦琐	简洁的功能界面
操作复杂，难以记住功能位置	层级架构复杂	简单的架构关系
弹窗难以退出	返回键不明晰、太小	布局合理的返回键
不敢过多探索社交软件，由于不懂而害怕出错	操作后的反馈不及时，设计无法适应老年人认知水平	及时的反馈、具象的用户心智模型
针对老年人的交互内容较少	缺乏个性化	独特的服务界面
难以看清文字	字号设置不合理	大小合适的字号

3.2 基于MEC理论的价值评价体系构建

根据用户访谈得到的痛点和整理出的交互界面属性，研究者从中提取老年人在使用社交通信类App时，影响交互界面价值的要素并编码。研究者A抽取出了23个要素，研究者B抽取出了27个要素，研究者C抽取出了30个要素，所有要素编码均通过以下公式进行了编码信度的计算：

$$R=\frac{N\times 平均相互同意度}{1+(N-1)\times 平均相互同意度} \tag{9}$$

$$平均相互同意度=2\times\frac{S}{(T_1+T_2)} \tag{10}$$

在上述公式中，S为两位研究者意见统一的编码数量，T_1、T_2为研究者各自编码的总量，N为研究者数量[16]。经过计算，最终得到编码信度为0.824，大于W. D. Perreault等提出的0.7[17]。因此，该编码是满足可信度要求的。

对三位研究者筛选出的要素进行比对、整合，去除重复的要素，对有分歧的要素进行讨论并达成一致意见后，最终得出32个要素。按照Botschen[15]的理论，对超过三分之一受访者提到的要素进行保留，其余的删除，最终获得26个要素，如表3所示。

表3　影响社交通信类适老化App交互界面价值的要素列表

编号	要素	编号	要素
1	有效地实现使用目的	14	条件价值
2	简洁的功能界面	15	顺畅的功能查找
3	社会价值	16	认知价值
4	对界面操作的快速领悟	17	功能价值
5	稳定的安全感	18	美好的回想
6	愉悦的使用体验	19	沉浸式的互动感
7	及时的反馈	20	互动性的设计元素
8	合理的功能排布	21	高效的使用习惯
9	流畅的交互流程	22	充分的尊重感
10	大小合适的字号	23	具象的用户心智模型
11	情感价值	24	主动的分享欲
12	简单的架构关系	25	独特的服务界面
13	积极的学习欲	26	布局合理的返回键

根据抽取出的 26 个要素间的关系，建立一个 26 阶的邻接矩阵。通过计算将邻接矩阵转化为可达矩阵，结合 MEC 理论和消费价值理论，对 26 个要素进行层级结构划分，共分为三个层次：属性层、结果层和价值层。层次结构图如图 2 所示。

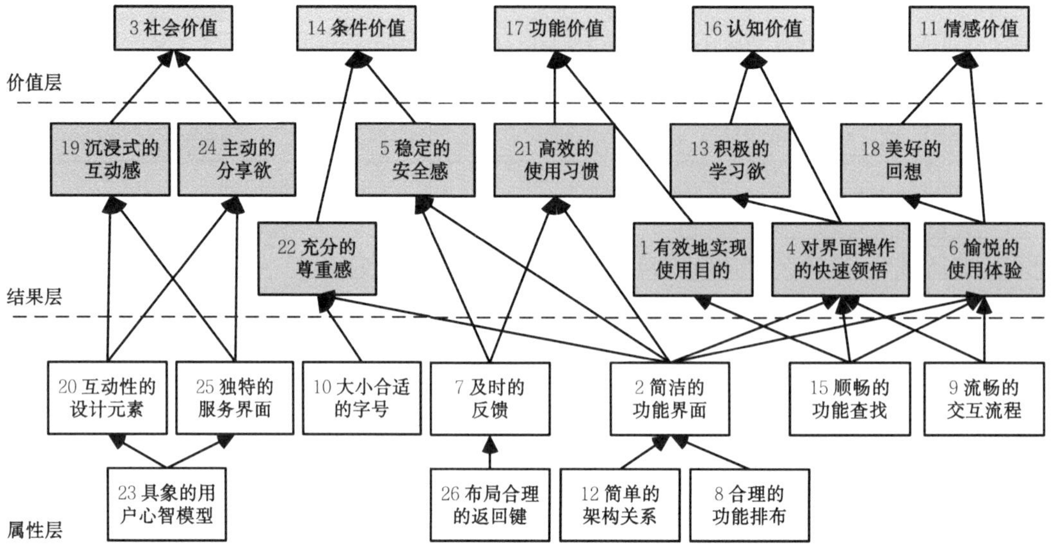

图 2　层次结构图

根据 MEC 理论，交互界面的属性决定了其给用户带来的结果，而结果又关系着用户从中获得的价值。本研究中，属性层是交互界面所固有的，而结果层是用户使用交互界面时所获得的，其满足与否可以影响用户的价值体验。因此，选取结果层作为评价指标对价值进行评价。整合价值层和结果层要素后，得到社交通信类适老化 App 交互界面价值评价体系，如图 3 所示。

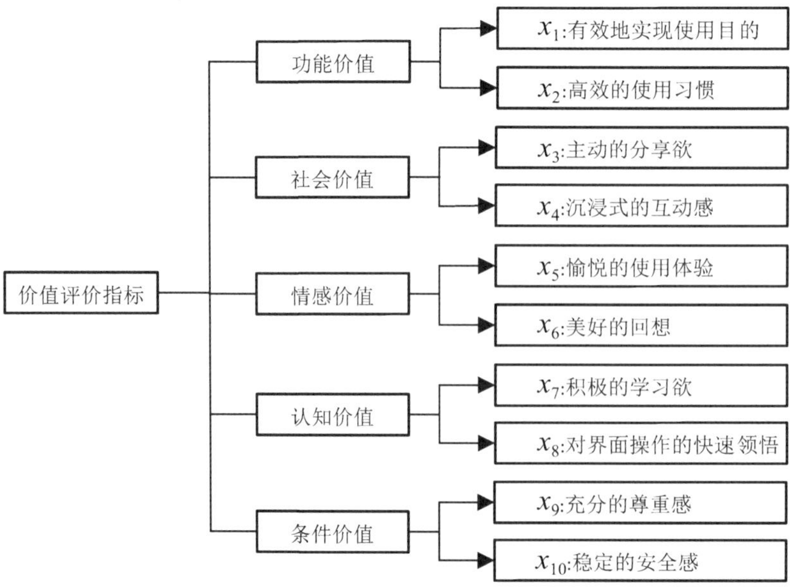

图 3　社交通信类适老化 App 交互界面价值评价体系

3.3 社交通信类适老化 App 交互界面价值评价

（1）制作评价样本

采用焦点小组方式获取老年人在使用社交通信类 App 时界面交互的行为数据，根据前文构建的评价体系，对老年人使用 App 交互界面的情况进行分析。基于价值评价指标及相关文献[18-19]，共总结出 9 个界面设计变量，每个变量包含 3 种类型，结果如表 4 所示。参考市面上具有“关怀模式”的社交通信类 App，在此基础上根据前期调研所得痛点进行适老化交互界面设计优化，将功能统一，排除无关干扰，按照表 4 变量，最终确立了 6 款设计方案，如图 4 所示。

表 4　社交通信类适老化 App 交互界面设计变量

设计变量	类型 1	类型 2	类型 3
字体风格	黑体	宋体	楷体
字体大小（px）	25	30	35
Icon 风格	插画风	轻拟物	线形
内容排布方式	列表式	抽屉式	卡片式
关闭按钮	左上	右上	中央底部
功能块触控面积（px）	65	75	85
反馈形式	添加背景色	局部放大	改变颜色
引导形式	蒙层引导	气泡引导	互动式引导
色彩风格	温暖明亮	热情鲜艳	清爽冷静

图 4　社交通信类适老化 App 交互界面价值评价样本

（2）样本评价

邀请 22 名老年人作为被试者，其中男性用户 13 名，女性用户 9 名，年龄在 60 ～ 85 岁之间，矫正后视力为 0.8 以上，无色盲、色弱等问题。被试者按照要求分别完成 3 个任务：按照引导完成一个操作；完整使用一个主要社交功能；使用一个功能并返回。最后依照前文建立的适老化交互界面价值评价体系，采用 5 阶李克特量表的问卷形式，邀请被试者对图 4 中的 6 个样本进行评价。在过程中对样本顺序做出随机化处理，以规避练习效应。评价结果如表 5 所示。

表 5　社交通信类适老化 App 交互界面价值评价实验结果

样本 / 评价指标	x_1 有效地实现使用目的	x_2 高效的使用习惯	x_3 主动的分享欲	x_4 沉浸式的互动感	x_5 愉悦的使用体验	x_6 美好的回想	x_7 积极的学习欲	x_8 对界面操作的快速领悟	x_9 充分的尊重感	x_{10} 稳定的安全感
1	4.56	4.50	4.53	4.56	4.44	4.56	4.22	4.50	4.44	4.33
2	4.44	4.53	4.31	4.44	4.33	4.33	4.20	4.42	4.67	4.32
3	4.56	4.67	4.22	4.22	4.22	4.44	3.66	4.11	3.77	4.22
4	4.56	4.46	4.44	4.78	4.56	4.67	4.10	4.56	4.44	4.32
5	3.89	3.89	4.56	4.33	4.44	4.35	4.10	4.22	4.33	4.44
6	4.33	4.00	4.78	4.56	4.33	4.00	4.22	4.33	4.22	3.89

3.4 熵权法计算价值评价指标权重

依据表 5 的评价结果，带入公式（1）构建起原始判断矩阵，再带入公式（2）计算各个评价指标的特征比重，通过公式（3）计算各评价指标的熵值，最后依照公式（4）计算出评价指标的权重，结果如表 6 所示。

表 6 社交通信类适老化 App 交互界面价值评价指标权重

评价指标	x_1 有效地实现使用目的	x_2 高效的使用习惯	x_3 主动的分享欲	x_4 沉浸式的互动感	x_5 愉悦的使用体验	x_6 美好的回想	x_7 积极的学习欲	x_8 对界面操作的快速领悟	x_9 充分的尊重感	x_{10} 稳定的安全感
权重值	0.078 9	0.121 0	0.128 6	0.121 4	0.110 6	0.088 8	0.076 3	0.111 1	0.084 4	0.079 0

3.5 价值评价的灰色关联分析

将表 5 的交互界面价值评价结果带入式（1）建立比较数列，从比较序列中挑选出最理想值组成参考数列，通过式（6）对指标进行无量纲化处理，再依据式（7）计算出 6 款样本的灰色关联系数，如表 7 所示。

表 7　社交通信类适老化 APP 交互界面价值评价实验灰色关联系数

灰关联系数 / 评价指标	x_1	x_2	x_3	x_4	x_5	x_6	x_7	x_8	x_9	x_{10}
ζ_1	1.000	0.696	0.528	0.560	0.586	0.753	1.000	0.789	0.662	0.714
ζ_2	0.736	0.736	0.373	0.452	0.425	0.496	0.933	0.616	1.000	0.696
ζ_3	1.000	1.000	0.333	0.333	0.333	0.593	0.333	0.333	0.333	0.556
ζ_4	1.000	0.650	0.452	1.000	1.000	1.000	0.700	1.000	0.662	0.696
ζ_5	0.333	0.333	0.560	0.384	0.586	0.511	0.700	0.398	0.570	1.000
ζ_6	0.593	0.368	1.000	0.560	0.425	0.333	1.000	0.495	0.500	0.333

最后结合熵权法求得的指标权重计算灰色关联度，6 个样本的灰色关联度计算结果如下：

g_1=0.707、g_2=0.620、g_3=0.507、g_4=0.812、g_5=0.520、g_6=0.564

通过计算得出的灰色关联度可以发现，样本 4 灰色关联度最高，为 0.812，代表老年人在使用该样本 App 交互界面时获取的价值最高；灰色关联度最低的是样本 3，为 0.507 ；灰色关联度从高到低依次为：样本 4> 样本 1> 样本 2> 样本 6> 样本 5> 样本 3，因此样本 4 为最优方案。

4 讨论

各样本的价值评价指标对应的灰色关联系数如图 5 所示，从图中可知，样本 4 在社会价值、情感价值和认知价值方面要优于其他 5 个样本。样本 1 相较于样本 4，功能价值水平相当且处于较高水平，满足了老年人的基本功能需求，因此两者的灰色关联度大小排名位居前列，这也验证了 Sheth J N 等人的观点，功能价值是影响用户选择的关键因素 [20]。但样本 1 在社会价值和情感价值方面远低于样本 4，因此影响了其最终的使用价值，该结果与 Sweeney J C 等人的观点相似，情感价值和社会价值对用户在评估产品或服务时同样起到重要作用，且情感价值在预测使用意愿方面尤其重要 [21]，这在本研究中也有体现，在样本评价阶段发现，被试者对不同样本的情感态度，影响了他们按照指示完成任务的配合度。本文的评价结果表明，功能价值在适老化 App 交互界面中起着基础性作用，而社会价值和情感价值在满足功能价值的基础上起着重要作用。

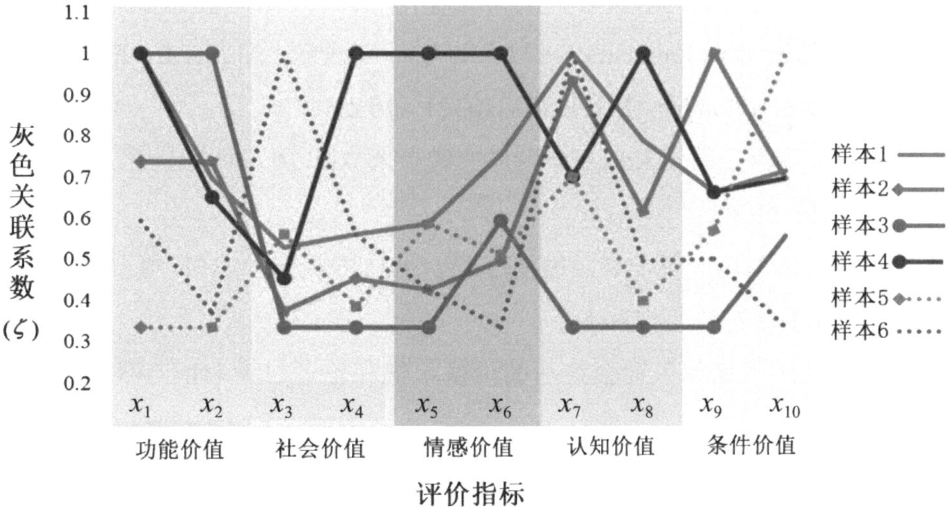

图 5　社交通信类适老化 App 交互界面实验样本价值评价指标的灰色关联系数

根据评价结果，对适老化交互界面价值的提升给出以下三条设计建议：第一，功能价值是影响老年人选择的关键因素，要强化适老化交互界面的功能价值，着力解决老年人难以找到功能，反馈不及时等问题，简化功能架构，功能合理排布，保证老年人在使用交互界面时的基本功能需求。第二，在满足功能价值的基础上，情感价值对提高老年人的使用体验起着重要作用，设计师可以通过设计与老年人建立起情感共鸣，以老年人的感知和特征完善交互界面，搭建流畅的交互流程，优化老年人对交互界面的使用体验，以解决在访谈中出现的诸如“它必须让我用着舒心”的用户诉求，提高回想率，增加愉悦感，进而提高满意度。第三，考虑交互界面社会价值的提升，设计师可以考虑增加互动性的设计元素和独特的服务界面来激发老年人的互动感和分享欲，增强适老化交互界面的可用性和趣味性，满足老年人的社交需求。

5 结语

本研究将 MEC 理论和灰色关联分析法相结合，提出了适老化交互界面价值评价模型，在分析老年用户痛点的基础上构建了交互界面的属性－结果－价值链模型，建立了适老化交互界面价值评价体系，最后通过灰色关联分析法对评价数据进行整合，根据灰色关联度大小确定了最优设计方案。通过实例证明，本研究提出的评价模型可以帮助设计师获取老年人的价值获取偏好，为适老化交互界面的设计提供决策依据。该评价模型也适用于其他场景的交互界面评价。后续研究可基于本文对价值评价的研究结果，进一步对交互界面的适老化设计进行研究，以满足老年人对交互界面的个性化需求。

参考文献

[1] 王皓田．增进老年人福祉要落到实处、做到细处 [N]. 光明日报，2024-01-26（02）.

[2] LIN C J，HO S H. The Development of A Mobile User Interface Ability Evaluation System for the Elderly[J]. Applied Ergonomics，2020，89：103215-103234.

[3] 张璟，李永锋，朱丽萍．基于 Logistic 回归的老年人 APP 用户体验优化设计 [J]. 包装工程，2022，43（10）：91-98.

[4] 李永锋，刘焕焕，朱丽萍．基于卡诺模型与联合分析的老年人 APP 用户体验优化设计方法 [J]. 包装工程，2021，42（2）：77-85.

[5] 李翌萱．人工智能时代老年人社会参与的价值审视和伦理思考 [J]. 自然辩证法通讯，2021，43（6）：88-93.

[6] 刘阳，姬茂旺，周键．养老资源配置、信息平台建设与智慧康养满意度关系研究 - 智慧康养价值感知的中介作用 [J]. 山东社会科学，2021（7）：100-106.

[7] 汪斌．多维解释视角下中国老年人互联网使用的影响因素研究 [J]. 人口与发展，2020，26（3）：98-106.

[8] 董玉妹，刘胧，董华．积极老龄化视角下的设计赋能方式探究：基于“手段－目的链”的案

例研究 [J]. 装饰，2021（2）：92-97.
[9] KILWINGER F B M，VAN DAM Y K. Methodological Considerations on the Means-End Chain Analysis Revisited[J]. Psychology & Marketing，2021，38（9）：1513-1524.
[10] WONG K H，CHANG H H，YEH C H. The Effects of Consumption Values and Relational Benefits on Smartphone Brand Switching Behavior[J]. Information Technology & People，2019，32（1）：217-243.
[11] DENG J L. Control problems of grey systems[J]. Systems & control letters，1982，1（5）：288-294.
[12] 陈宁峰，章彰，戴宇轩 . 基于 INPD 与熵权法的居家适老护理床设计 [J]. 包装工程，2022，43（14）：107-114，138.
[13] ZHU Y，TIAN D，YAN F. Effectiveness of Entropy Weight Method in Decision-making[J]. Mathematical Problems in Engineering，2020（2020）：1-5.
[14] KUMAR R，SINGH S，BILGA P S，et al. Revealing the Benefits of Entropy Weights Method for Multi-objective Optimization in Machining Operations：A Critical Review[J]. Journal of Materials Research and Rechnology，2021，10：1471-1492.
[15] BOTSCHEN G，THELEN E M，PIETERS R. Using Means-End Structures for Benefit Segmentation：An Application to Services[J]. European Journal of Marketing，1999，33（2）：38-58.
[16] 徐建平，张厚粲 . 质性研究中编码者信度的多种方法考察 [J]. 心理科学，2005（6）：152-154.
[17] PERREAULT W D，LEIGH L E. Reliability of Nominal Data Based on Qualitative Judgments[J]. Journal of Marketing Research，1989，26（2）：135-148.
[18] NILSSON E G. Design Patterns for User Interface for Mobile Applications [J]. Advances in Engineering Software，2009，40（12）：1318-1328.
[19] NEIL T. Mobile Design Pattern Gallery：UI Patterns for Smartphone Apps[M]. Sebastopol：O’Reilly Media，2014.
[20] SHETH J N，NEWMAN B I，GROSS B L. Why We Buy What We Buy：A Theory of Consumption Values[J]. Journal of Business Research，1991，22（2）：159-170.
[21] SWEENEY J C，SOUTAR G N. Consumer Perceived Value：The Development of A Multiple Item Scale[J]. Journal of Retailing，2001，77（2）：203-220.

逆向工程和 3D 打印技术在工业设计中的应用研究

钱桂名，朱丽鹏

（四川职业技术学院 智能制造学院，四川 遂宁 629000）

摘要：工业设计作为现代企业制造过程中最为关键的一环，它对企业的发展具有举足轻重的意义。本文探讨了逆向工程与 3D 打印技术在工业设计领域的创新应用。逆向工程能够精准复现或分析现有产品，为设计优化与仿制提供基础数据。结合 3D 打印技术，实现了从虚拟设计到实体模型的快速转化，极大地缩短了产品开发周期，降低了制造成本。研究分析了两者融合在复杂结构设计、个性化定制及原型快速制作等方面的优势及应用，并展望了其在推动工业设计智能化、高效化方面的广阔前景。

关键词：工业设计；逆向工程；3D 打印技术；产品开发

3D 打印技术不仅可以给设计者提供更加精确的产品信息，而且可以通过对产品的建模来提高产品的品质，同时也可以将 3D 打印技术应用于工业设计，从而加快产品的制造速度，提高产品的实用性 [1]。

1 3D 打印技术在工业设计中的优势

1.1 缩短了产品的开发周期

当前，3D 打印在很多产品的设计和制造中得到了广泛的运用。在传统的工业化生产工艺中，通过耗时数月乃至数年来进行生产制造，3D 打印仅需数小时便可实现，这主要是由于

基金项目：四川省高校哲学社会科学重点研究基地项目（项目编号：GYSJ2024-15）。

作者简介：钱桂名（1984—），男，四川遂宁人，讲师，学士，研究方向为工业设计、机械产品设计等，发表论文 10 余篇。

3D 打印技术通过模型快速还原制作、产品设计迭代加速、复杂产品结构轻松实现、供应链简化等多个方面的融入，显著地缩短了产品的开发周期，提高了产品开发的效率和灵活性。

1.2 可以进行个性化定制

将 3D 打印技术引入产品的设计中，可以给设计者更多的选择空间，从而最大限度地实现产品的个性化要求。在现代社会，人们对产品的个性化要求越来越高，而传统的产品开发方式已经不能适应新时代的需要。当前，3D 打印设计师和工程师能够在电脑上直接建立并调整三维模型，这一过程极大地提升了产品开发的灵活性和顾客满意度，为满足客户个性化定制需要奠定了基础。

1.3 提高了设计的可复用性

传统的工业设计侧重于产品的功能和形式，在产品制作完毕后，通常是不可能进行二次设计和修订的，这就造成了在制造出来以后，要花费很多的人力、物力和财力来进行维修，最终的效果通常都是不划算的。而 3D 打印可以很好地满足这种需求，在满足用户需求的前提下，对其进行再设计。这样，不但可以减少在生产过程中的成本投入，还可以很大地降低人力、物力和财力的浪费，从而在某种意义上提升了产品的性价比，产生较高的经济效益和社会效益。

1.4 节约原材料

在当前的工业设计实践中，虽然手绘仍然被许多设计师视为表达创意和灵感的重要手段，但在设计的时候，要对产品进行多次的绘图与修正，这样既会提高开发成本，又会耗费大量时间。将 CAD 建模在 3D 打印机中进行应用，利用增材制造原理[2]，逐层添加材料来构建产品，获得所需形状，既可节省开发费用，又节约时间成本。另外，3D 打印还能让设计师在设计过程中，得到更为精确的设计与规划。随着科技的进步，3D 打印已逐步被广泛地运用于各种工业产品之中，使得其制造效率与品质得到进一步提升。

2 逆向工程和 3D 打印技术在工业设计中的要点

2.1 点云处理

在进行产品开发时，必须先对产品点云进行加工，然后将其转换为产品的设计图，从而为企业的产品开发提供依据。该方法首先对点云进行了预处理，剔除了大量的噪声和冗余信息，从而改善了点云的质量。但在对点云进行分析时，应根据具体条件选取适当的处理方式。当点云中含有大量的噪声时，应采用某种方法加以消除。另外，点云上的冗余信息也要被剔除掉。一般情况下，过多点云都是因为一些不重要的因素造成的，所以要将这些冗余数据去除。

2.2 曲面重构

曲面重构在逆向工程中占有非常重要的地位，它能直接反映出产品的总体状况，但需要大量的经验。在实际中，通常采用逆向技术来实现表面的重建，而对于 NURBS 表面，则必须先将其进行反向重构，才能生成新的曲面。表面重建包括两个步骤：一是利用激光扫描、三维扫描等仪器获取表面信息，并将其转换为 NURBS 表面模型[3]；二是进行表面造型，使用专用的计算机进行表面的重建与调节。

2.3 特征提取

在进行工业设计时，要对被设计的产品进行全面的剖析，利用反向工程与 3D 打印的方法，对产品进行 3D 建模，可以得到三维模型，并对其进行造型、颜色、结构、功能等方面的设计和调整，从而获得具有个性化特点的产品。利用 3D 打印方法对产品进行逆向和 3D 打印，要关注产品的造型、颜色和结构等特性，而如何从产品的特性中抽取出产品的特点是至关重要的。在抽取过程中，要注重对抽取出来的特性加以分析与观测，并将之应用于产品的造型，以提升产品的品质与效率。曲线、曲面、实体等是目前应用最为广泛的造型特征。

2.4 特征编辑

特征编辑就是在保证产品符合使用者要求的前提下，对已有的产品进行修正[4]。特征的编辑包括两部分：第一，根据产品的结构与特性，对其进行修正，以保证其设计合理；第二，根据使用者的要求进行修正，在进行产品开发时，要全面地了解使用者的要求与用途。根据这些数据，对部件进行修正。具体来说，要做到：保证特征的修改与制品的构造一致；保证功能的可修改性能够符合使用者的需要；在零部件的设计中应综合考虑材料因素、工艺因素和尺寸因素。

2.5 数据处理

3D 打印在进行数据处理时，还要对信息进行转换，并将其与 3D 建模结合起来。在建立 3D 建模过程中，图像处理系统中最常用的一种软件就是 Imageware[5]，利用此系统，可以实现对试验结果的分析，并把试验结果转化为试验计划。对初始数据做空间坐标转换，可有效减少测量结果的错误，从而使建模精度提高。但有时也会受到仪器条件的制约，导致扫描角度不准确、扫描精度较低。针对上述问题，利用逆向工程软件对其进行分析，并对其进行建模可有效避免该问题的发生。其中，三维模型的建立、产品的品质评价等都是利用 Geomagic 软件来完成的。

基于以上设计要点，川渝地区的工业设计特点主要体现在对制造业转型升级的重视上。该地区依托丰富的工业基础和优势，注重高新技术与传统产业的融合，推动工业设计在提升产品附加值、增强市场竞争力方面发挥重要作用。通过建立国家级、市级工业设计中心，培育高端制造业设计人才，形成了一套符合自身特色的工业设计创新发展模式[6]。此外，还注重工业设计产业链的完善，强化创意设计、样机制作等关键环节，引进和培育了一批重点企业和平台，促进了工业设计产业的蓬勃发展。

3 逆向工程和3D打印技术在工业设计中的应用

3.1 3D打印在工业设计应用中的实际问题

以川渝地区为例，川渝等地工业设计行业得到了快速发展，并初步建立起了一个比较完整的行业系统。已建成重庆工业城、四川国际创意设计城（成都）等九大产业设计重点园区，并形成一大批国内著名的“产业设计基地”和“产业设计”平台。该机制与平台为3D打印在工业设计中的推广奠定了坚实的基础。现有3D打印在工业设计中的实际问题，包括：①利用限制，如技术成熟度不够，以及3D打印在高精度打印、复杂结构打印等重要问题上的成熟度尚需进一步提升，制约了川渝等部分高端制造业3D打印的推广。②原料局限，现有3D打印的原料品种较少，难以充分适应川渝等不同产业，以及某些特定或新型材料的制备工艺还不够完善，限制了其广泛的应用。③成本方面，由于3D打印设备的购买成本、维护成本和物料成本都比较高，对于很多中小型企业和个体使用者来说是很难承受的，高昂的造价已严重影响了川渝区域3D打印的广泛应用。④缺乏有效的产品推广，市场认可度不够，虽然3D打印得到了极大的重视，但是川渝两省的企业及个体对3D打印的认识还非常欠缺。由于缺乏对产品的认识，使得该产品在我国的应用很难进行。川渝区域缺少一批有影响的3D打印项目及示范应用，导致广大客户很难对其优点与价值有一个清晰的认识。⑤政策扶持不够，尽管国家对3D打印产业采取了多项扶持措施，但川渝两地对3D打印产业的扶持程度还需进一步提高。缺少强有力的政策支撑，制约着3D打印的普及与应用。

3.2 以三维模型为基础进行逆向设计

在建立三维实体的过程中，首先要考虑到平面的建立，其次才是表面的建立。在逆向设计中，对产品的形状、尺寸和材质进行了详细的分析。在生产过程中，也要进行合理地管理，这是一项非常重要的工作。在建立3D建模过程中，若存在大小不一的数据，将降低建模的效率。因此，在应用逆向工程的时候，一般都是采用3D MAX软件来完成。该系统对各种类型的数据进行了分析，利用这个软件，可以很快地建立3D模型。在建立产品模型时，要按照逆向工程的思想，建立各种类型的产品模型，并可以应用于不同领域之中，如教育、医疗、航天、汽车、文化创意等。如图1所示，在建模过程中，首先要创建一个表面模型，之后才能对其进行分区。针对某些外形较为复杂或者体积较大的表面模型，采用多视图、特征表面等方法来构造。

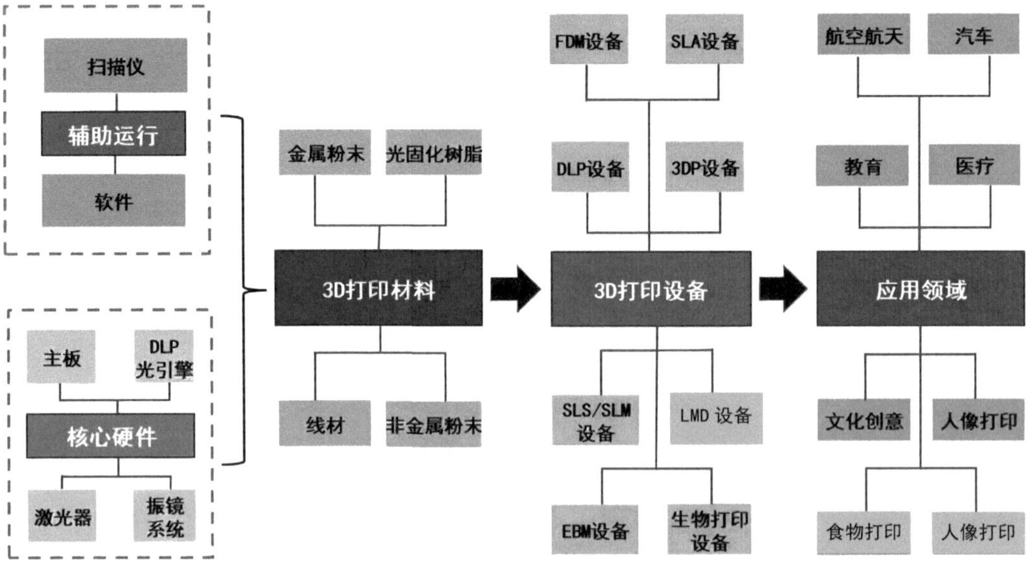

图 1 3D 打印应用范围

3.3 根据逆向设计结果进行产品创新

在数字化、智能化时代，有些企业往往把自己的产品做得更人性化，以适应顾客对商品的个性化要求。在对机械领域中部分一体成型的产品进行造型设计时，设计师往往需要对整个造型进行多次调整和优化，以确保其满足设计要求并具备良好的视觉效果和功能性。然而，这种调整过程有时可能导致造型与现实情况存在不符的情况。逆向工程是一种有效解决此情况的方法，它可以有效地改善产品的外观、尺寸和功能，为用户提供更加人性化的产品服务。以一家轿车公司为例，该公司在制造轿车的过程中，往往会从顾客的意见出发，依据顾客的意见来进行车型的设计，逆向工程可以使产品更好地满足人们的心理要求。比如，一家以 SUV 为主业的汽车企业，以越野能力为主要卖点，以满足各种客户对越野能力的要求，通过采用逆向工程方法建立了其三维造型[7]，结果表明，该方法所需的三维实体模型数量虽然较多，但在实际使用过程中极少产生误差，车辆的道路行驶能力大幅提升。

3.4 根据逆向设计结果对产品进行生产规划

在工业设计中，有的时候是要对产品做一些改动，或是做一些新的设计，若不了解产品的设计思想和结构，可能会导致返工。若采用 3D 印刷工艺，可以在前期对其进行加工。采用 3D 打印的方法，能够在制造初期就能将产品制造中可能存在的问题找出来，并加以处理。3D 打印以其可选择性、灵活性和易操作性等优势，被越来越多地用于工业产品的开发。同时，在 3D 打印的过程中，也需要一定的技能。首先要做的是对工件做一些表面的前处理，如抛光，喷砂等。其次，对工件进行加工，加工出满足要求的工件，并采用激光烧结、粉末烧结等工艺加工成型。最后，通过喷砂、抛光等工艺对制品进行了表面处理，再对制品的外形进行了详细的加工。

3.5 优化生产流程和提高生产效率

在传统的工业设计流程中，设计师必须依靠自身的经验来完成产品的三维造型。然而，这样做常常造成了制造时间的延长和产品质量的降低。逆向工程可以实现对工件的快速造型，并将其通过扫描、测量等方法转换为数字化的模型，然后利用CAD进行加工，从而得到产品的3D模型。该方法可以实现从设计到制造的迅速转换，大大缩短了制造时间。而在传统的工业设计中，设计师一般都是先将产品的设计图画出来，之后才能手绘出来，或是借助一些辅助工具来完成。这样做既费时又费力，还容易出错。而采用逆向工程的方法，则是利用计算机辅助的方法，将产品的造型迅速地建立起来，并利用CAD进行加工和优化。这样一来，既可以大幅地缩短制造时间，又可以节省人力和原料的费用，有利于内容创新和文化融合，扩大了应用范围，增强了设计的实践性。进行打印之前需要做好材料准备，确定打印对象设计图纸，进行打印输送，在控制系统作用下，完成打印，如图2所示。同时，设计师也能依据具体的要求，不断地对模型进行修正和完善，实现对整个制造过程的不断改进。

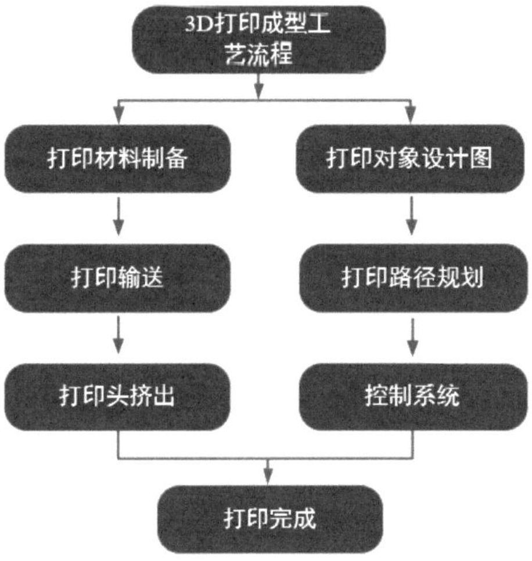

图2　3D打印技术的应用流程

3.6 完善工业设计模型

3D打印在工业设计中得到了广泛的运用，它不但可以提高产品的造型效率，而且可以给设计师带来新的灵感。在进行产品的设计过程中，经常采用3D打印的方法对产品进行多种形式的设计，并对其进行修正、优化。这样既可以很好地适应客户的要求，又可以为企业节省很大的费用。在川渝区域，设计师常利用逆向的方法，建立起一个新的产品造型，并将其运用到实际的生产设计中。此外，在设计过程中，还要不断地改进、修正，以确保产品的品质。在建模过程中，设计师可以采用逆向工程的方法，迅速地建立各类产品造型的对应文档，并采用3D打印的方法将其输出，在进一步细化产品造型的同时，也可以通过3D扫描的方式，实现对产品造型的快速、准确的识别。

4 结论

将逆向工程技术与3D打印技术运用到工业设计中既能够提高工作效率又能够降低成本，

还可以通过对产品模型的处理来实现产品复杂结构设计、个性化定制及原型快速制作，这不仅能够为设计师提供更为丰富的产品数据，也能够使其更好地展示出产品模型。逆向工程技术与 3D 打印技术两者未来的深度融合，将成为推动工业设计领域持续发展的重要力量。

参考文献

[1] 李宇 .3D 打印技术与逆向工程的应用及课程改革研究 [J]. 造纸装备及材料，2023，52（10）：203-205.

[2] 陈其虎，马继晶 . 逆向工程和 3D 打印技术在工业设计中的应用研究 [J]. 丝网印刷，2023，（10）：111-113.

[3] 程丽丽，张建海，周兴华 . 基于逆向工程设计及 3D 打印技术的机器人教学 [J]. 中国现代教育装备，2023（5）：120-123.

[4] 陈勇钢，李存金 .3D 打印技术的多学科研究特征分析 [J]. 科技管理研究，2017，37（1）：55-58，81.

[5] 莫海军，周佳军．基于 Imageware 的曲面重构研究 [J]. 现代制造工程，2014（9）：21-25.

[6] 高亮，杨随先 . 数字化工具支持下的工业设计 [J]. 机械设计与制造，2006（2）：41-43.

[7] 金涛，陈建良，童水光 . 逆向工程技术研究进展 [J]. 中国机械工程，2002（16）：86-92，6.

智美融合：智能化时代的工业设计技术创新与审美观念嬗变

邓文鑫，江牧

（苏州大学 艺术学院 江苏 苏州 215123）

摘要：在智能化时代浪潮下，智能技术已广泛渗透到工业设计的多个领域，不仅催生了设计技术层面的革新，更深层次地影响了审美观念的嬗变。研究通过文献资料与实证调研的综合分析，系统阐述了智能技术在工业设计中的应用及其创新表现，并深入探讨了这些技术创新如何影响并推动审美观念的转变。最终揭示出技术创新与审美观念在工业设计中的相互作用与影响机制，进而提出设计师如何在设计创新实践中融入审美观念的策略，以实现技术与美学的和谐统一。

关键词：智美融合；智能化时代；工业设计；技术创新；审美观念嬗变

在当前智能化时代背景下，工业设计正在经历一场前所未有的变革，技术创新已然成为推动工业设计发展的关键动力[1]。随着人工智能、大数据、物联网等技术的广泛应用，工业设计技术不断创新，从而推动了设计效率和产品质量的大幅提升；同时，消费者的审美观念也在发生变化，这种审美观念的嬗变对设计提出了更高的要求。众所周知，传统的工业设计主要注重功能与形式的平衡，而在智能化时代，这种平衡被慢慢打破，技术创新与审美观念的相互融合、相互促进成为新的趋势。在设计过程中，不仅要考虑产品的功能和美观，更要

基金项目：国家社科基金艺术学项目（项目编号：17BH156）。

第一作者简介：邓文鑫（1991—），男，湖南邵阳人，讲师，博士研究生，研究方向为工业设计及理论，已发表论文 10 篇。

通信作者简介：江牧（1971—），男，江西南昌人，教授，博士，研究方向为工业设计及理论、设计美学等，发表论文 91 篇。

考虑其智能化程度。因而，在传统的设计中，人们追求的是产品的实用性和美观性，而在智能化时代，人们更加注重产品的个性化和智能化[2]。这就要求设计师不仅要具备良好的审美能力，还要具备一定的科技素养，才能跟上时代的步伐。通过近些年的变化可以看到，智能化时代的工业设计技术，正在从传统的追求形式与功能的平衡，转变为追求智能化与美观性的融合。这种转变，既是对设计师能力的挑战，也是对设计理念的革新，无疑为工业设计的发展提供了新的方向和思路。因而，分析智能化如何为工业设计带来前所未有的可能，同时探讨审美观念如何在这一变革中嬗变显得尤为重要。通过对这些问题的研究，可以更好地理解智能化时代工业设计的发展趋势和创新路径，为未来的设计实践提供有益的启示和借鉴。

1 智能化时代工业设计技术创新的表现

现代工业设计技术的发展可以追溯到20世纪初，主要表现为注重功能性和实用性，这一时期通常采用标准化和模块化的方法来提高生产效率。20世纪后半叶，随着计算机辅助设计（CAD）和数字制造技术的发展，工业设计进入了数字化时代[3]。而进入21世纪，尤其是近十年以来，智能化技术的快速发展和应用使得工业设计技术不断创新，其中参数化设计和模拟技术的发展使得设计过程更加高效和灵活。设计领域与人工智能、大数据、云计算等技术的深度融合，正在推动工业设计向更加智能化、个性化和数字化等方向发展[4]。设计师们不再仅仅依赖于传统的设计工具和手段，而是开始运用各种智能化的软件和设备来提升设计的效率和质量。这些技术的应用不仅使得设计过程更加便捷和灵活，而且极大地拓展了设计的可能性，从而更好地满足用户对智能化产品的需求和期望。

1.1 智能化技术的引入与融合

当前，智能化技术正逐步渗透到工业设计的各个环节中，为设计创新提供了强有力的支撑。智能化技术的直接或间接引入，不仅提高了设计的效率和质量，还极大地拓展了设计的创新空间[5]。设计人员可以利用智能化系统进行模拟实验，预测设计的产品在实际使用中的表现，从而在设计阶段就能尽可能地优化产品性能。智能化设计软件还能实现自动化设计，进而提高设计效率，缩短产品从概念到市场的周期。当前主流的智能化技术，如人工智能（AI）、机器学习、大数据分析等广泛应用，为设计师提供了前所未有的工具和资源，使其能够更深入地理解用户需求、市场趋势和产品性能[6]。AI可以自主学习和优化设计方案，通过算法分析大量数据，为设计师提供设计灵感和解决方案；与此同时，AI还可以通过分析用户行为数据来优化产品的人机交互界面，提高用户体验。例如，华为2023年推出的智能门锁Pro系列，应用了全新的人工智能（AI）3D人脸识别技术，这种技术结合了红外双摄和活体检测技术，确保使用中识别的准确性和安全性，如图1所示。

图 1　华为 Pro 系列智能门锁的 AI 人脸 3D 识别示意图

此外，大数据技术应用也为工业设计带来了前所未有的变化。设计师可以通过收集和分析大量用户数据和市场数据，能更全面、精确地了解消费者的真实需求和偏好，从而进行更加精准的产品设计[7]。这种基于数据的技术不仅提高了设计效率，也使产品更加符合市场的需求变化，进而使设计决策更加合理、可靠。总体来看，工业设计对智能化技术的引入与融合，正在引领一场设计领域的革命。而设计师则需要不断学习新技术，适应新变化，以更好地服务于社会和人类的发展。

1.2 智能化创新设计工具与方法的应用

智能化时代对工业设计技术创新的影响还表现为传统的工业设计工具正被智能化设计工具所取代，智能工具的应用为工业设计领域带来了许多创新的设计工具和方法。

一方面，智能化新型的设计工具如参数化设计、3D 打印技术等，使设计师能够更加灵活地进行设计创作。参数化设计允许设计师通过调整参数来快速生成多种设计方案，从而更加高效地探索和测试不同的设计效果，参数化设计工具的应用，使得设计师能够更加灵活地进行设计创作，并快速实现设计方案的迭代和优化。而 3D 打印技术将数字模型转化为实物模型，为设计师提供了更加便捷的原型制作方式。设计师可以直接将设计数据导入 3D 打印机，制作出高精度的模型，方便进行测试和验证，甚至可以通过设计模型导入 3D 打印设备实现大型产品的直接生成。例如，2023 年清华大学徐卫国教授团队，运用“机器人 3D 打印混凝土”技术打印出 200 多平的保暖房屋，如图 2 所示。可以看出，智能化创新设计工具能够自动执行许多烦琐的设计任务，如绘图、建模等，从而释放设计师的精力，让他们更加专注于创意和审美方面的工作。此外，智能化设计工具还能够提供实时反馈和优化建议，帮助设计师改进设计方案。

另一方面，智能化时代还衍生出许多创新的设计方法，如当前设计领域常用的基于算法优化设计和协同设计等方法。基于算法的优化设计是利用智能计算机算法对设计方案进行优化和改进，帮助设计师找到最佳的设计方案[8]。如在人机交互设计领域，将智能算法用于工业设计的人机交互设计工具流程，如图 3 所示，可以快速实现软件功能的试算和专业研究。而协同设计则是指允许多个设计师在同一平台上进行实时协作和交流，以提高设计团队的协作效率和创新能力。当前，设计师普遍会借助智能技术和工具，不断探索更为高效、便捷的设计方法。这种以智能技术为驱动的设计方法，不仅推动了工业设计领域的创新，也提高了设计师的工作效率与合作效果。

图 2　机器人 3D 打印混凝土保暖房屋图

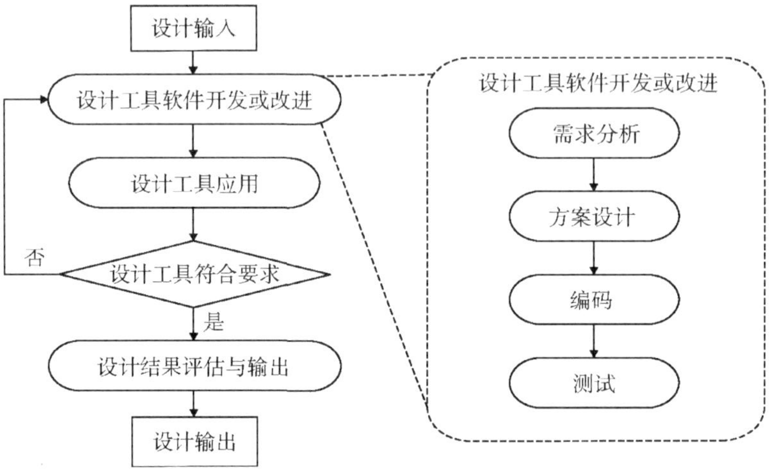

图 3　基于智能算法的专业设计工具测试流程图

1.3 设计师角色的转变

智能时代对工业设计的改变除了表现在智能技术、工具和方法等方面，设计师的角色也在发生相应变化。传统的设计师主要依赖于个人的经验和直觉进行设计；而在智能化时代，设计师则需要掌握和运用先进的智能化技术，并将其融入设计过程中。设计师不再仅仅局限于功能和形式的探索，而是成了技术的整合者、数据的洞察者、跨学科的合作者以及持续学习和创新的引领者。设计师需要掌握和运用人工智能、大数据等先进技术，将其融入设计产品中，以提升产品的智能化水平和用户体验。同时，设计师还需要通过数据分析和用户研究，洞察市场趋势和用户需求，为设计提供更为科学的依据。此外，跨学科的合作和持续学习也成为智能时代设计师必备的能力。设计师需要与不同领域的专家合作，共同推动产品创新，并不断学习新知识、新技能，以适应快速变化的市场和技术环境，这种角色的转变使得设计师在智能时代扮演着更为多元化的角色。ChatGPT 和 SORA 等智能工具生成技术的推出，进一步对设计师角色发起冲击和挑战。一方面，设计师要保持清醒，快速适应与智能工具的合作，借助技术来完成创意；另一方面，设计师应该关注智能技术忽视的伦理和情感化问题，以在智能时代中更好地发挥自身角色。正如学者李超德所呼吁的，智能化时代的现代设计仍然需要“意匠”式温暖，这也是当代设计师的使命[9]。随着智能化技术的不断发展和应用，设计师的角色转变将更加深入和广泛。未来设计师将需要不断学习和掌握智能技术新的工具和方法，以适应不断变化的市场和用户需求。同时，还需要为设计注入人文关怀，让产品不仅满足功能需求，更在情感层面与用户建立连接，以应对更加复杂和多变的设计挑战。

2 智能化时代工业设计审美观念的嬗变

在智能化时代背景下，工业设计技术领域经历了显著的创新发展，与此同时，其审美观念亦在经历一场深刻的转变。这种变革源于科技的迅猛进步，以及人们审美需求的多样化和个性化发展。传统的工业设计注重功能性和实用性，追求简洁、大方、稳重等审美特征[10]。而随着智能化时代的到来，工业设计开始着重关注用户体验、情感化设计以及智能化交互等关键要素，以满足人们对高品质生活的向往。随着人工智能、大数据、云计算等智能技术的广泛应用，工业设计的视野不再局限于硬件产品本身，而是进一步拓展至软件界面、智能服务、用户生态等多个层面。这一转变使得工业设计的审美观念日趋丰富与多元，不再仅仅关注视觉美感，而是涵盖了功能性、交互体验、情感共鸣等多个维度。因而，智能化时代的工业设计审美观念亦受到全球化和文化多元化的深刻影响，工业设计的审美观念也朝着更加注重体验性、个性化、定制化及多元化的方向嬗变。

2.1 从功能主义到体验主义

在传统的工业设计审美观念中，功能美是核心，审美观念主要围绕产品的形态、结构和功能展开。然而，在智能化时代，产品的功能和性能已经不再是唯一的评判标准，用户体验成了设计评价的重要维度。从功能主义到体验主义，这一转变不仅反映了技术的进步，更体现了人们对生活品质追求的升级。人们不再仅仅满足于产品的实用性和功能性，而是更加注重产品的使用体验和情感共鸣。从功能主义到体验主义的转变，也进一步揭示了人们从单纯追求实用功能，到寻求更深层次情感体验和个性化表达的嬗变过程。功能主义强调的是产品的实用性和工作效率，而体验主义更加注重产品在使用过程中所带来的情感体验、文化内涵和个人价值的体现。以智能交互界面设计为例，从早期的功能导向到如今更加注重用户交互体验、视觉审美和个性化定制，体现出智能化时代的工业设计更加注重用户体验和交互性。设计师不再仅仅关注产品的外观和功能，而是更加注重用户与产品之间的交互过程和体验感受。产品的形态、色彩、质感等方面都需要考虑用户的使用习惯、心理需求和行为特点，以提供更加舒适、便捷和愉悦的使用体验。例如，谷歌设计的 Nest Learning Thermostat 智能温控器，通过智能技术使设备学习用户的温度调节习惯，并根据时间和室内外温度自动调整室内温度，从而实现了温度的动态化控制，将室温调整到最舒适的状态，如图 4 所示。这种功能到体验的审美观念嬗变，不仅仅是一种审美倾向的变化，更是一种设计理念的创新。体现了设计师们对于人的深入理解和关怀，以及对于技术与生活之间关系的重新思考。在这一转变过程中，设计师开始将更多的关注点放在用户身上，尝试通过设计手段来满足用户的多元化和个性化需求。他们不再仅仅局限于产品的形态和结构的设计，而是开始关注产品的使用过程中用户的感受和体验。

图 4　谷歌 Nest Learning Thermostat 智能温控器场景图

2.2 从大众化到个性化与定制化

工业设计产品个性化与定制化的审美需求，源于人们对独特性和自我价值的追求。在工业化时代，由于生产技术和市场需求的限制，设计师往往追求一种普遍适用的美感，力求通过标准化、批量化生产来满足广大消费者的需求。随着智能化技术的快速发展，设计师拥有了更加精准把握消费者需求、分析市场趋势的技术和能力[11]。由于生活水平的提高，消费者不再满足于单一、大众化的产品，而更追求于能够体现个人品位、符合个性化需求的产品。在这样的背景下，工业设计审美观念开始从大众化向个性化与定制化转变。设计师开始注重个性化与定制化的设计理念，将用户的个人喜好、生活方式、使用习惯等因素融入产品设计中，运用先进的智能化设计工具和技术手段，为消费者定制出符合其需求的产品。使得这些产品不仅具有独特的设计风格和个性化的功能特性，还能够与消费者产生情感共鸣，满足其精神层面的需求。例如，在智能家居领域，设计师会根据用户的个性化需求，定制智能照明系统、智能音响设备等，通过智能控制和个性化设置，为用户提供更加舒适、便捷的居家体验。这种审美观念从大众化到个性化和定制化的转变，不仅反映了消费者对于个性化、定制化产品的需求，也体现了设计师对于创新、独特设计的追求；同时，也推动了工业设计的创新和发展，提高了产品的附加值和市场竞争力。个性化和定制化的设计理念为设计师提供了更多的创作空间和灵感来源，也为消费者带来了更加多样化、个性化的产品和服务。客观上讲，从大众化到个性化与定制化的转变也是一种必然趋势，不仅体现出科技进步对设计领域的深刻影响以及现代社会中人们对于个性表达和独特体验的追求，更反映了社会文化的进步和发展。

2.3 从单一化审美到多元化审美

在智能化时代之前，工业设计审美观念往往受到传统审美观念的影响，多呈现出较为单一化的特点。随着智能技术的飞速发展和渗透，消费者的审美观念也发生了巨大的变化。他们不再满足于传统的、单一的产品设计，而是更加注重产品的多元化发展和多元审美需求。这种变化促使设计师从过去单一、刻板的审美标准逐渐转向更加多元化、包容性的审美观念，这种多元审美主要体现在数字化、可变性、情感化和绿色环保等方面[12]。首先，智能时代数字化技术的广泛应用为工业设计带来了无限的可能性。传统的工业设计往往以静态的形式呈现，而数字化技术则使产品可以呈现出动态的效果。设计师通过运用数字化工具和技术，将产品的运动状态、交互方式等动态元素融入设计中，使产品更加生动、有趣。其次，智能化时代的产品往往具有高度的可变性。设计师通过关注产品的可变性和灵活性，采取模块化设计、可拆卸设计等方式，使产品可以根据不同的需求和场景进行灵活变化。再次，在智能化时代，产品不再仅仅是满足实用需求的工具，更是人们情感寄托的载体。当代社会消费者对于产品的情感需求越来越高，他们希望产品能够与自己产生情感共鸣。因此，设计师不仅仅需要关注产品的功能，更需要思考消费者在产品使用过程触发的情感反应和情感连接，设计出具有情感共鸣的产品。最后，随着环保意识的日益增强，绿色环保的观念也成了工业设计审美观念转变的重要方向。传统的工业设计往往忽视产品的环境影响，导致资源浪费和环境污染等问题。因而，智能化时代的设计观念向绿色、环保发展成为一种必然趋势，设计师在设计中应更加注重环境的可持续性和资源的循环利用，以实现人与自然的和谐共生。

3 智能时代工业设计技术创新与审美观念的互动融合

智能时代技术创新为工业设计提供了新的手段和可能性，而审美观念的转变则引导着技术创新的方向和趋势，技术创新与审美观念相互交织，共同推动着工业设计的发展[13]。一方面，技术创新为工业设计提供了更加广阔的创作空间，使得设计师们能够突破传统的设计局限，创造出更加独特、富有创意的产品；与此同时，这些创新的产品也影响着消费者的审美趋势，推动着审美观念的不断更新和嬗变。另一方面，审美观念的嬗变也为技术创新提供了新的动力和方向，进一步推动了科技与艺术的深度融合。深入探讨智能时代工业设计技术创新与审美观念的相互影响与融合发展具有重要的理论和实践意义。这种融合将不断推动着设计领域的进步和发展，不仅有助于我们更好地理解工业设计领域的发展趋势，也能够为未来的设计实践提供有益的启示和借鉴。

3.1 工业设计技术创新与审美观念的相互作用

在智能时代，工业设计技术创新与审美观念之间的相互关系变得愈发紧密，它们相互影响、相互塑造，共同推动着工业设计领域的发展和创新。在这种相互关系中，技术创新为审美观念提供了更多的可能性和选择，而审美观念的转变也引导着技术创新的方向和趋势。

一方面，工业设计技术创新影响审美观念的变化。首先，工业设计技术创新拓展了人们的审美视野。在传统工业设计中，由于技术和材料的局限，设计师的创意实现往往受到限制，审美观念也相对固定；而智能时代新材料、新工艺、新技术的不断涌现，为设计师提供了更多的创作手段和可能性，智能化时代工业设计技术创新不仅为人们带来了更加便捷、高效的产品和服务，更在无形中拓展了人们的视野。以虚拟现实（VR）技术的应用为例，通过 VR 技术，设计师能够创建出高度逼真的虚拟环境，让用户仿佛置身于一个全新的虚拟世界中，从而拓宽了自己的审美视野。其次，工业设计技术创新改变了人们的审美标准。工业设计在智能化时代，通过引入新的设计理念、技术方法和创新材料，不仅丰富了产品的形态和功能，更在深层次上改变了人们对美的认知和追求，从而引领了设计潮流和社会审美观念的变革，人们的审美标准逐渐从传统的、单一的模式转向更加多元化、个性化的方向。以智能手机为例，作为现代人日常生活中不可或缺的产品，其设计风格的演变直接反映了人们审美标准的变化。早期的手机设计注重功能性，外观简单朴素，色彩单一，审美标准相对固定。但随着工业设计技术的不断创新，如今市场上的手机，不仅色彩缤纷、造型各异，还有透明、折叠等各种新颖的设计款式。这些创新设计不仅提升了人们的使用体感受，更在视觉上为人们带来了全新的审美体验。最后，工业设计技术创新塑造了人们的审美偏好。在智能时代，随着个性化消费趋势的兴起，人们对于产品的个性化需求也越来越高。为了满足这种个性化的审美需求，设计师需要不断探索新的设计理念和手法，推动技术创新的发展。这种影响体现在我们日常生活的方方面面，从家居用品到交通工具，从电子产品到时尚配饰，等等。例如，美国苹果公司生产的 Apple Watch Ultra 智能手表如图 5 所示，改变了人们对于传统手表的认知，通过智能技术和设计融合，将手表变为了一个功能强大的智能设备，使人们对手表的审美标准不再局限于外观和材质，更加注重其功能和互动性，其设计创新不仅展示了技术的先进性，更体现出不同消费者的差异性审美偏好。

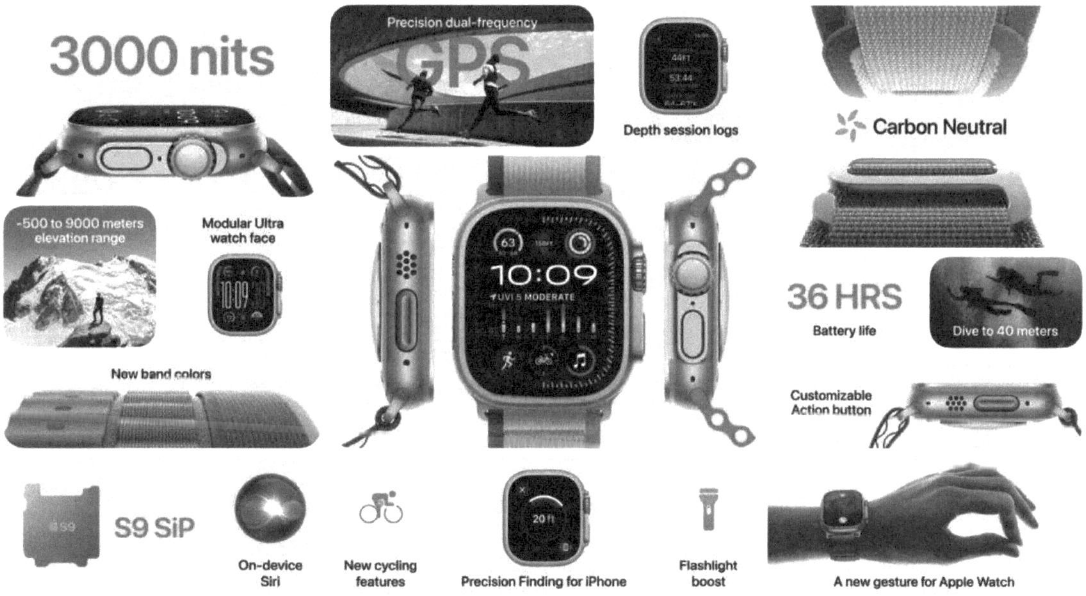

图 5　苹果公司 Apple Watch Ultra 2 智能手表示意图

另一方面，审美观念的变革也引导着工业设计的技术创新。智能化时代的发展和社会的进步，促使人们的审美观念不断演变和升级，这种变化不仅影响着人们对美的感知和理解，更在一定程度上引领着工业设计领域的技术创新方向。首先，审美观念变革引导设计师探索新的设计理念。随着人们审美偏好的转变，设计师开始关注更加多元、个性和环保的设计理念。他们不再局限于传统的美学标准，而是更加注重产品的功能性和用户体验。通过运用新材料、新技术和新工艺，设计师创造出了更加符合当代审美需求的产品，为人们带来了更加美好的使用体验。这种变革不仅推动了工业设计领域的技术创新和发展，也丰富了设计理论的内涵和外延。其次，审美观念变革在一定程度上推动技术的创新发展。随着人们审美需求的不断变化，设计师需要不断探索新的技术手段和材料，以满足这些新的审美需求。这种变革促使着工业设计师不得不与技术专家紧密合作，共同研究和开发新的技术和工艺。以建筑为例，绿色环保的审美观念促使绿色建筑技术应运而生，绿色建筑采用节能、环保的材料和技术手段，以减少建筑对环境的影响，也为建筑行业带来了新的发展机遇。最后，审美观念变革促进了设计与科技的深度融合。智能时代下的审美观念变革使得设计与科技的深度融合成为必然趋势，设计师需要更加注重产品的智能化、交互性和用户体验等方面，通过运用智能技术和创新的设计手法来创造出更加符合人们审美需求的产品。这种融合不仅提高了产品的艺术性和审美价值，还推动了工业设计领域的技术进步和创新发展。在这种趋势下，设计师可以借助智能化技术进行跨界合作，将不同领域的元素融合到工业设计中，从而打破传统设计的边界，创造出更多具有创新性和前瞻性的设计作品。如电动汽车的兴起不仅体现了环保理念，其独特的艺术风格和智能科技应用也吸引了众多消费者的目光。

3.2 工业设计技术创新与审美观念的融合发展

智能时代工业设计技术创新与审美观念的关系更为密切，两者相互促进、相互依赖，而两者的融合发展更是未来工业设计发展的趋势[14]。这种融合发展不仅有助于推动工业设计领域的创新和发展，更有助于促进科技与艺术的深度融合以及社会的进步。工业技术创新与审美观念的融合在诸多设计案例中均有所体现，其中一个典型案例便是美国特斯拉电动汽车设计，如图 6 所示。特斯拉电动汽车通过不断的技术创新，实现了电动汽车在性能、续航、安全等方面的突破，同时在设计上也展现出了独特的审美观念。其外观线条流畅，车身造型简洁大方，不仅符合现代审美趋势，还体现出设计师对未来出行方式的独到见解。车内的设计同样充满了创新元素，中控大屏、自动驾驶辅助系统等技术的运用，不仅提升了驾驶体验，也让驾驶者感受到了科技带来的便捷与乐趣。整体设计充分展示了工业技术创新与审美观念如何相互融合，共同推动工业设计的发展。特斯拉的成功也证明了在智能化时代，只有将技术创新与审美观念相结合，才能创造出真正符合用户需求和市场趋势的优秀产品。

图 6　特斯拉汽车的 Yoke 方向盘和中控屏设计示意图

在智美融合趋势下，智能时代工业设计技术创新与审美观念的未来融合发展呈现出多元化、个性化和可持续性等特点[15]。如何将技术创新与审美观念两者有效融合，成为设计师面临的重要课题。结合当前现状和未来趋势，以下援引相关实例从三个维度进行阐释并提出相应策略。

第一，明确设计定位，融合技术与美学。在智能化时代，明确设计定位是实现技术创新与审美观念融合的首要步骤。设计师需要明确产品的功能定位、市场定位和用户定位，以确保技术与美学在设计中得到恰当的体现。同时，设计师需要与智能技术专家紧密合作，将最新的科技成果应用于产品设计中，确保产品的技术领先性和实用性。通过将技术与美学有机结合，设计师能够创造出既满足功能需求又触动用户情感的产品，为智能时代的生活带来更多便利和美好体验。以智能家居设备为例，设计师首先需要明确产品的目标用户群体，针对年轻家庭，设计可以注重时尚感、科技感和智能化；而对于老年人群体，则需要注重操作的简便性、安全性和舒适性。明确设计定位后，设计师可以运用创新技术和审美观念，为用户量身定制产品。这样的设计不仅可以满足用户的实际需求，还能提升产品的市场竞争力，为工业设计领域的发展注入新的活力。

第二，加强跨学科合作，拓宽设计思路。跨界合作不仅能够促进技术创新，还有助于审美观念的融合发展。在设计过程中，设计师可以借鉴和融合不同领域的审美观念，创造出更加符合时代需求和消费者品位的产品。同时，跨界合作还能够促进不同文化之间的交流与融合，使设计作品更具包容性和国际化的审美视野。以智能医疗器械设计为例，这一领域涉及机械工程、生物医学工程、人机交互等多个学科。设计师在设计智能医疗器械时，需要与多个领域的专家紧密合作，共同探索新的设计思路和技术方案。机械工程专家可以为设计师提供关于设备结构、材料选择和制造工艺的专业建议，确保产品的实用性和耐用性；生物医学工程专家则可以从医学角度提出对设备功能、安全性和人体工程学的要求，为设计师指明方向等。通过加强跨学科合作，设计师可以从中汲取灵感，将不同学科的知识和技能融合到设计中。这种合作模式不仅拓宽了设计思路，还使得产品更加符合实际需求，提高了产品的实用性和市场竞争力。

第三，注重用户体验，实现技术与情感、审美的连接。用户体验是检验工业设计技术创新与审美观念融合是否成功的重要标准。设计师需要注重用户的情感需求和心理体验，通过技术创新和审美设计，实现技术与情感的连接。如通过智能化的交互设计，让产品能够理解和回应用户的情感和需求；通过人性化的界面设计，让用户能够更轻松地与产品建立联系；通过运用创新的设计手法和材料，打造出既时尚又实用的产品外观等。这样的设计不仅能够满足用户的实际需求，更能够在情感、审美等层面与用户产生深度共鸣，从而建立起长久的产品忠诚度，为用户带来更加美好的生活体验。

4 结论

科技的不断进步和智能化浪潮的席卷为工业设计带来了深刻变革。本文围绕智能化时代工业设计技术创新的表现以及审美观念的嬗变进行阐释，深入探讨技术创新与审美观念之间的互动融合。通过深入分析，得出以下结论。其一，在技术创新方面，智能化技术的引入与融合为工业设计提供了强大的支持，使得产品更加智能、高效。智能化创新设计工具与方法的应用也极大地提高了设计效率与质量。此外，设计师的角色也正在从单纯的执行者转变为与用户、技术等多方交互的桥梁，这要求他们具备更全面的知识和技能。其二，在审美观念上，工业设计正由功能主义转向体验主义，更注重用户的整体感受；同时，审美观念也在由大众化向个性化与定制化转变，以满足用户独特的审美需求。这种转变体现了设计师对用户体验的高度重视和对消费者个性化追求的深刻洞察。其三，在智能时代，工业设计技术创新与审美观念之间的互动融合显得尤为重要。技术创新为审美观念的实现提供了技术支持，而审美观念的创新则引导了技术的不断进步。这种融合不仅提高了产品的整体品质，更赋予了产品独特的情感价值和文化内涵。在工业设计未来的发展中，我们需要进一步关注智能化技术的发展趋势和审美观念的变化，加强跨学科的合作与交流，不断探索和创新工业设计的新理念和新方法，以创造出更多美好、智能的产品和服务。

参考文献

[1] 王蓉 . 工业设计与人工智能 [M]. 长春：吉林美术出版社，2019.

[2] 鄢莉 . 互联网下智能产品设计研究 [M]. 北京：北京工业大学出版社，2018.

[3] 寇树芳，吴宇，侯晓鹏 . 工业设计概论 [M]. 北京：冶金工业出版社，2015.

[4] 李超德 . 大数据、人工智能与设计未来 [J]. 美术观察，2016（10）：5-6.

[5] 宋武，熊海林，李艳 . 工业设计视域下人因技术在人机智能交互中的应用 [J]. 装饰，2019（2）：71-73.

[6] 刘继红 . 数字化智能化产品设计方法与技术的发展 [J]. 包装工程，2023，44（8）：27-36.

[7] 左洪亮，杨敏 . 大数据时代工业设计新模式研究 [J]. 河南科技大学学报（社会科学版），2017，35（1）：73-75.

[8] 马苏宏，张博俊，韩阳 . 面向智能设计的知识表达方法 [J]. 航天工业管理，2018（4）：30-33.

[9] 李超德 . 现代设计需要回归“意匠”的温暖：对宫崎清先生设计价值观的反思与辨析 [J]. 艺术管理（中英文），2023（4）：129-137.

[10] 张夫也 . 世界现代设计简史 [M]. 北京：中国青年出版社，2013.

[11] 彭浩，吴志军，杨元 . 基于数字技术的工业设计用户研究方法探索 [J]. 设计，2023，36（10）：86-88.

[12] 彭静昊，吴志军 . 论工业设计对象的文化性 [J]. 湖南科技大学学报（社会科学版），2015，18（5）：160-167.

[13] 赵超 . 苹果公司的设计体系：在激进性创新中构建技术与意义的审美体验 [J]. 装饰，2018（7）：27-31.

[14] 杨先艺，刘震 . 设计批评学 [M]. 武汉：武汉理工大学出版社，2022.

[15] 刘宁，杨芳 . 智能互联时代的工业设计创新发展研究 [J]. 包装工程，2021，42（14）：101-107.

文创旅游产品开发策略研究
——以《流浪地球》周边众筹为例

律叶，周红亚

（西华大学 美术与设计学院，四川 成都 610039）

摘要：电影作为大众文化展现的传播媒介之一，具有丰富的文化内涵和市场价值，其衍生品与文创产品、文创旅游产品存在诸多共性。《流浪地球》作为一部科幻电影，其人物形象和故事情节在全球范围内产生了广泛的影响，随之推出的众筹周边也受到了众多影迷的追捧，在 IP 营销上获得长期的吸睛率与支持率。通过探讨该电影在众筹周边产品开发上的实践经验和商业模式，继以探究 IP 经济、众筹平台等要素在文创旅游产品开发中的作用和意义，从而为文创旅游产品的开发设计之路提供有效的策略参考。

关键词：文创设计；文创旅游产品；IP 衍生品；流浪地球；周边众筹

自 2018 年 3 月我国将文化部和国家旅游局合并为文化和旅游部之后，文旅融合这一“1＋1＞2”的有力结合就受到了多方各界的关注。在两者协同并进、合作共赢趋势的推动下，以文创产品为代表的文化实体化领域有了更加光明的产业发展前景，沿着以文促旅、以文彰旅的方向不断积极前行，进一步推动旅游业、文化产业的有效结合，以相互促进、相辅相成的整体形态展现在人们面前。随着人们对文化和旅游体验需求的提高，文创旅游产品逐渐成

基金项目：四川省教育厅人文社会科学重点研究基地工业设计产业研究中心一般项目“基于设计智能的潮玩产业发展路径”（立项号：GYSJ2023-08）的阶段性成果。

第一作者简介：律叶（2000—），女，山东泰安人，西华大学美术与设计学院在读硕士，研究方向为动画与数字媒体艺术。

为旅游市场中的新热点，文创产品为文化提供了物质载体，其开发一直是国内文化及旅游部门重视的文化实体化领域[1]。在文旅融合背景下，新的传播媒介与销售渠道等条件的出现为文创旅游产品提供了更多的创新发展方向。

众筹产品是围绕剧情、人物而设计出的文化创意商品，与文创旅游产品在开发、营销上有诸多共性，皆衍生自文化和艺术作品，同时需要运用各种手段来进行推广销售活动。众筹基于平台范围内的高水平核心互动创建了良性的价值共创环路，引发了积极网络效应[2]。将众筹这一当今广泛采用的营销方式为主要线索，以《流浪地球》周边众筹为例，研究这一影视类作品及其衍生品的影响力和 IP 效应，通过分析 IP 与众筹平台结合后产生的效应和后续开发实践，为文创及旅游产业的产品及 IP 开发、培育提供思路。

1 文创旅游产品在开发上存在的问题

1.1 文创旅游产品的开发未成体系

IP 的定义及其本身的广泛应用与开发，无疑为文化产业和文化创意产业指向一条新的发展路径。但在快消费的经济背景之下，过度依赖 IP 本身、快销快弃、抄袭名牌产品等恶性营销策略的问题频频出现，对于一个品牌用毕即弃、极度压榨的态度扰乱了市场秩序，打击了创意设计部门的生产积极性，损害了相关产业链的合作诉求与发展意愿，亟须相关产业部门及企业领导层的引导与纠正。

在当前所发展出的文创产品中，不难发现个别单品的知名度总体上大于系列产品。较单品来讲，系列产品开发难度较大，需要更为深厚的文化功底和衍生能力作为开发的前提，从而赋予产品更多实物化的角度和途径。同时也反映出，在产品开发初期，产品设计理念中有关持续开发的意识尚未成熟，惯性思维所造成的局限性较大，缺乏对长期稳定的发展路线相关的思考与深入研究。

在文创产品由图样到成品的过程中，各步骤环环相扣，需要在多方配合理解之下进行。而由于产品的制作工艺种类繁多、部门细分不足等，产品设计思路可能会在交接传递过程中与初衷相悖，从业人员不易完全把控这些必要的流程，没有形成工业化的流水线式生产管理方式，造成在文旅产业之中时常发生产品工艺偷工减料、定价过高、客服人员难以讲解清楚产品特色等突出问题，甚至让产品附加值大打折扣，使消费者对商家产生信任危机；同时，部分文创产品易被模仿，以往的产品同质化现象在今日也层出不穷，新品发布后往往有雷同设计，以低廉的价格和恶意营销占据有利的市场地位，知识产权保护意识仍显不足。对于文化创意产业来说，原创所得的含金量及付出的脑力与体力劳动大打折扣，不得不将市场让步于更加低廉的雷同产品。产品始终徘徊于抄袭、仿制的恶性竞争中，严重阻碍了行业的良性发展和品牌的维护[3]。

1.2 对市场内涵的把握不够准确

由一个主题、一个故事、一个 IP 而延续发展的衍生品必然要回到创意来源之上。现阶段，大部分产品对文化创意来源的开发应用仅停留在表面，没有深入了解文化内涵，对于文创产品的认知能力仍需提升，而由上所知的同质化问题也暴露出，我国文创产品的发展缺少充足的创新活力与多样的路径渠道，衍生范围存在局限性，设计思路仍较为滞后，门类单一，资源利用率较差，没有做好消费者市场调研[4]。这需要重新调整创意来源的设计与拓展工作，深层次发掘源头文化，进一步激发文化在当代社会应发挥出的活力。

作为信息时代的主要消费群体，以“90 后”“00 后”为代表的“Z 世代”更易追随时代潮流，在强涌的信息流中不断掌握着最新的话语权，追逐最前沿的文化风尚。文创产品的开发对年轻人主流的市场仍缺少足够的把握，对于他们的诉求与需要调研分析不完整，同时针对该群体的开发力度较弱，造成产品美观度、功能性与其审美、消费水平的不匹配，售前售后服务满意度低下，盲目推出不符合潮流市场定位的产品等问题。

2《流浪地球》周边众筹案例分析

2.1《流浪地球》周边众筹的背景与过程

自 2019 年年初《流浪地球》电影票房及口碑获得稳固的群众基础后，在 2023 年春节档，郭帆导演及其团队继续推出《流浪地球 2》科幻电影续作来作为整个系列的前传，而这部电影对于流浪地球的宏大世界观有了更进一步的规划与拓展，多维度丰富着相关吸引力元素和设定的优化与完善。这部改自中国科幻作家刘慈欣的科幻小说同名作品在第一部上映获得巨大成功后，被多方称赞为“开启了中国科幻电影的大门”。电影授权周边这一消息的放出更是延续了观众的期待与支持，官方选择用众筹的销售方式对其文创产品进行宣传推广。不论是哪一次众筹活动，《流浪地球》周边在众筹期结束时所达成的结果都超出了预先设定的金额与成交量，可谓是圆满完成了销售的目标，如图 1 所示。在第二部上映后，《流浪地球》合作与授权的商家多达十余家，其中包含赛凡科技空间、52TOYS 等知名文化品牌，且每项周边都有各自的玩法与定价，能满足不同需求的消费者的需要，方便消费者从自身需求出发进行选择。

图 1　众筹界面图

据统计，从筹备、拍摄到后期制作，《流浪地球 2》经历了 1400 天，共有世界观设定 20 万字，道具与服装制作 9.5 万件，概念设计 5310 张，视觉效果镜头 6100 个，分镜头画稿 9989 张[5]；官方在 2023 年 5 月出版《流浪地球 2 电影制作手记》，如图 2 所示，以 475 页来详细介绍创制细节与 10 万字的完整世界观，同时收录大量设计图与制作流程图，进一步以图书周边的形式续写 IP 故事。

图 2 《流浪地球 2 电影制作手记》

在充足完备的技术基础与完整世界观铺垫的前提下，2019 年 1 月 31 日，宅电社天猫旗舰店于造点新货平台发起第一次周边众筹项目，计划历时 30 天完成；同年 2 月 19 日，超电文化于摩点众筹平台发起第二次周边众筹项目；2023 年 1 月 22 日，赛凡科幻空间旗舰店于造点新货平台发起周边众筹项目，计划历时 30 天完成。

2.2《流浪地球》周边众筹产生的效果

截至 2023 年 1 月 29 日，《流浪地球》官方在其他平台所推出的《流浪地球 2》衍生周边有多项达到月销售量 1000 余件的成绩，这些以非众筹形式、常规上架的文创产品也颇受欢迎，如图 3 所示，电影授权的 UEG 主题不锈钢保温杯、电影角色金属磁贴等实用周边自 3 月起每月都有超过 500 件的销售量。作为主要销售点的淘宝官方旗舰店赛凡科幻空间，从 2023 年 1 月末至 2023 年 4 月始终位列淘宝神店榜（IP 价值店铺榜）第一名，人气指数达 9.7，店铺铁粉超 10 万人，店铺总粉丝人数 32.5 万。与此同时，官方宣布于 2023 年 4 月 14 日将《流浪地球 2》上传至全网进行播放，在影院的上映就此结束。此影片由哔哩哔哩弹幕网、腾讯视频等多个流行视频网站官方微博发布全网首播通知，至 4 月 12 日 22 时，哔哩哔哩弹幕网首播微博累计转发数 4455 次，评论 699 条，点赞数 3449 个；腾讯视频首播微博累计转发数 7143 次，评论 83 条，点赞数 2981 个。由此也可看出，尽管是在上映 3 个月后，电影及电影衍生周边的热度仍不减。后续联名类周边、众筹类周边仍然在更新制作进度，不断听取着消费者的意见与建议。

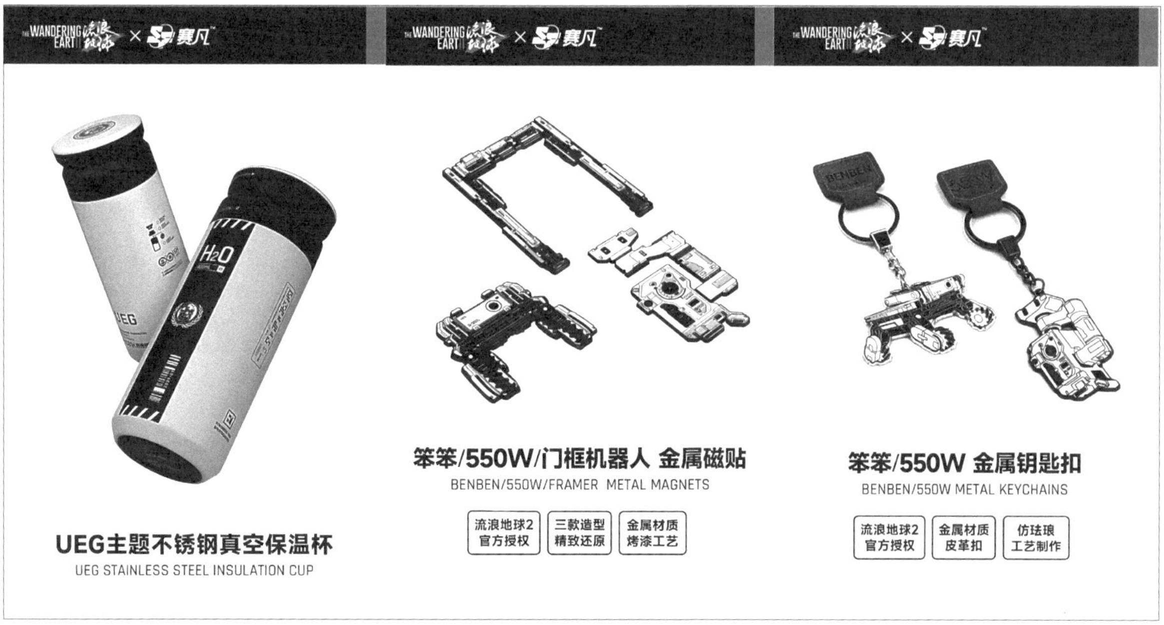

图 3 赛凡科幻空间的授权周边产品

截至 2023 年 3 月 12 日，《流浪地球 2》电影票房破 40 亿元，累计 7868 万人次观影，淘票票平台评分 9.6，猫眼平台评分 9.3；截至 2023 年 3 月 31 日，《流浪地球 2》北美地区票房突破 500 万元，创下近 4 年来北美地区上映华语电影的票房冠军，同时在英国地区票房突破 80 万镑，登顶 15 年内在英上映华语电影票房冠军，《流浪地球 2》这一续作较第一部的吸金能力更强，也能在侧面说明中国电影在内的 IP 衍生品市场的前景十分广阔。

3 基于《流浪地球》周边众筹的文创旅游产品开发策略

3.1 树立完整的 IP 世界观，构建正确的文创旅游产品设计思路

当今，具有完整、丰富世界观的文化及其衍生品更容易受到消费者的青睐。从《流浪地球》所发行的众筹式文创产品灵感来源可以看出，文创产品的设计与制作需立足于 IP 本身，紧扣于“衍生”这一核心词汇，将周边视为 IP 的重要存在形式之一。好的形象往往具有深厚的文化底蕴，足以打动人心。数字经济的高度发展使得消费行为空前的便利，这也为后电影产品的开发与销售提供了渠道上的支持，诸多大热电影都致力于打造自己的周边，扩充 IP 矩阵[6]。《流浪地球》两部电影中，人工智能 MOSS、机械狗笨笨等角色在影片中的表现已为影迷留下深刻印象，其诞生也是经过详尽的设计与塑造，在多次全身建模与打样之中选出的最后形象。“一个造型在电影里戏份越多，与观众的情感链接越频繁，衍生品被购买的概率越大。”丰富、立体的设计使得其文创产品也产生多种类型与样式，如图 4 所示，以提供给不同喜好的消费者。

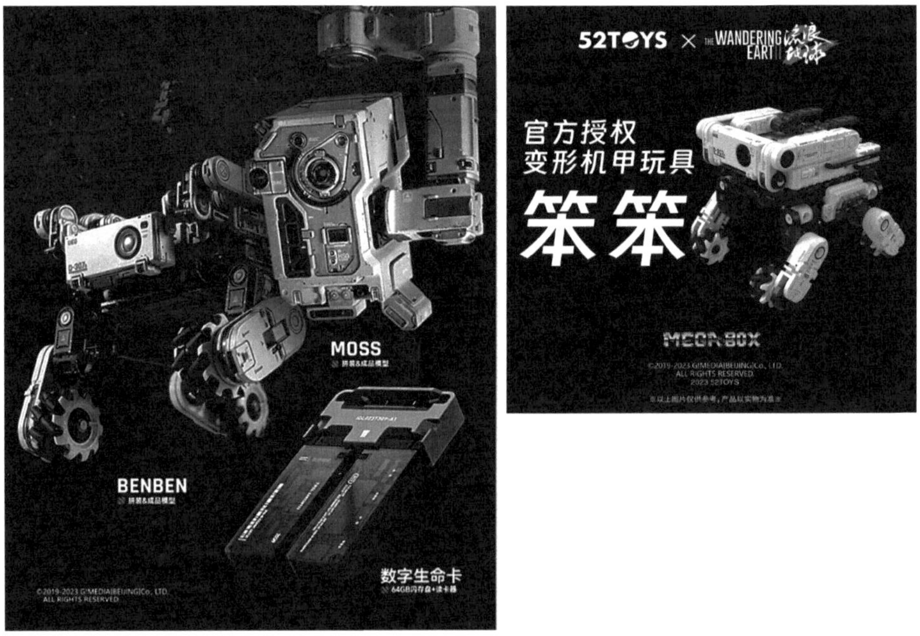

图 4　基于原作形象的不同周边

此外，产品开发过程需要经得起推敲，需重视视觉背后的设计逻辑。尤其是当今文创旅游产品与非遗的结合，更需要考察设计师与策划人员对于创意来源的把控，产品需要与其原型有对应，同时需要将现实生活之中的情感交流融入其中。在此基础之上进行的创新才能够站得住脚，真正建立起文化与人们的心理联结。

3.2 注重产品定位与附加值多元提升，协同推动开发生产工作

一件产品或系列产品的诞生离不开一套完整、细致的工作流程。在《流浪地球电影制作手记》中，美术设计部门划分为场景及特殊装置设计、道具及特殊道具设计、造型及特种服装设计、平面设计及UI设计等部门，各部门的职责得到细化。为使各部门之间设计理念、模型图纸、各种方案等消息可以共通，《流浪地球》官方建立了云端资产库，方便各组自由摘取使用已通过的信息和征用素材，这也使得众筹产品各项要求的传达变得快捷方便，减轻了设计工作中步骤繁多的负担，大大提高了执行水平和产品转化效率[7]。随着国内对于文创产业发展方向、使用场景等要素的重视，从业人员也将接收到更流畅、更具专业化的部门细分信息，在此基础之上协同各部门一齐推动创意成果转化工作的进行。

早在2019年《流浪地球》电影上映之时，其官方团队就在周边众筹的界面一览里确立了用以展现团队的产品定位与开发规范的三个准则：第一，细节还原。“大到外观，小到构造，抓住精髓，还原物件，是制作周边的基础。”第二，高性价比。“坚持做人人都买得起的周边。”第三，实用创新。团队明确指出，比起更好看的周边，更好用的周边才是他们对于创意展现的真正追求[8]。“复刻出精致的周边摆件不难，但我们更希望在周边的实用性上有所创新，真正能融入粉丝们的生活之中，并走入大众的视野[9]。”以此标准推出的实用型文创产品定位明确，得到了大众认可与接受。而这三个准则始终贯穿于《流浪地球》IP的始终，作为文创产品设计制作的最高要求与基础得到延续。

对于一个大型IP来说，《流浪地球》官方在周边开发与附加值提升方面给予大量的重视。除了产品本身的基本功能，游玩难度、服务质量、品质保证、售后服务等都十分重要，在这些方面的改进与提升可以提高文创产品的附加值，从而使其在市场上更有竞争力。“成熟的市场都是在前期就开始研发，甚至介入影片的制作环节里，比如说在角色设计的时候，就已经充分考虑了这个角色是不是具有商品魅力。”

在此次众筹说明中，产品工艺和包装设计的选择是受到高度关注的热点区域，也是提高产品附加值的重要途径。对于收藏价值高、展示价值高的文创产品，要达成还原设计理念与群众期待的目标，需要在工艺与材料上下功夫；对于实用价值高，同时也有外观需求的文创产品，也需要达成在应用场景发挥作用的目的，同时让消费者乐于接受。具有高附加值的产品可以吸引更多的消费者，提高品牌影响力，进而推动IP经济和文化的发展。诸如《流浪地球》一类的电影衍生品通常会采用精细的工艺和高质量的材料，提高产品的质量和观赏性，以达到更好的质感和观感效果。为实现工艺与产品的有效结合，设计方、售后方需要对产品表面与内部的工艺熟知熟识，对不了解工艺的消费者也可进行简单易懂的解释说明，使其更了解一件产品的价值；而外观的需求使得产品包装设计倾向于IP联想与认知，延续IP的风格和形象，便于消费者进行认知和购买。

3.3 重视市场细分，构建立体化文创旅游产品营销策略

文创产品及文创旅游产品多数为实体设计，这也意味着实体化需要对投放市场有足够的市场调研，了解消费者之中不同群体的要求，调查清楚其购买动机和选择差异，因人而异地设置不同类型和档次的产品款式。多元化的设计手法可以增加旅游文创产品的差异化和个性化，满足不同消费者的需求和喜好。在电影第二部上映后所推出的众筹周边中，赛凡科幻空间所设众筹档共分为两种类型，如图 5 所示，对不同档位的产品进行了说明：一为拼装版，即消费者所收到的周边为拼装版板件，为塑胶板件状态，需要消费者自行剪下零件拼装，粘贴相关附送装饰。其中机械狗笨笨款零件数为200余件，人工智能MOSS款零件数为60余件；二为成品版，无须消费者亲自组装，由官方人员喷涂上色、增加细节，同时为模型做旧化效果，以完成体的状态邮寄至消费者手中。

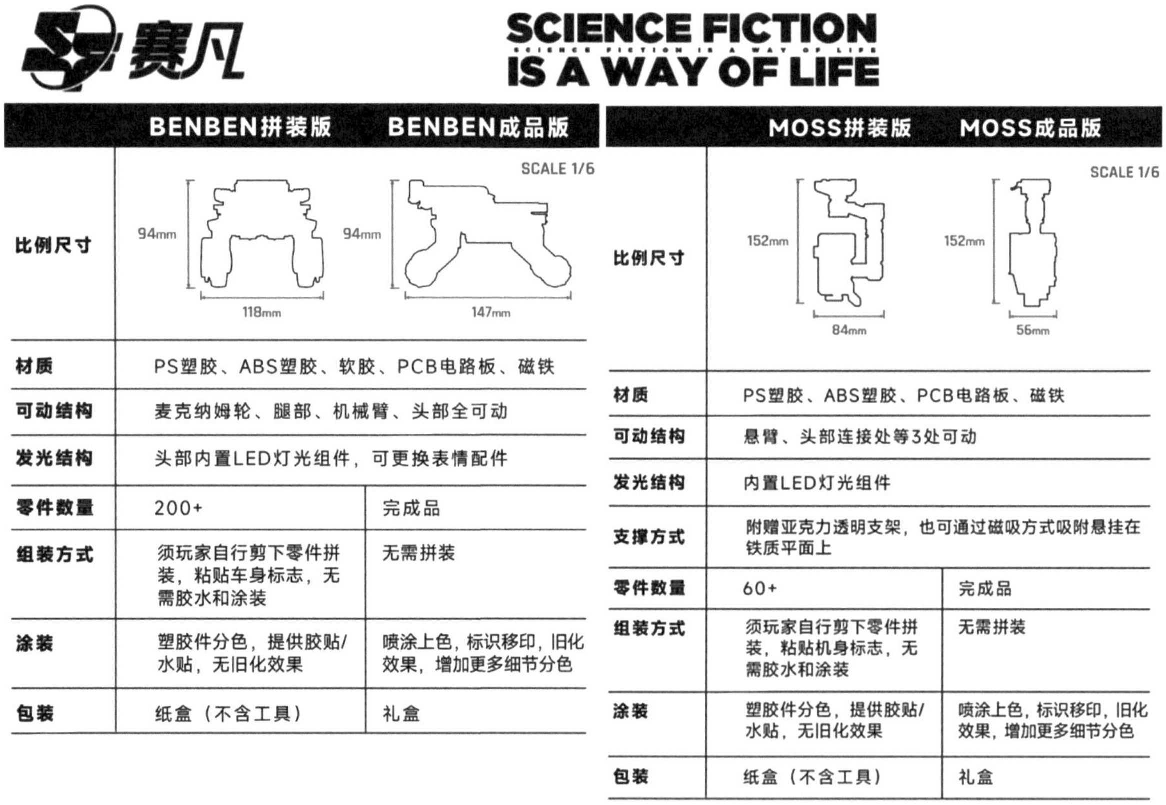

	BENBEN拼装版	BENBEN成品版
比例尺寸	94mm × 118mm	94mm × 147mm
材质	PS塑胶、ABS塑胶、软胶、PCB电路板、磁铁	
可动结构	麦克纳姆轮、腿部、机械臂、头部全可动	
发光结构	头部内置LED灯光组件，可更换表情配件	
零件数量	200+	完成品
组装方式	须玩家自行剪下零件拼装，粘贴车身标志，无需胶水和涂装	无需拼装
涂装	塑胶件分色，提供胶贴/水贴，无旧化效果	喷涂上色，标识移印，旧化效果，增加更多细节分色
包装	纸盒（不含工具）	礼盒

	MOSS拼装版	MOSS成品版
比例尺寸	152mm × 84mm	152mm × 56mm
材质	PS塑胶、ABS塑胶、PCB电路板、磁铁	
可动结构	悬臂、头部连接处等3处可动	
发光结构	内置LED灯光组件	
支撑方式	附赠亚克力透明支架，也可通过磁吸方式吸附悬挂在铁质平面上	
零件数量	60+	完成品
组装方式	须玩家自行剪下零件拼装，粘贴机身标志，无需胶水和涂装	无需拼装
涂装	塑胶件分色，提供胶贴/水贴，无旧化效果	喷涂上色，标识移印，旧化效果，增加更多细节分色
包装	纸盒（不含工具）	礼盒

图 5　不同档位产品说明图

最后一款模型为影片道具原型数字生命卡，如图 6 所示，在完全还原电影造型的同时附加可读写功能，即可以作为 U 盘使用的功能，为其实用性的扩展增加空间；这款众筹周边分为普通版与定制版，定制版可以由消费者留言想要印刻的内容（如姓名、编号等），在电影中，这款道具便具有电影角色独有的姓名与编号，而以此为原型的众筹周边可以使消费者也参与到制作环节之中。

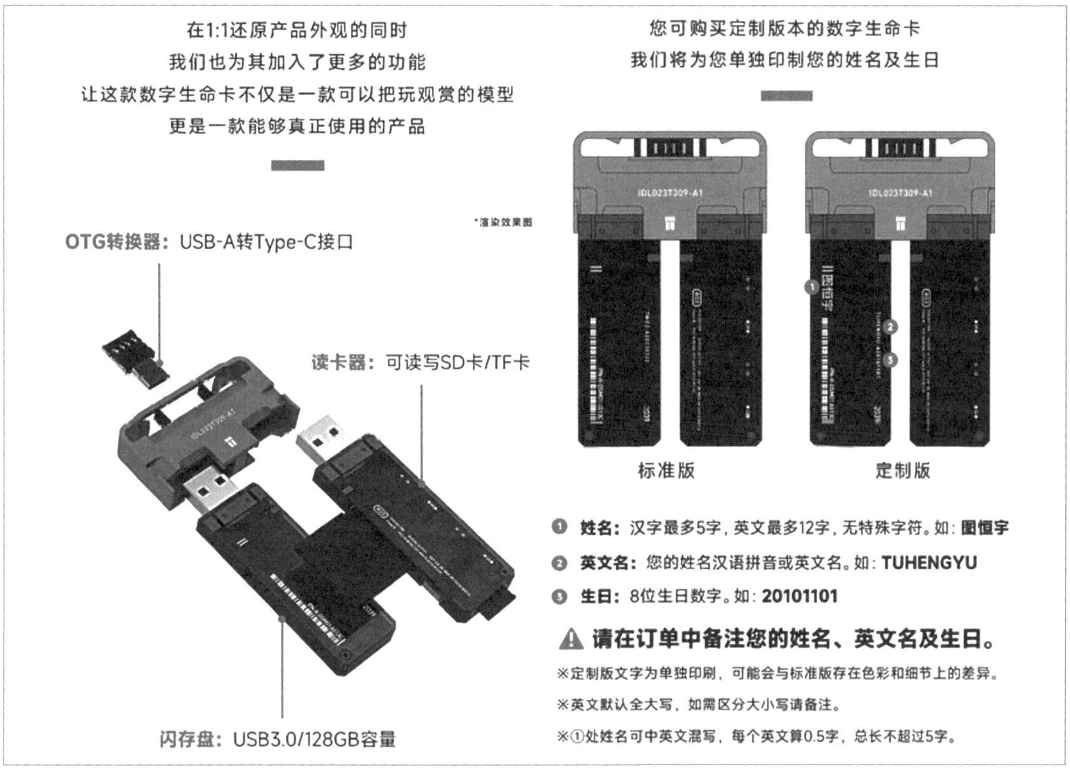

图 6　数字生命卡功能及档位说明图

在产品投放于市场后，发行方应广泛利用数字社交平台，与消费者进行双向、积极的互动。当今，借助于多样化的作品表达与传播途径，文创产业发展出更多新颖的产品制作与宣传方式。如众筹平台和新浪微博平台在信息社会高速发展下被高频使用的程度，充分证明了产品开发部门对其广泛的应用具有重要意义。《流浪地球》能够成功搭建其 IP 矩阵的原因在于它对一种普遍的社会情感结构的征取与调用，它与伴随着互联网成长的一代人积极互动，催生了新的主体。通过这些社交平台所创建的官方账号，能够创造与消费者、同人文化爱好者的对话窗口，通过官方认证但平易近人的形象拉近距离，同时也能够以评论、点赞等数据直观了解他们对于产品类型、实物化角色、跨界联名等各种表达真实需要的想法，并在之后发布信息予以回应和采纳。

为兑现还原电影角色的承诺，赛凡科幻空间进行的周边众筹额外增加了项目进展一栏，截至众筹结束的 12 次说明更新中，官方对消费者提出的有代表性的评论留言进行了充分回复，包括数字生命卡定制的位置与最大承载数等重要信息；同时，为了保证产品注塑清晰，合模准确，官方在说明中表示将会增加备用模具的数量，保证每件产品的品质；此外，说明中也有产品打样、模型版件的实机演示与实拍照片，众筹结束后也会在官方微博更新后续。因众筹商品需要一定的制作时间，在此期间，定时更新产品制作的进度并将其呈现给消费者，可以打消一些消费者对于质量等问题的担忧，做好“赛博监工”的工作，维稳对于众筹周边的期待感。

4 结语

文旅融合要求全方位、多元化的整合创新。同为文化衍生所得，同样可为人们带来情感依托与承载，文创产品及文创旅游产品在未来可充分对影视化、动画化、游戏化作品衍生品的开发设计模式进行学习与创新，相互学习彼此的异同优劣，以异互省，以同求进。文创旅游产品需要充分发挥自身的文化属性和旅游属性，同时积极与现今非遗保护、数字文旅等热门话题有效结合，灵活采取众筹、联名合作等新型营销手段，增大产品影响力与商业价值，为产品赋能，进而在未来为旅游业、文化产业发展助力，推动文旅健康发展。

参考文献

[1] 中华人民共和国文化和旅游部．资源开发司《中华人民共和国文化和旅游部资源开发司．文化和旅游部 中央宣传部 国家发展改革委财政部 人力资源社会保障部 市场监管总局国家文物局 国家知识产权局关于印发〈关于进一步推动文化文物单位文化创意产品开发的若干措施〉的通知》[EB/OL]．（2021-08-17）[2024-03-22]. http：//zwgk.mct.gov.cn/zfxxgkml/zykf/202108/t20210831_927458.html.

[2] 张洪，宋达娥，王鑫鑫．文化创意众筹平台的项目融资绩效研究 [J]．科研管理，2022，43（7）：171-180.

[3] 白藕．新时代文创产品设计 [M]．北京：清华大学出版社，2023.

[4] 许子昂，张曦之．文旅融合背景下旅游文创产品设计研究 [J]．包装工程，2024，45（4）：359-361，404.

[5] 球学一bot．流浪地球 2 背后数据 [EB/OL].（2023-02-27）[2024-03-22].http：//weibo.com/7819041029/MuYIbxLBf.

[6] 贾荔．融媒体环境下的虚拟 IP 矩阵发展研究 [J]．电影文学，2024（8）：17-20.

[7] 朔方．流浪地球 2 电影制作手记 [M]．北京：中信出版社，2023.

[8] 宅电社旗舰店．《流浪地球》行星发动机磁悬浮音响 蓝牙耳机等周边 [EB/OL]．（2019-01-31）[2024-03-22].http：//market.m.taobao.com/app/alipic/rax-zhongchou-final/pages/pages_detail_index/index.html？ projectId=20083935.

[9] 超电文化．《流浪地球》正版电影周边：每个人都有推动行星的力量 [EB/OL]．（2019-03-16）[2024-03-22].http：//zhongchou.modian.com/item/49384.html ？ bbc=wbapp&utm_source=thewanderingearth&utm_medium=weibo&_fwbcdr=1.

[10] 网易文创．《流浪地球 2》周边销售过亿，IP 衍生品是不是一门好生意？ [EB/OL]．（2019-01-31）[2024-03-22].https：//mp.weixin.qq.com/s/7gVqDihAUtkjMCYPFkNDzA.

东坡文化在沉浸式虚拟现实交互设计中的应用

杨颖，向斌

（成都文理学院 艺术学院，四川 成都 610401）

摘要：在科技飞速发展的当下，虚拟现实交互艺术逐步登上了时代的舞台。随着技术的不断革新，对内容中艺术化的追求也在渐渐增强。在中国文化自信不断提升的今天，五千多年的文化底蕴，在一遍遍地刷新大众对美的认知。东坡文化作为中华优秀传统文化的组成部分，利用虚拟现实交互艺术体系，将东坡文化与沉浸式数字艺术相结合，增加创作者与受众的互动交流，有利于拉近两者之间的距离，不仅可以有效改善东坡文化传承与发展在空间上的局限性，还可以优化文物的数字化保存方式，提高文化资源的利用效率，推动东坡文化在数字时代的传承和创新，

关键词：虚拟现实交互；数字化；东坡文化；传承；创新

1 引言

随着科技的不断进步和发展，沉浸式虚拟现实（VR）技术作为一种高度互动和身临其境的数字媒体形式，正在迅速改变人们的体验方式。从游戏和娱乐到教育和文化传承，虚拟现实技术的潜力是巨大的。近年来，随着虚拟现实技术的不断成熟和发展，人们对于如何更好

基金项目：工业设计产业研究中心项目（项目编号：GYS2023-15）。

第一作者简介：杨颖（1990—），女，四川成都人，成都文理学院艺术学院讲师，硕士，研究方向为数字媒体艺术、动画等，发表论文6篇。

通信作者简介：向斌（1973—），男，四川达州人，成都文理学院艺术学院环境设计教研室主任，副教授，研究方向为环境设计。

地利用虚拟现实技术来实现文化传承和宣传的研究逐渐增多。东坡文化作为中国传统文化中的重要组成部分，具有深厚的历史底蕴和独特的艺术魅力。通过虚拟现实技术，可以将东坡文化呈现给用户，使用户能够身临其境地体验东坡文化的魅力，进一步激发人们对于传统文化的兴趣和热爱。

目前，虚拟现实技术在文化创意产业、教育培训、旅游体验等领域已经有了广泛的应用，但是对于传统文化的深度挖掘和创新性呈现还存在一定的欠缺。因此，将东坡文化与虚拟现实交互设计相结合，不仅可以为传统文化注入新的活力，更能够为虚拟现实技术的发展提供新的方向和思路。东坡文化蕴含着丰富的文化符号和意蕴，可以为虚拟现实设计提供丰富的素材和灵感，使得虚拟现实作品更具有文化内涵和审美价值，有利于提升虚拟现实技术的艺术表现力和文化价值。

2 沉浸式虚拟现实交互设计

虚拟现实技术是通过电子计算机的演算能力，将虚拟和现实相结合，产生一个逼真的模拟二维或者三维空间的虚拟世界，其核心是虚拟世界的仿真，用户可以在创造的空间中体验到最真实的感受。近年来，虚拟现实技术伴随着科技的飞跃发展，也拥有了更大的发展空间。在过去几年中，大众对虚拟现实也逐渐熟悉并开始关注，虚拟现实的市场也显示出了巨大的潜力。在不断发展的过程当中，虚拟现实技术也日趋成熟，以科技设备为桥梁，模糊了虚拟与现实之间的界限，并且在发展过程中，也从单纯的技术，转向与艺术领域相碰撞，形成了如今技术与艺术之间密不可分的关系。

交互艺术作为以科学技术为基础，与参与者进行交流的新型艺术形式，它是促进人与计算机之间、人与人之间相互作用的艺术，它为大众提供了更多互动的可能性与选择性，改变了传统艺术中的主客体关系，使得观众在欣赏艺术作品时不再是被动地接受与观看，而是变成了一种真实的触碰与互动的体验。交互艺术的发展依赖着虚拟现实技术的革新，同样虚拟现实技术也为交互艺术带来了不同的表现形式。

沉浸式数字艺术，作为虚拟现实技术与交互艺术融合下的艺术形式，也逐渐走向了大众的舞台。这种艺术的目标是在荧幕上把虚拟世界套在现实世界，并且进行互动，这极大地满足了受众的好奇心和探索欲。它集视觉、听觉、嗅觉以及触觉多重感官于一体，强调的是一种多元化的多觉联动，增强了受众的沉浸感体验，越来越受到大众的喜爱。

3 东坡文化概述

宋代是中国文化发展的重要时期，其特点主要包括文化繁荣、科技进步和社会稳定。在这一时期，文学艺术得到了蓬勃发展，诗词、绘画等都达到了巅峰。而东坡文化作为宋代文化的代表，具有极其重要的意义。

东坡文化是由“三苏”文化成就而衍生形成。东坡文化不仅注重民本思想，探寻艺术境界和人生境界的完美统一，追求真情实感，同时又融合了民俗文化和民俗习俗，具有广泛的社会生活基础，展示了中华民族优秀的传统文化。

东坡文化以其独特的历史渊源、丰富的内涵和深远的影响，在当代社会仍然具有重要的价值和意义。因此，加强对东坡文化的研究和传承，积极挖掘其历史价值和时代意义，有利于丰富人们的精神生活，增强文化自信，促进社会和谐稳定。

4 东坡文化与沉浸式虚拟现实的结合

近年来大量科技领域的成果促进了文化产业应用方式的变革，内容塑造以及传播途径都呈现出更加便捷、易懂、娱乐化的倾向。虚拟现实技术与交互艺术为真正的东坡艺术创作者与受众都拓展了更新的信息传递的渠道。在沉浸式场景中，借助互动模块系统，实现虚拟与现实的交互体验，让东坡艺术不再是单方面的视觉输出，打破了传统艺术与观众之间的隔阂。传统的东坡文化展示由以展品为中心转变为以人为中心，观众获取文化知识的方式也从被动转化为主动。

4.1 “你好苏东坡”沉浸式宋韵艺术展

该展通过现代技术手段，重现苏东坡的文学、书法、绘画和生活场景，展现宋代文化的独特韵味。

（1）在场景设计方面，通过精细的建模和渲染，利用虚拟现实技术重现苏东坡生活的宋代的建筑风格、景观特色和生活场景，如东坡居士的书房、庭院等，再现东坡所居之地的风景如画。交互设计注重用户体验和情感共鸣。东坡文化强调人与自然的和谐，设计师通过虚拟现实环境营造出自然、宁静的氛围，让用户感受到心灵上的宁静和平静。同时，设计师还通过听觉、视觉和触觉等多感官的交互方式，增强用户对虚拟环境的情感共鸣。观众可以虚拟漫步其中，感受宋代的生活氛围，体验苏东坡的生活和创作环境，身临其境地感受宋代文化的魅力，同时观众也可以将展品与现实环境结合，增加互动性，如图 1 所示。

图 1　展览场景现场

（2）在角色塑造方面，通过虚拟现实技术为用户呈现出一个栩栩如生的苏东坡形象，让用户可以与他互动、交流，了解他的生平事迹、思想情感等。通过动态捕捉和人工智能技术，让东坡的形象更加逼真和生动，增强用户的沉浸感和互动体验，如图 2 所示。

图 2　展览角色现场

（3）东坡文化强调人文情怀和思想意境，在展示绘画与书法艺术方面，通过高清扫描和三维建模技术，观众可以观察艺术作品的细节，设计师通过虚拟现实环境中的互动元素和任务设定，引导用户积极参与其中，参与虚拟书法、绘画练习，体验和感悟东坡文化的内涵。

（4）在诗词艺术方面，利用多媒体技术（如投影、互动屏幕），展示苏东坡的代表性诗词和散文作品。观众可以触摸屏幕查看作品的详细信息和背景介绍，并听取专业朗读，如图 3 所示。

图 3　展览诗词艺术现场

未来，随着虚拟现实技术的不断进步和普及，沉浸式艺术展将会越来越成熟，带给观众更丰富和生动的文化体验，同时也为传统文化的传播和保护开辟新的路径。通过苏东坡沉浸式宋韵艺术展，不仅能够让更多人了解和欣赏苏东坡的艺术成就，还能进一步推动宋代文化的传承和弘扬。

4.2 眉山三苏祠打造“三苏文化大数据库”

“三苏文化大数据库”利用现代数字技术，对以苏洵、苏轼、苏辙父子三人为核心的“三苏文化”进行全面系统的数字化整理、保存和展示。利用虚拟现实、增强现实和交互现实等多种技术，对三苏祠及其艺术品进行了全面数字化保护和展示。“三苏文化大数据库”借助虚拟现实技术，以苏东坡生平时间为导索，打造了一个情节丰富、引人入胜的虚拟世界，让用户能够参与到一个关于东坡的奇幻故事中。通过多样的交互方式和情节设置，引导用户去探索、发现和体验东坡文化的魅力，使用户在参与过程中感受到文化的魅力和独特性，如图4所示。

图4 “三苏文化大数据库”东坡行旅界面

通过高精度三维扫描与建模、多光谱成像、数字摄影与拼接、虚拟现实和增强现实等技术结合，对东坡文化的古建筑进行数字化重建。观众可以通过虚拟现实设备进入数字空间，在数字空间中游览三苏祠，这种项目不仅可以帮助保护和传承东坡文化的古建筑，还可以让更多人了解和欣赏这些珍贵的文化遗产。同时利用虚拟现实技术，将苏轼的文学作品以虚拟现实方式呈现出来，使读者通过虚拟现实设备，仿佛置身于苏轼的文学世界中，不仅可以帮助读者更深入地理解苏轼的文学作品，还可以提供更加沉浸式的阅读体验，激发读者的兴趣和情感共鸣。不仅可以吸引更多年轻人参与文化活动，还可以提供更加生动的展示方式，增强观众的参与感和沉浸感。

这种数字化的方式，为东坡文化的保护提供了重要的数字化手段，为学术研究提供了高质量的数据资源；互联网和多媒体手段，使全球观众都能了解和欣赏东坡文化，促进了文化的传承和交流，实现了“以文化人、以文育人”。

综上所述，在虚拟现实技术的支持下，东坡文化可以以一种全新的方式呈现在观众面前，让用户在虚拟世界中体验到东坡文化的魅力，从而加深对东坡文化的理解和认识。通过虚拟现实的展现，东坡文化可以得到更广泛的传播和推广，促进文化的传承和发展。

5 沉浸式虚拟现实技术在东坡文化传播中的作用

5.1 应用前景

沉浸式虚拟现实技术在东坡文化传播中的应用前景非常广阔。通过虚拟现实技术，将虚拟现实技术以视觉艺术的方式呈现，通过技术手段人为创造成可被感知的存在，人们可以在虚拟世界中与“三苏”虚拟人进行互动，让交互具有更多的维度性。在沉浸式场景中，借助互动模块系统，实现虚拟与现实的交互体验，让东坡艺术不再是单方面的视觉输出，打破了传统艺术与观众之间的隔阂，受众可以身临其境地感受东坡文化的魅力，让互动变得更具有沉浸感。未来，随着虚拟现实技术的不断发展，东坡文化传播将更加多样化和立体化，给人们带来更丰富的文化体验。

5.2 推广和普及作用

沉浸式虚拟现实技术基于东坡文化，让体验者沉浸于共通的意义空间的同时，还期待更多的惊喜，从而获取心灵上的共鸣，既满足了大众对文化艺术的认知和诉求，又能够共创共享，不仅给东坡文化带来了更多的色彩，让其内容变得更加丰富，同时让东坡文化的表现方式也更加自然，从而促进东坡文化的推广和普及，使东坡文化更加深入人心。

5.3 传统文化传承的意义和影响

虚拟现实技术与交互艺术为传统文化传播者与受众都拓展了更新的信息传递的渠道。通过三维技术，东坡文化可以被有效的数字化存储，建筑、书法、绘画、诗歌等传统文化得到有效的传承和保护。同时，虚拟现实技术还可以为东坡文化的创新发展提供新的思路和方式，将传统文化与现代技术相结合，使东坡文化焕发出新的生机和活力。

6 结论

在东坡文化的传承与创新的历程中，将先进的科学技术手段应用于文教娱乐领域，充分发挥虚拟现实交互艺术的技术性能优势，引发东坡文化传播的多元可能性，规避了传统艺术文化传承中所呈现的单一性，为东坡文化带来了技术与艺术融合的契机。沉浸式东坡文化因为新颖的作品形式为受众带来了更多样性变化的感知和回馈，突破了传统东坡文化展示固有的规则和限制，使得东坡文化本身以及传播形式产生更深层次的变革，实现了更加有效的大众化传播，展示了中华民族深厚的优秀传统文化。通过科技的手段实现文化传播，摆脱了人们获取信息的空间限制，利用数字信息技术的便捷性，在实现信息广泛覆盖的同时，增加年轻人对东坡文化的参与感、认同感和获得感。同时，博大精深的中国传统文化，也为虚拟交互艺术提供了源源不尽的灵感素材，深抓文化内核，对民族文化多维探索，将技术与民族文化艺术有机结合，也必将是一个时代潮流趋势，艺术创作者也能创作出更多更富有文化底蕴的优秀作品。

参考文献

[1] 朱诚静．沉浸式虚拟现实交互艺术设计探讨 [J]．明日风尚，2021（12）：152-154.

[2] 刘晓茜，李曦明，何人可．基于交互虚拟现实技术视域下非遗文化数字化传承与创新 [J]. 艺术工作，2022（2）：93-98.

[3] 张琳美多，王小允．数字媒体交互设计在博物馆展示设计中的应用 [J]．丝网印刷，2024(3)：106-108.

[4] 彭帆．数字化背景下沉浸式虚拟现实交互艺术设计的原则及评价 [J]．长春师范大学学报，2020，39（8）：186-194.

[5] 李小标，颜学静，秦洁．于千年古祠中寻文化自信之美：三苏文化传承发展的行与思 [J]．思想政治工作研究，2024（5）：34-37.

[6] 张瑾．虚拟现实技术下数字媒体交互方式的创新与研究 [J]．无线互联科技，2024，3（5）：93-95.

[7] 王雪．虚拟现实技术下数字媒体交互方式的创新探索 [J]．数字技术与应用，2023，41（8）：139-141.

基于场景驱动的新能源充电桩设计研究

舒昀溦，唐丽婕，黄麒霖，陈展，曾梦婷，李婧苗

（吉利学院 艺术设计学院，四川 成都 641423）

摘要：基于场景驱动构建对应的产品设计方法模型，并指导新能源充电桩的设计研究。通过理清场景驱动在用户与产品之间的关系，建立对应的产品设计方法模型；根据新能源充电桩的典型使用场景与功能组件分析，找寻用户在产品场景中的摩擦冲突点；基于摩擦冲突点进行目标场景重构，并利用 AHP 法确定产品创新功能要素与解决方案；根据权重比值最高的产品创新功能要素完成新能源充电桩的功能设计与造型设计。基于场景驱动构建对应的产品设计方法模型能够有效构建与分析典型场景与用户行为之间的联系，并以此来指导设计，能够对相关领域的研究起到参考作用。

关键词：工业设计；新能源充电桩；场景驱动；AHP 法

新能源汽车的迅速崛起不仅是技术进步的象征，也是市场对更加绿色、可持续未来的追求。截止到 2023 年 11 月，全国公共与私人充电桩数量累计为 826.4 万台，同比增加 67.0%[1]。由此可见，新能源汽车的普及正逐步成为现实，而这背后的支撑则离不开充电桩这一关键基础设施。目前已有诸多学者针对新能源充电桩的创新设计展开研究，胡珊[1]利用PSSUQ问卷，提取城市充电桩系统服务质量主要影响因素，结合用户体验设计优化传统充电桩；胡鹏[2]建立充电桩的有限元仿真模型，通过调整神经网络中的超参数，对其抗冲击性能的预测模型进行产出，辅助充电桩材料的创新运用；路兴勇[3]针对配电力负荷的随机性、间歇性及分布性，为充电桩设计提出了思路与对策。然而，对市场现有十款充电桩进行调研分析，其中 80% 的

产品仅在外观及色彩方面有所差异，功能布局及使用流程等方面存在极大趋同性，并且存在充能效率低、安全性不够、交互精准度参差不齐等问题。因此，运用场景驱动法系统分析充电桩的使用场景，发掘用户痛点，提升充电桩性能与用户使用体验。

1 基于场景驱动的产品设计方法模型

场景驱动强调将设计的对象从物转移到用户行为的研究上，通过构建与分析典型场景与用户行为之间的联系来指导设计，探索用户在特定场景中的行为习惯，帮助设计师更准确地理解用户和产品之间的关系[4]。场景化思维是基于用户使用场景的服务思维，任何产品都处于“人 - 机 - 环境”的互相限制中，因此若能在客观场景中提取需求、目标场景中定义产品、模拟场景中优化产品、应用场景中测试产品，就能够有效地基于场景驱动进行设计研究工作。例如：王楠楠[5]借用场景思维提炼典型场景，对场景中乘客行为进行分析挖掘出用户痛点，重构乘客候车场景探索候车过程中乘客痛点的解决方法；付晓莉[6]基于场景法梳理产品作业流程，深度挖掘交互摩擦点、整理用户需求，重构目标场景，建立产品功能部件与功能性元器件的映射关系，获得产品创新功能要素。区别于直接从产品本身或用户反馈的工业设计方法，场景驱动能更系统、全面地感知用户的真实状态，保证设计方向的正确性[7]。

基于场景驱动的产品设计方法模型如图 1 所示。首先，运用场景法构建产品使用过程的典型场景，该过程需从场景进行的时间线出发，将场景阶段分成数个具体的行为阶段（如充电桩定位、抵达、准备、支付等），梳理每个阶段交互关系（图 1 中 A 至 D 场景下甲乙丙丁的关系）；同时从产品的目标组件、系统组件、超系统组件三方面进行产品功能组件分析，搭配典型场景，共同挖掘产品功能部件与用户交互之间的摩擦冲突点，并根据用户调研、实地调研验证与评估摩擦冲突点的真实性。其次，根据摩擦冲突点重构目标场景，对用户可优

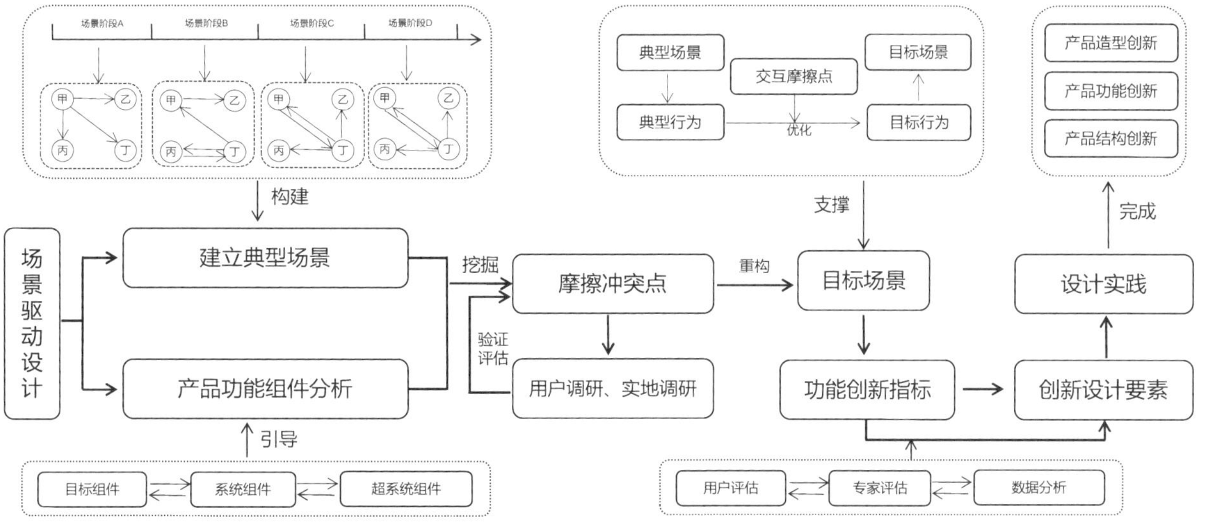

图 1　基于场景驱动的产品设计方法模型

化的行为进行总结归纳，梳理出可进行优化的产品功能创新指标；通过专家评估、用户评估的方式对以上指标进行评估与数据分析，确定最终的产品创新设计要素和实际方案。最后，根据创新设计要素，对产品的造型、功能、结构等方面进行创新设计。

2 新能源充电桩的典型使用场景与功能组件分析

2.1 新能源充电桩典型使用场景

通过观察、访谈20位新能源车主、电力工程师、销售人员，得到多项关于新能源充电桩的用户旅程，从中总结归纳出能够代表大多数充电场景中用户行为所产生的交互内容，总结出一套完整的交互流程。如表1所示，以场景为主线，将充电流程分为：定位/选择充电桩、抵达充电桩、充电准备、充电进行、支付和断开连接、离开和反馈六个阶段，并对每场景阶段的需求目标、用户行为、触点、交互关系、情绪变化进行分析，总结出典型使用场景中存在的痛点与机会点。

表1 新能源充电桩典型使用场景分析

场景阶段	A. 定位/选择充电桩	B. 抵达充电桩	C. 充电准备	D. 充电进行	E. 支付和断开连接	F. 离开和反馈
需求目标	轻松找到适合的充电桩，了解其详细信息	顺利抵达，快速找到停车位	无缝连接充电设备，开始快速充电	安全高效地充电，等待环境适宜	便捷的支付方式，安全地断开连接	轻松离开，提供反馈以改善未来体验
用户行为图示	1.通过手机/车载系统寻找充电桩 2.考虑充电桩类型（快充/慢充） 3.考虑充电桩状态（空闲/占用） 4.考虑充电桩价格/评价 5.规划路线前往 6.同时检查充电桩的兼容性	10.观察充电站的环境，（是否有遮挡物、安全警示等） 9.将充电线缆顺利连接到车辆 8.进行停车 7.按照导航到达充电桩位置	11.通过手机应用/充电界面认证 12.扫描二维码、输入账户信息 13.选择合适的充电方式和时长 14.连接充电线，确保连接稳固无误	19.附近活动（休息/购物/用餐） 18.手机远程查看 17.监控充电进度 16.用户等待 15.充电开始	19.通过手机/充电界面或支付 20.仔细断开充电线 21.确保充电口和线缆的安全	24.在社交媒体或充电桩应用上分享使用体验 23.对充电站进行评价，（充电速度/价格/便利性） 22.离开充电站
触点	1. 智能手机应用 2. 车载导航系统	1. 导航系统 2. 充电站标识与指示牌	1. 充电桩界面 2. 充电设备	1. 手机应用 2. 充电站设施	1. 支付系统 2. 充电设备	反馈系统
交互关系图示	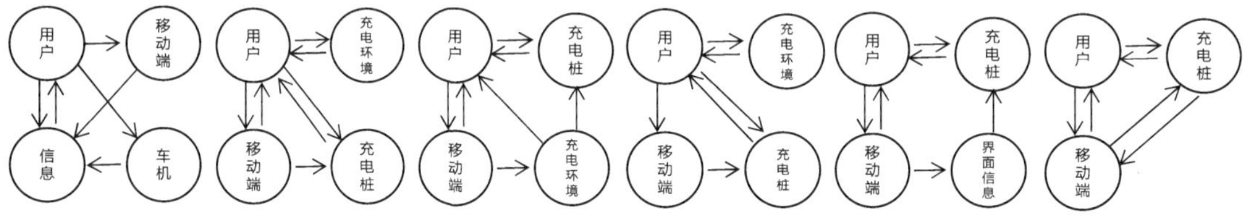					

（续表）

情绪变化	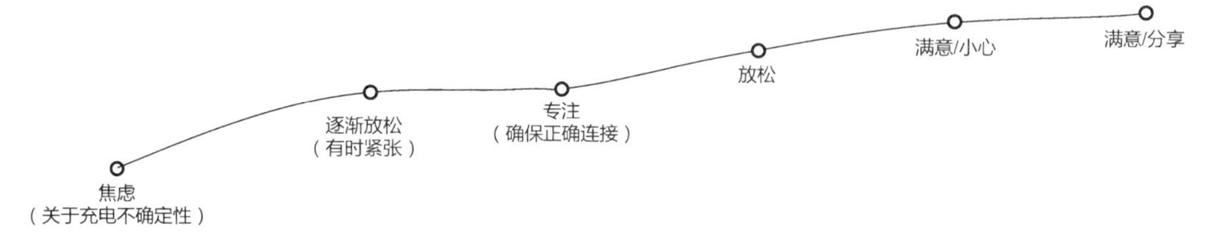		
痛点	充电桩不足 / 分布不均 / 充电信息更新不及时 / 缺乏明显标识	复杂的启动流程 / 连接问题 / 兼容性问题充电速度慢 / 等待时缺乏便利设施 / 缺乏安全顾虑	支付流程复杂 / 断开连接时安全隐患 / 缺乏有效的反馈渠道
机会点	增加充电桩密度 / 实时更新充电桩状态信息 / 优化用户界面和导航指引 / 提高充电桩的可见性和识别性	简化启动流程 / 提高连接设备的可靠性和通用性 / 提高充电效 / 增加便利与安全措施	简化支付流程、采用无线支付方式、提高断开连接的安全性 / 建立有效的反馈机制

2.2 新能源充电桩功能部件分析

如表 2 所示，从一级功能部件、二级功能部件、功能性元器件三个维度筛选并罗列出新能源充电桩中具有交互功能的结构部件进行分析与罗列，并说明各元器件的作用。

表 2　新能源充电桩功能组件分析

一级功能部件	二级功能部件	功能性元器件	元器件作用说明
a 充电接口	a1 电动车连接接口	交流输入插座、直流充电插头、充电插座防尘盖	提供车辆连接点，保护连接点免受环境因素影响
	a2 通信接口	无线通信模块、RFID 读卡器、车辆通信接口（VCI）	实现充电桩与车辆以及后台系统的数据通信
	a3 用户身份识别	指纹识别模块、刷卡器、二维码扫描器	确认用户身份以启动充电服务
b 控制系统	b1 主控制单元	微处理器、主控制板、内存	控制充电桩操作逻辑，管理数据处理和存储
	b2 用户界面单元	显示屏幕、触摸屏、按键面板、LED 指示灯	提供用户操作界面和状态指示
	b3 充电管理单元	充电控制软件、时间控制器、电量计算模块	管理充电过程，包括计时和电量计算
c 电源单元	c1 电源转换单元	AC-DC 转换器、DC-DC 变换器、滤波器	转换电源以适配电动车辆，确保电源质量
	c2 电源调节单元	电压稳定器、电流稳定器、功率调节器	调整电源输出，保护充电过程稳定进行
	c3 安全保护单元	断路器、熔断器、过电压保护、过电流保护	防止电源异常，保护用户和设备安全
	c4 电能计量单元	电能表、电量传感器、数据记录器	测量和记录充电过程中的电能使用情况

3 新能源充电桩的目标场景重构与创新设计要素

3.1 摩擦冲突点与目标场景

基于本文第二部分中的关于充电桩典型场景与功能部件的分析，可找寻用户在产品场景的摩擦冲突点，摩擦冲突点的表现形式为用户使用充电桩时受到阻碍，包括疑问不知如何操作、因为不确定性而焦虑或者无法达到目标而懊恼、沮丧、愤怒等情况。如表 3 所示，基于第二部分内容对各用户在各场景阶段和关联功能部件之间的摩擦冲突点进行统计，并邀请上述的 20 位用户采用李克特量表的方式（5 分表示对该功能部件的摩擦系数高、1 分表示摩擦系数基本没有）对各场景中的摩擦系数值进行打分，并反复评估与询问各摩擦冲突点的真实性，最后筛选出摩擦系数值高于 3.5 的摩擦点作为优化对象。

表 3　各摩擦冲突点数值

	A	B	C	D	E	F
a1	/	Ba1（3.73）	Ca1（4.01）	/	/	/
a2	/	/	/	/	/	/
a3	/	/	/	/	/	/
b1	Ab1（3.86）	/	Cb1（3.56）	/	/	/
b2	Ab2（3.61）	/	Cb2（3.77）	/	/	/
b3	/	/	/	/	/	/
c1	/	/	Cc1（4.10）	Dc1（3.96）	/	/
c2	/	/	Cc2（3.52）	Dc2（3.93）	/	/
c3	/	/	Cc3（3.69）	Dc3（3.73）	/	/
c4	/	/	/	Dc4（3.61）	Ec4（3.51）	/

接着，对各节点存在的摩擦冲突点进行归纳，并提出对应的目标场景。

节点 Ab1、Cb1 存在问题：在定位 / 选择充电桩和作充电准备时，存在充电通信信号，数据传输不稳定的情况。目标场景：增强通信模块的稳定性和抗干扰能力，使用具有更高信号保护等级的通信协议和硬件设施，并对信号线路进行屏蔽处理，确保数据传输的稳定性。

节点 Cc1、Dc1 存在问题：在充电准备和充电运行时，对电源电能的转换，是否能够适配车辆以及电源质量存在疑虑。目标场景：强化充电管理单元的算法，采用更高效的充电策略算法，以实时动态调整充电功率和时间，优化充电过程的能源分配，根据用户的充电习惯和历史数据，智能调整充电功率和时间，以提高充电效率。

节点 Cc2、Dc2 存在问题：用户在充电准备和充电运行时，对电源的输出率、充电效率、能否保护充电过程稳定进行存在疑虑。目标场景：提升电源转换单元的效率和可靠性，采用效率更高的变换器和优化电路设计，以减少能量损失并提高设备的稳定性，强化电压和电流的调节精度，采用更先进的电源管理技术和元件，确保在各种负载情况下都能提供稳定的电源输出。

节点 Cc3、Dc3 存在问题：用户在充电准备和充电运行时，对能否防止电源异常，保护用户和设备安全性存在疑虑。目标场景：提高安全保护单元的响应速度和准确性，引入更先进的监测传感器和自动断电系统，以更快地检测和响应任何可能的安全问题。

节点 Dc4、Ec4 存在问题：用户在充电运行和断开连接时，对测量和记录充电过程中的电能使用情况的真实性、完整性存在疑虑。目标场景：加强电能计量单元的准确性，如通过使用高精度的测量设备和算法，确保用户能够得到准确的充电数据，以及优化计费过程。

3.2　产品创新功能要素的评估与确定

通过目标场景的构建，可对需要优化的功能及对应的解决方案进行确定，便于后续提炼出对应的产品创新功能要素，如表 4 所示。

表 4　需要优化的功能及对应解决方案

需要优化的功能	解决方案
1. 充电效率	增加高功率密度的直流变换器串联或者增加并联连接（增加接口）
2. 通信能力	增加多模通信模块或者区块链技术
3. 充电接口的耐用与兼容性	增加磁性物理连接器、无线充电、耐磨材料、自动调节、多功能充电口等材料结构
4. 充电桩的安全保护功能	增加应急断电、多通道监测传感、机械锁
5. 电能计量准确性	增加智能计量、定期校准等功能

基于上述结果，利用 AHP 法对其进行评估。AHP 法可针对复杂的需求问题进行研究并将其系统化，建立相关的层次结构模型，能够得出最优的决策方案。

首先，确定充电桩层次结构：目标层 1 项（A1 高效充能）、一级指标 4 个（B1 高效性、B2 耐用兼容性、B3 交互性和 B4 监测性）和二级指标 17 个。其中 B1 高效性包含：C1 高功率密度的直流变换器串联、C2 并联连接（多接口）、C3 多模通信模块、C4 区块链技术；B2 耐用兼容性包含：C5 磁性连接器、C6 无线充电 、C7 耐磨材料、C8 自动调节、C9 多功能充电口；B3 交互性包含：C10 2.4G 语音交互系统 、C11AR/VR 引导、C12 优化 UI 设计；B4 监测性包含：C13 应急断电功能、C14 多通道监测传感、C15 机械锁、C16 智能计量、C17 定期校准。

其次，邀请 6 位电气工程、机械工程、工业设计领域的专家与学者，对一级指标和二级指标的彼此重要性进行比较打分，使用 1 到 9 的标度。

最后，对各项指标进行权重分析的计算，并对矩阵的一致性进行检验，以确保判断矩阵的可靠性，包括判断矩阵的一致性指标（*CI*）与一致性比例（*CR*），若 *CR* 小于为 0.1，则证明该矩阵具有一致性。其中 *CI* 和 *CR* 的计算过程如式（1）、（2）所示，其中 λ_{max} 是矩阵的最大特征值，n 是判断矩阵的阶数，*RI* 是根据矩阵的阶数的随机一致性指标。

$$CI = (\lambda_{max} - n) / (n-1) \tag{1}$$

$$CR = CI / RI \tag{2}$$

整个评价结果如表 5 所示，分别对应一级指标和各二级指标的矩阵，并通过计算得出各指标在各自层级中的权重，以及矩阵的一致性指标与检测系数。根据功能需求要素的计算结果，选择最终利用的要素指标。一级指标方面，从高到低依次为 B1 高效性、B2 耐用兼容性、B4 监测性、B3 交互性，因此排名靠前的一级指标可适当增加提炼出的二级指标数量。

表 5　各评价指标权重值

<table>
<tr><td colspan="8">一级指标下各评价指标权重值</td></tr>
<tr><td>一级指标</td><td>B1</td><td>B2</td><td>B3</td><td>B4</td><td>权重</td><td>CI</td><td>CR</td></tr>
<tr><td>B1</td><td>1</td><td>3</td><td>5</td><td>4</td><td>0.56</td><td rowspan="4">0.01</td><td rowspan="4">0.01</td></tr>
<tr><td>B2</td><td>1/3</td><td>1</td><td>2</td><td>1.5</td><td>0.20</td></tr>
<tr><td>B3</td><td>1/5</td><td>1/2</td><td>1</td><td>0.75</td><td>0.10</td></tr>
<tr><td>B4</td><td>1/4</td><td>2/3</td><td>4/3</td><td>1</td><td>0.14</td></tr>
</table>

（续表）

B1 高效性标准层下的各评价指标权重值							
B1 高效性	C1	C2	C3	C4	权重	*CI*	*CR*
C1	1	1/2	1/3	2	0.16	0.01	0.012
C2	2	1	1/2	3	0.28		
C3	3	2	1	4	0.46		
C4	1/2	1/3	1/4	1	0.1		

B2 耐用兼容性标准层下的各评价指标权重值								
B2 耐用兼容性	C5	C6	C7	C8	C9	权重	*CI*	*CR*
C5	1	1/2	3	2	4	0.26	0.017	0.015
C6	2	1	4	3	5	0.42		
C7	1/3	1/4	1	1/2	2	0.10		
C8	1/2	1/3	2	1	3	0.16		
C9	1/4	1/5	1/2	1/3	1	0.06		

B3 交互性标准层下的各评价指标权重值						
B3 交互性	C5	C6	C7	权重	*CI*	*CR*
C10	1	2	3	0.54	0.005	0.009
C11	1/2	1	2	0.30		
C12	1/3	1/2	1	0.16		

B4 监测性标准层下的各评价指标权重值								
B4 检测性	C13	C14	C15	C16	C17	权重	*CI*	*CR*
C13	1	1/2	3	2	1/4	0.15	0.029	0.026
C14	2	1	4	3	1/2	0.27		
C15	1/3	1/4	1	1/2	1/5	0.06		
C16	1/2	1/3	2	1	1/3	0.10		
C17	4	2	5	3	1	0.42		

4 基于场景驱动的新能源充电桩设计方案

4.1 产品功能设计

根据 AHP 法的分析结果，根据产品功能效果、合理的结构、使用环境、操作、可靠性、方便维修等维度去考虑，最终确定新能源充电桩的设计内容，包括 B1 高效性（C2 并联连接 C3 多模通信模块），B2 耐用兼容性（C5 磁性连接器、C6 无线充电），B3 交互性（C10 语音交互系统），B4 监测性（C14 多通道监测传感）。新能源充电桩的结构图如图 2 所示，其功能设计包括以下：

（1）并联连接（多接口）功能：有效解决了一台充电桩不能为多车辆同时进行无线充电的问题，每一个连接口都能够独立运行，即使在单个充电桩发生故障时，其他设备也能正常运行，从而提高了整个系统的可靠性。

（2）特定区域的无线充电功能：无线充电提高了用户使用的便捷性，能够简化启动流程、提高连接设备的可靠性与通用性、增加便利与安全措施，同时可提升用户的充电体验。汽车在固定范围内能够使用无线充电技术采用磁场或电磁感应等技术手段，为新能源汽车的电池进行充电，避免了传统有线充电方式中可能出现的线路缠绕、插拔不便等问题。

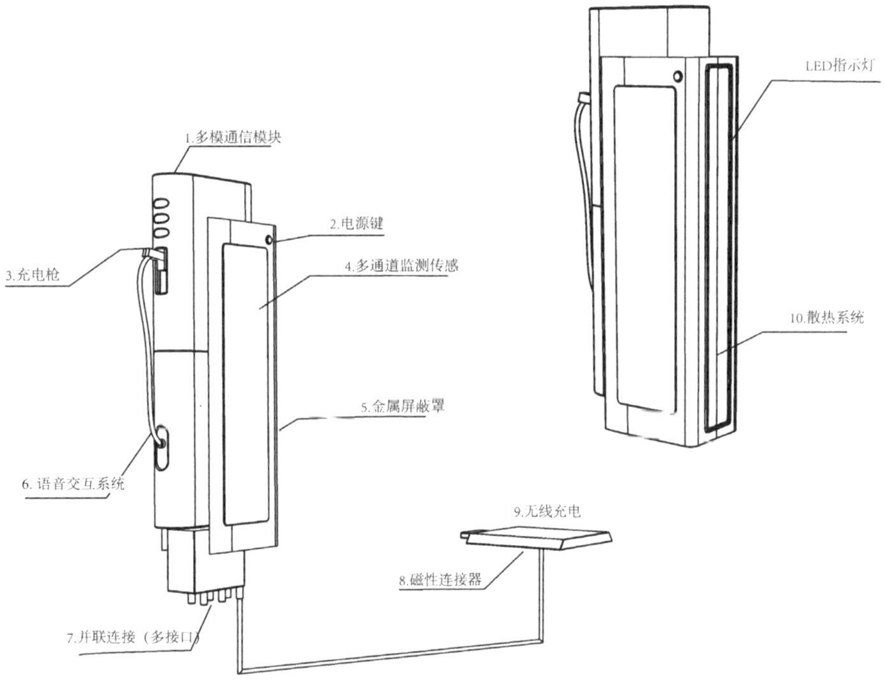

图 2　新能源充电桩功能设计

（3）磁性连接器功能：能够以减少物理摩擦，进而提升充电桩的耐用性。在充电器接口上有可以与汽车充电口进行磁性吸附的小部件，该部件在确保稳定连接的同时，通过与汽车充电口的磁体相互作用，使导电线能够稳定地与汽车充电口连接。这种磁性吸附的方式使得连接更为顺畅，同时也提高了充电桩的使用寿命，提升了用户体验感。

（4）多模通信模块功能：多模通信模块功能能够支持 5G、蓝牙、Wi-Fi 连接、语音交互等多种通信方式，为新能源汽车的充电提供了更加便捷、高效、安全的通信环境以及数据传输和远程监控，满足了不同场景下的用户需求。

（5）多通道监测传感功能：多通道监测传感技术能够快速获取充电桩的各项数据其中包括温度、电压等，为用户提供各种的数据支持，能够准确测量各项数据，确保数据的准确性。

4.2 产品造型设计

产品的造型设计如图 3 所示，产品造型上尽可能做到形式和功能的统一，最大限度地降低用户认知负荷，减少错误操作。充电桩的正面是一块金属显示屏，显示屏上会显示各种信息，如充电进度、电量、充电费用等，使车主在充电过程中能够及时了解充电状态和费用情况。车主在开始或结束充电时，可以通过电子屏左上方的电源键来控制电源的开关；外观设计为矩形，最大化产品内部空间。

图 3 新能源充电桩造型设计

5 结论

通过场景驱动的方法模型，深入探索了新能源充电桩设计中的用户需求与产品创新路径。这一成果不仅为新能源充电桩的功能设计与造型设计提供了实质性指导，也为类似产品的设计与研发提供了有益的方法论；通过优化用户体验和产品性能，有助于推动新能源技术的普及与应用，提升整体能源效率和用户满意度。

参考文献

[1] 胡珊，蒋旭，李兢 . 基于用户体验的智能充电桩系统改良设计 [J]. 包装工程，2018，39（16）：5-11.

[2] 胡鹏，吴俊，江丙云，等 . 充电桩抗冲击性能的 BP 神经网络预测 [J]. 机械设计，2023，40（S2）：143-148.
[3] 路兴勇 . 电动汽车智能充电桩的设计与应用研究 [J]. 内燃机与配件，2023（21）：51-53.
[4] 鲁普及 . 场景化思维下广告设计的特征及其信息传播机制 [J]. 包装工程，2022，43（2）：211-215.
[5] 王楠楠，王丹花 . 场景化思维下的高铁站候车座椅设计研究 [J]. 包装工程，2023，44（22）：216-224.
[6] 付晓莉，黄震，杨树峰 . 场景法优化的舱式熏蒸机迭代设计研究 [J]. 包装工程，2023，44（4）：188-194，218.
[7] 庞建军，杨春燕 . 基于用户场景的装配式阳台装修系统设计研究 [J]. 包装工程，2023，44（10）：147-155，180.
[8] 舒畇溦，祁娜，张有为，等 . 脊髓损伤患者延续性康复产品设计研究 [J]. 工业设计研究，2021（00）：16-20.

地域文化视角下南方丝绸之路旅游服务设计研究

张玉萍，王卓然，徐汝萱

（西华大学 美术与设计学院，四川 成都 610039）

摘要：以地域文化为切入点，挖掘南方丝绸之路沿线的文化价值，探讨地域文化融入南方丝绸之路旅游服务系统的路径。借助服务设计思维和方法，梳理南方丝绸之路旅游中的服务接触点，并利用系统地图，以可视化方式和全局化视角对南方丝绸之路文旅模式进行优化，提出具有针对性的服务设计策略和实践方案。将南方丝绸之路地域文化符号、材料及内涵应用于旅游产品开发，构建创新的服务模式，不仅能促进南方丝绸之路文旅产业的升级，推动南方丝绸之路文化的创造性转化和创新性发展，还能增强中华民族的文化自信，有利于丝绸之路的保护和传承。

关键词：设计学；地域文化；服务设计；南方丝绸之路；文化旅游

“一带一路”倡议推进了我国丝路文化的建设。南方丝绸之路作为中国古代的重要贸易通道，不仅促进了西南边疆文明的交流与融合，还孕育了丰富的地域文化。其沿线的自然资源、人文建筑和民族风情等，展现了深厚的艺术文化历程，具有多重旅游价值属性。然而，南方丝绸之路的旅游模式尚不成熟，缺乏对地域文化内涵的深入挖掘，未能充分利用丝路文

基金项目：区域文化研究中心 2024 年度项目（项目编号：QYYJB2404 ）

第一作者简介：张玉萍（1972—），女，四川内江人，教授，西华大学美术与设计学院副院长，研究方向为工业设计及理论、信息交互与体验设计。

通信作者简介：徐汝萱（2000—），女，四川成都人，西华大学硕士生，研究方向为工业设计及理论。

化的应用价值。因此，研究南方丝绸之路沿线的地域文化资源及其设计应用，提出服务设计策略，有助于推动南方丝绸之路文旅模式的升级与创新，实现丝路文化资源的保护与发展。

1 地域文化与艺术设计

1.1 地域文化

地域文化是特定地理区域内形成的独特文化传统，也是对当地生活的具体反映和重要载体[1]。地域文化受时间和空间影响，由时间发展所累积的元素形成精神印记，由空间区域限定所形成的表征达成物质成就。地域文化的特征包括以下几个方面：①象征性，地域文化通过特定象征载体来传达其内涵或意义。这种象征物既可以是该地域的自然景观，也可以是长期形成的文化形态、社会风俗、建筑风格，在文化保护和传播过程中起着区别、表达、传承、思考等作用[2]。②区域性，地域文化在空间上有其所属范围，存在于特定的地域单元。在不同区域，人们的生产生活方式和风俗习惯往往存在差异，从而造就出独特的地方文化模式。③传承性，地域文化是传承地域群体思想观念的文化形态，也是经由历史积淀而形成的文化产物[3]。随着时代的发展和域外文化的交流，地域文化吸收新的影响因素，实现更新和变化。

1.2 地域文化的设计要素

地域文化介入艺术设计有多种表现方式，旨在推动弘扬地方特色文化，塑造地域形象和人文精神，同时促进设计创新转化，开创多元设计道路。

1.2.1 地域文化的元素展示

地域文化通常具备个性鲜明的民族特色，这也是文化符号的展现形式。将文字、建筑、服饰、器物等显性物态元素直接提取与运用，或对文化元素进行色彩提炼、纹样重构、造型创新等整合转化，可以增强文化元素地域识别性，使受众能够直观感知到当地文化特色。

1.2.2 地域文化的材料运用

地域性材料为文化表达提供了物质基础。不同地区的材料因其独特的质感、形状、颜色和触感，对感官产生显著影响，将观者与当地的风土人情紧密联系起来。在设计中运用这些地域性材料，或从材料中提取并重新组合，能够使产品展现出现代感。

1.2.3 地域文化的抽象转化

地域文化经过长期发展，蕴含着丰富的历史背景和人文精神。理解地域文化的深层含义和表现形式后，将民族性精神文化融入设计，实现其创造性转化。这样的设计使观者能够通过作品深入感悟地域文化元素的意义，并引发情感共鸣。

2 南方丝绸之路的文化旅游资源

2.1 南方丝绸之路的典型地域文化

南方丝绸之路是古代西南地区的主要商道，这条道路以成都为始，分东西两线，途经四川、云南、贵州等省的多个城市，以及印度、缅甸等多个国家[4]。南方丝绸之路历史悠久，形成了浓厚的文化底蕴，衍生出多元文化要素，但各沿线地域与时代间的风格和连接性都不尽相同，因此通过地域进行划分，选取易于转化为视觉语言的文化资源，如图 1 所示，以挖掘南方丝绸之路的地域文化特征。

地域文化	文化资源列举	图片实例
蜀文化	三星堆、金沙遗址、武侯祠、蜀锦、金器、青铜器、海贝、茶叶、盐、扎染、川剧、川菜、道教、瓷胎竹编、川江号子、都江堰、乐山大佛等	
滇南文化	茶马帮、马古道、零关道（牦牛道）、五尺道、驿站、贝叶经、筇竹、四通鼓舞、象脚鼓舞、滇剧、刺绣织品、大理白族服饰、楚雄文庙等	
藏文化	格萨尔、唐卡、藏戏、藏传佛教、藏族服饰、毛织品、藏医药、锅庄舞、藏刀等	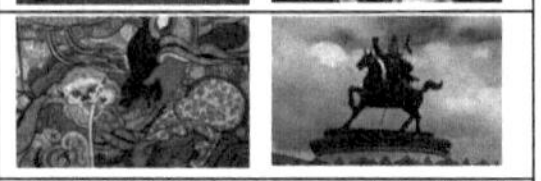
印度文化	印度教、瑜伽、印度菜、泰姬陵、卡杰拉霍建筑群等	
东南亚文化	古骠国遗址、铜鼓、缅甸舞、吴哥窟等	

图 1　南方丝绸之路多元文化资源分类

2.2 南方丝绸之路地域文化的设计利用现状

南方丝绸之路的地域文化为旅游资源的融合提供了支持，并创新了多元设计路径。这丰富了人们对南方丝路文化的认知，有助于弘扬地方特色文化，塑造地域形象，推动地域经济发展。通过对南方丝绸之路地域文化元素的梳理和主要文化旅游资源的整合，从人文建筑、装饰艺术、民族服饰、文创产品、旅游服务系统五个方面归纳其突出特征，为南方丝绸之路旅游服务设计提供灵感素材。

2.2.1 人文建筑

南方丝绸之路的建筑展现了当地的地理特征和民族习惯等特征，成为地域文化的独特标识。沿线分布着众多少数民族村落、特色民居和宗教建筑，形成了西南地区独有的建筑风格。受儒家“天人合一”、道家“自然无为”等思潮影响，我国西南地区出现了很多亲近自然的建筑。如云南大理的巍宝山建筑群依山傍水，与自然和谐共生。西双版纳的傣族传统民居竹楼，主要采用特色竹材建造而成，在当地现代建筑中，竹子仍常被运用，可营造出亲切、回归自然的质感。南方丝绸之路沿线建筑景观与材料的使用，在设计中尊重自然环境，体现了当地人民崇尚自然的文化内涵，如图 2 所示。

图 2　云南巍宝山、竹楼

2.2.2 装饰艺术

南方丝绸之路在对外交流中融合了多种文化，如印度文明与三星堆文明的碰撞。在以三星堆—金沙遗址为代表的古蜀青铜文化中，显著特征体现在青铜人像、神兽造型、大型鸟形饰品、尊形器、金杖和面具等方面。同时，滇中高原和滇东地区出土的铜器，饰以双旋纹、编织纹、辫纹、三角齿纹等繁缛纹饰，器身上常阴刻有鸟、蛇、鱼、虫、虎、熊、豹等动物图案[5]。这些器物的造型、纹饰和图案等要素展示了西南地区的装饰艺术特色，反映了其神秘的宗教思想、卓越的艺术创造力和高超的工艺技术，共同构成了丰富多彩的青铜文化。如金沙遗址博物馆收藏的太阳神鸟金饰，便是古蜀人民太阳崇拜文化的体现，并在现代设计中得到广泛应用，如图 3 所示。

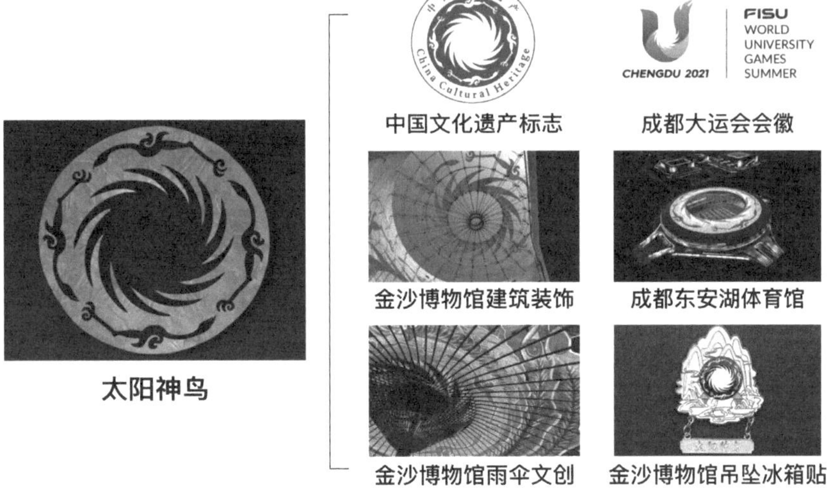

图 3　运用太阳神鸟元素的相关设计

2.2.3 民族服饰

南方丝绸之路沿线地区分布着彝族、藏族、傣族等 20 多个少数民族，这些民族在地理位置、宗教信仰和风俗习惯上各具特色。南方丝绸之路推动了不同民族文化的交融，使得沿线民族服饰表征具备一定的独特性和融合性。以康巴藏区的传统服饰为例，它不仅具有藏民族服饰的宽大、长袖、长襟等共性，还展现出更为华贵精美的个性风格。在现代服装市场中，许多设计作品融入了藏族服饰的形制、色彩、图案和材质，或将传统饰品以缩小体量的方式作为装饰，以此展示民族特色。如图 4 所示，设计师吴研在其《卓玛》系列作品中，巧妙地将康巴女子人像图案与蜜蜡藏饰结合，采用立体设计，使得民族文化和藏族高原精神以更加贴近现代生活的方式得到传承和宣传。

图 4 《卓玛》系列服装

2.2.4 文创产品

文化创意产品主要通过旅游纪念品的形式进入市场，借用古代南方丝绸之路的历史符号，经由设计语言转化为具有文化特性的要素，创造出具有创新性和开发性的文创产品，以此传达蜀、滇、藏等地的文化内涵。茶马古道作为南方丝绸之路的重要组成部分，沿线拥有丰富的历史建筑、人文景观、民族特色和风土人情等旅游资源。刘兴全等人[6]以茶马古道的文化元素和符号特征为核心，构建了以茶马古道为主线的文创产品开发模式，并进行了具体的文创设计实践，如图 5 所示，为茶马文化在现代市场的传承与发展提供了新思路。

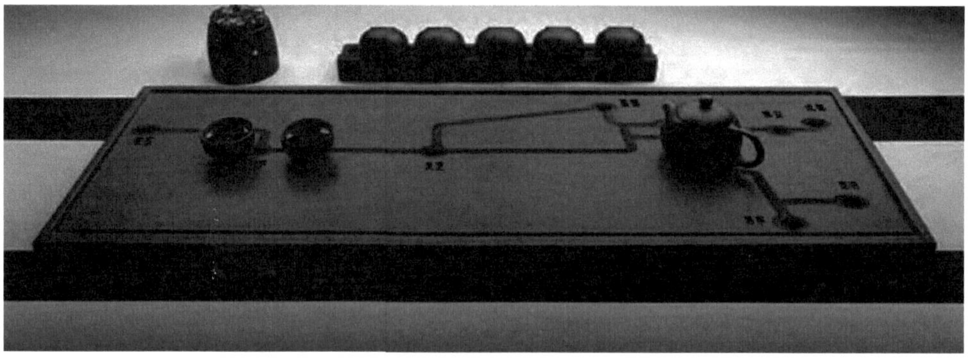

图 5 文创设计：茶马流域

2.2.5 旅游服务系统

旅游产品为用户提供了服务，创造多种有形和无形要素，让用户在旅游服务中得到具体体验。南方丝绸之路主题旅游开发处于探索阶段，如保山古道、马边南丝路古彝文化生态旅游走廊、宜宾筠连南丝绸之路不夜城、成都锦门小镇等，主要提供线下游览服务，利用沿线地区自然景观、人文建筑体现文化特色，满足游客基本的观光需求。宜宾筠连南丝绸之路不夜城串联当地历史、文化、民俗等资源，以南丝路文化为主线，文化街区为场景载体，提供线下线上结合的旅游服务系统，如图6所示。线下服务包括艺术装置、演艺舞台和非遗手工艺品等新业态，展示南方丝绸之路的特色；线上服务则通过自媒体平台、新闻平台和政府网站进行宣传。然而，目前筠连南丝绸之路不夜城线下线上旅游资源割裂，旅游服务未成系统化，存在景点信息零散、宣传营销力度不足和品牌形象弱等问题。

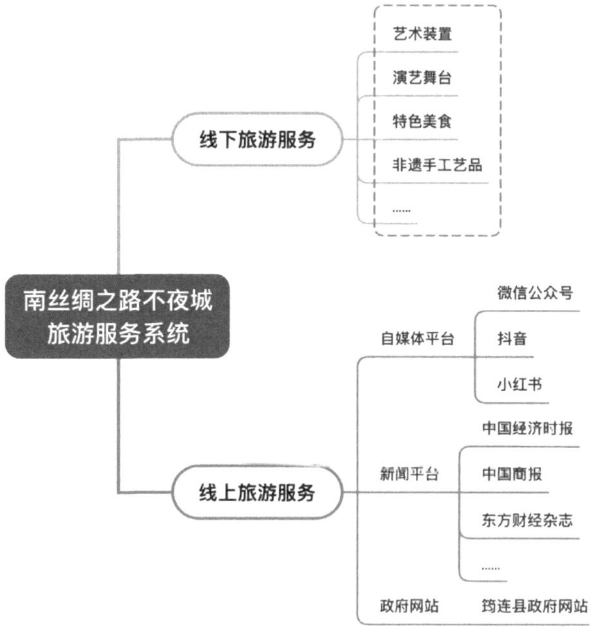

图6　筠连南丝绸之路不夜城旅游服务系统图

在南方丝绸之路的设计开发及应用方面，虽然人文建筑、装饰艺术、民族服饰和文创产品等设计在地域文化挖掘和提炼上表现出多样性和成熟度，但在文化旅游服务的整体性打造上仍存在一些问题。这些问题包括旅游服务模式固化、文化资源整合不足以及与地域特征关联性不强，导致人们对南方丝绸之路文化的认知较为浅显和片面。因此，需要借助服务设计方法，将系统思维贯穿于南方丝绸之路地域文化服务中。以游客参与为主要视角，考虑多方利益相关者的需求，利用当地资源构建文化氛围，使服务系统的流程规划与游客体验触点相契合，优化用户文化旅程体验，推动古代南方丝绸之路文化传播的现代化转型。

3 南方丝绸之路文化旅游服务设计分析

服务设计以满足用户需求为基础，以实现服务提供者和服务接受者之间的价值共享为目标，以用户为主要视角，协同多方利益相关者共创，通过组织和规划服务系统中的人员、环境、设施、信息等服务要素，对现有服务进行改善或创新[7]。文化旅游作为服务设计的重要领域之一，相对于传统旅游模式更为个性化、体验化、情感化。服务设计的介入有助于设计师深入理解整个服务流程中的服务接触点，识别和优化这些接触点上影响用户体验的因素[8]。通过改进现有接触点和引入新的接触点，可以构建一个连贯、高效的南方丝绸之路文化旅游服务系统，确保用户和所有利益相关者都能享受到顺畅、愉悦的服务体验。

3.1 服务触点分析

服务触点是服务产品与用户之间的桥梁，其优化对提升服务价值至关重要。对南方丝绸之路文化旅游的线下和线上浏览过程进行服务触点分析包括：①物理接触点。线下场景中，参观者与景区内的基础设施如导览公告牌、器物陈列厅、体验产品等直接接触，这些设施有助于参观者顺畅地完成观光体验。②数字接触点。在线上场景中，数字交互装置，如南方丝绸之路路线展示、虚拟体验设备等，增强了参观者的沉浸式体验。③人际接触点。线下的前台服务人员、导游、商家店员、安保人员，以及线上的在线客服，都是人际接触点的重要组成部分。

3.2 利益相关者及目标用户分析

南方丝绸之路文化旅游的核心利益相关者包括游客以及内部利益相关的景区开发商和工作人员，次要利益相关者主要包括技术研发团队、市场运营团队、规划专家、推广合作者、政府、广告媒体等因素。

作为服务接受者，游客是文旅服务设计的目标用户群体。基于对文化旅游景区游客的访谈与观察，提炼典型用户特征及体验情况，绘制青年游客、老年游客和亲子游客的用户旅程图，如图 7 所示。青年游客群体善于使用线上平台获取旅游信息，对旅游过程中的个性化、体验感要求较高；老年游客群体倾向于轻松的游玩方式，并容易被有品质的文化内容和活动吸引；亲子游客群体更关注儿童在旅游期间是否能够接受教育，倾向于集知识、娱乐、健康于一体的休闲活动。

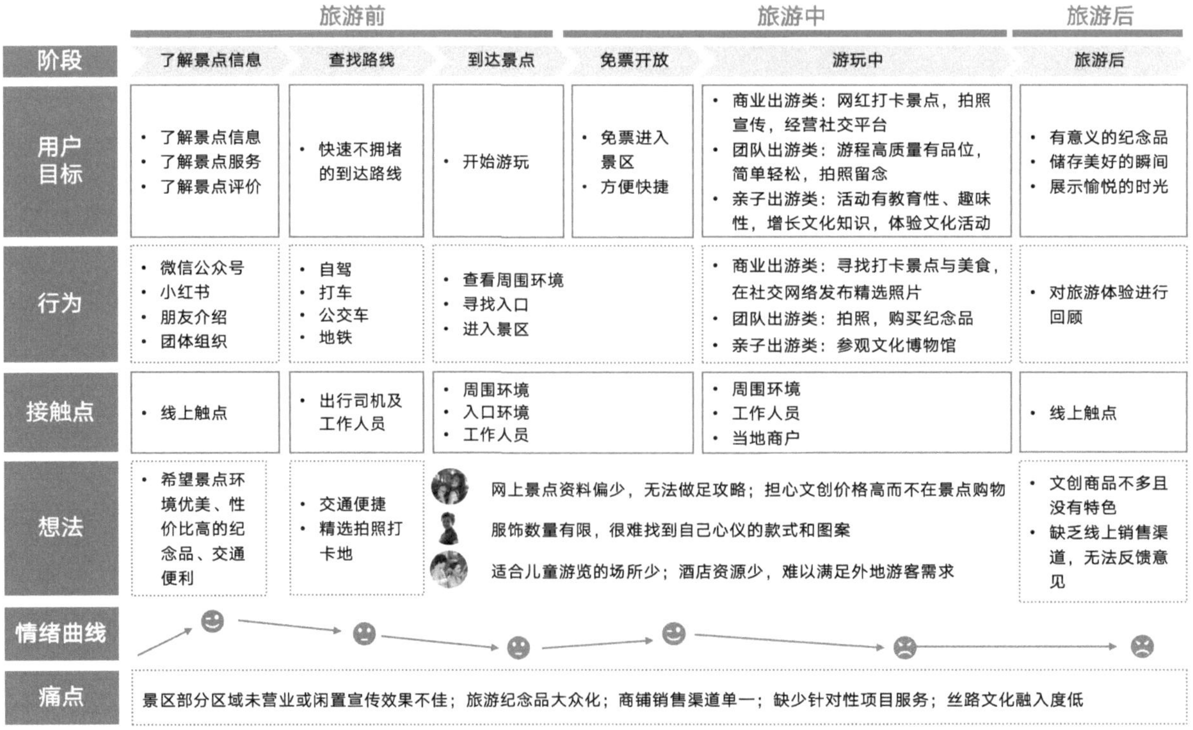

图 7　南方丝绸之路文旅用户旅程图

3.3 服务系统分析

服务设计平衡用户、社会、经济、文化等各方诉求，以保持系统的可持续性。构建南方丝绸之路文旅服务系统图，呈现全局关系，如图 8 所示。以旅游行政管理部门为核心，串联景区与游客，提供资金和场地，整合开发文化资源，指导景点商家进行服务优化升级，对接文创设计开发企业及销售平台，获取利润以维持运营。

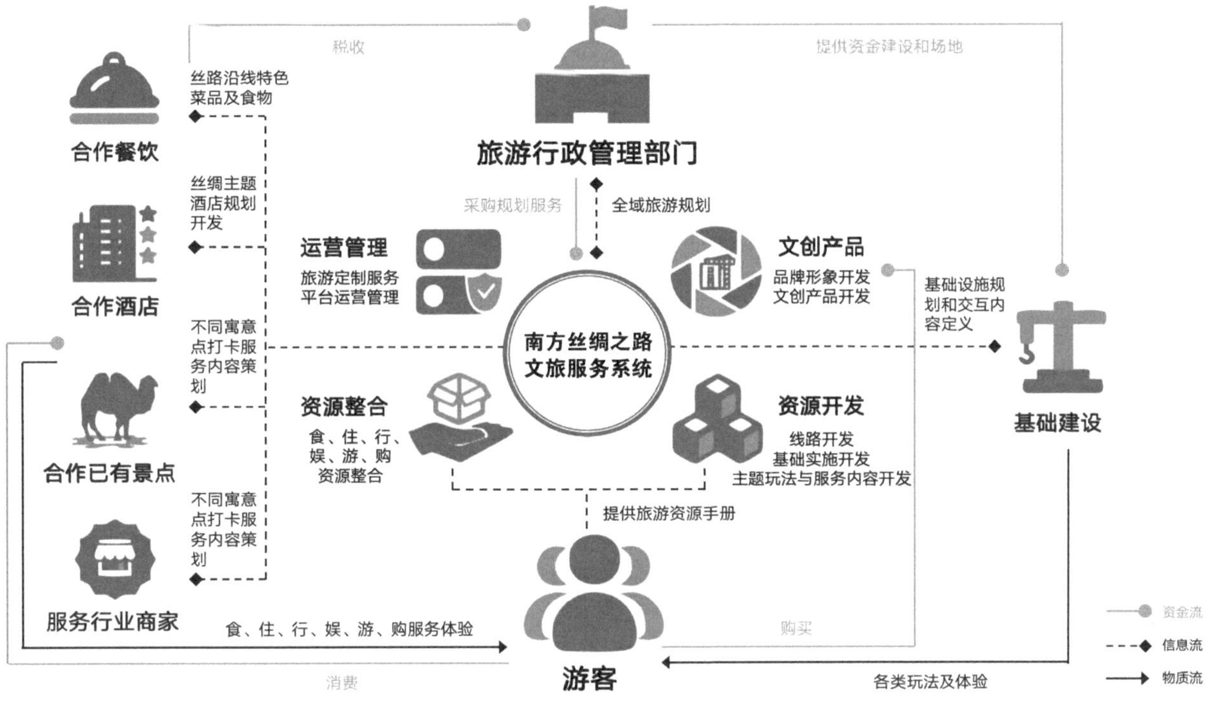

图 8　南方丝绸之路文旅服务系统图

4 南方丝绸之路文化旅游服务设计策略

在服务设计思维指导下，整合南方丝绸之路文旅服务系统的人、物、资源、环境，完善系统架构与流程。旅游产品应突出地域性表达，以可感知的方式表现于旅游服务流程中，使用户在旅游体验中获得有别于其他地域文化的认知 [9]。因此，侧重南方丝绸之路文旅的叙事表达、触点优化、品牌传播等方面，提出服务设计策略。

4.1 提取南方丝绸之路符号，塑造叙事氛围空间

以南方丝绸之路沿线的人文风貌为主线，深度挖掘文化内涵和感知思维，融合文化表征，采用地域性符号构建旅游场景，使旅游景点与历史场景交融，构建南方丝绸之路文旅场

景，如图 9 所示。增加服务中的物理触点，对旅游服务中的有形物质进行文化转译，借助景观、建筑、公共设施等载体传达，如结合古道、茶山、竹林的空间布局，增加马帮、索桥、太阳神鸟等元素的雕塑，引入徒步、骑马等体验性活动，塑造叙事情境氛围。以现代化方式再现历史符号，增强旅游服务的感受度，如使用 VR 等智能化设备体验南方丝绸之路贸易故事。非物质文化可融入无形服务要素中，如借助景区服务人员的神态、动作、着装来传递信息，增强人际触点的情感性表达，提升游客对丝路文化的认知。

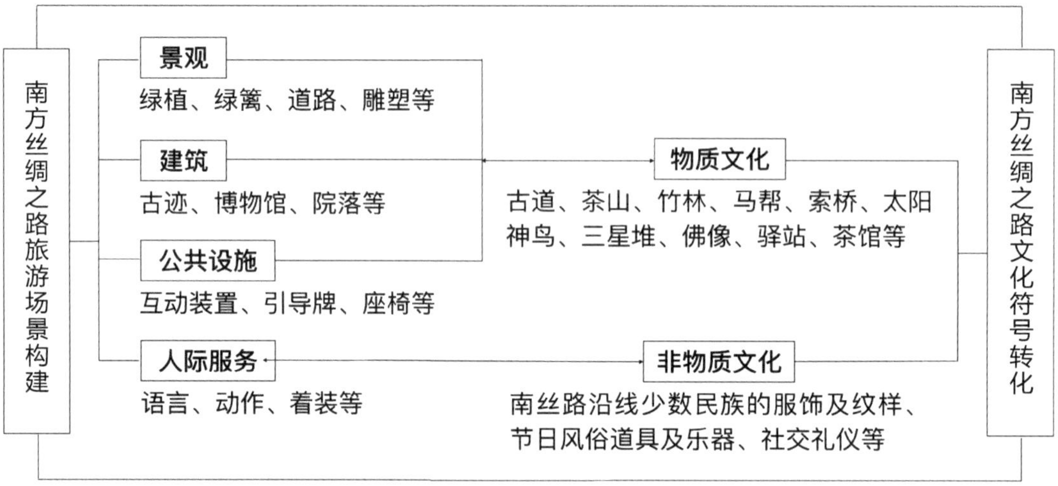

图 9　南方丝绸之路文旅场景构建框架

4.2 融入南方丝绸之路元素，提供多元文化体验

旅游服务需根据用户群体的划分，提供多元化设施项目。针对儿童游客，提供青铜器填色交互游戏、养蚕体验等娱乐项目；针对年轻人，推出南方丝绸之路主题沉浸式剧本杀、民族摄影等流行活动；针对老年群体，提供丝路茶馆等休闲场所，设置品茶社交、购置茶具、制茶体验功能。丰富且有针对性的服务项目能迎合各年龄层的喜好，让游客得以在更多元的文化场景中感受南方丝绸之路文化，加强游客在南方丝绸之路文旅活动中的参与性。

此外，应优化数字触点体验，将线上线下的体验形式和资源服务相结合，以科技驱动南丝路文化元素的交互产品转化。因此，可依托微信小程序等平台展开南方丝绸之路文化旅游服务设计研究。以成都南方丝绸之路文化为例，面向游客提供成都南方丝绸之路在线旅游服务，查询与预订具体资源信息，欣赏南方丝绸之路文化艺术，购买定制文创商品，满足游客多方面需求。在界面设计过程中，采取简洁的设计风格，易于各年龄段用户操作，运用横纵结合的交互结构，承载各类信息的同时方便用户浏览，如图 10 所示。

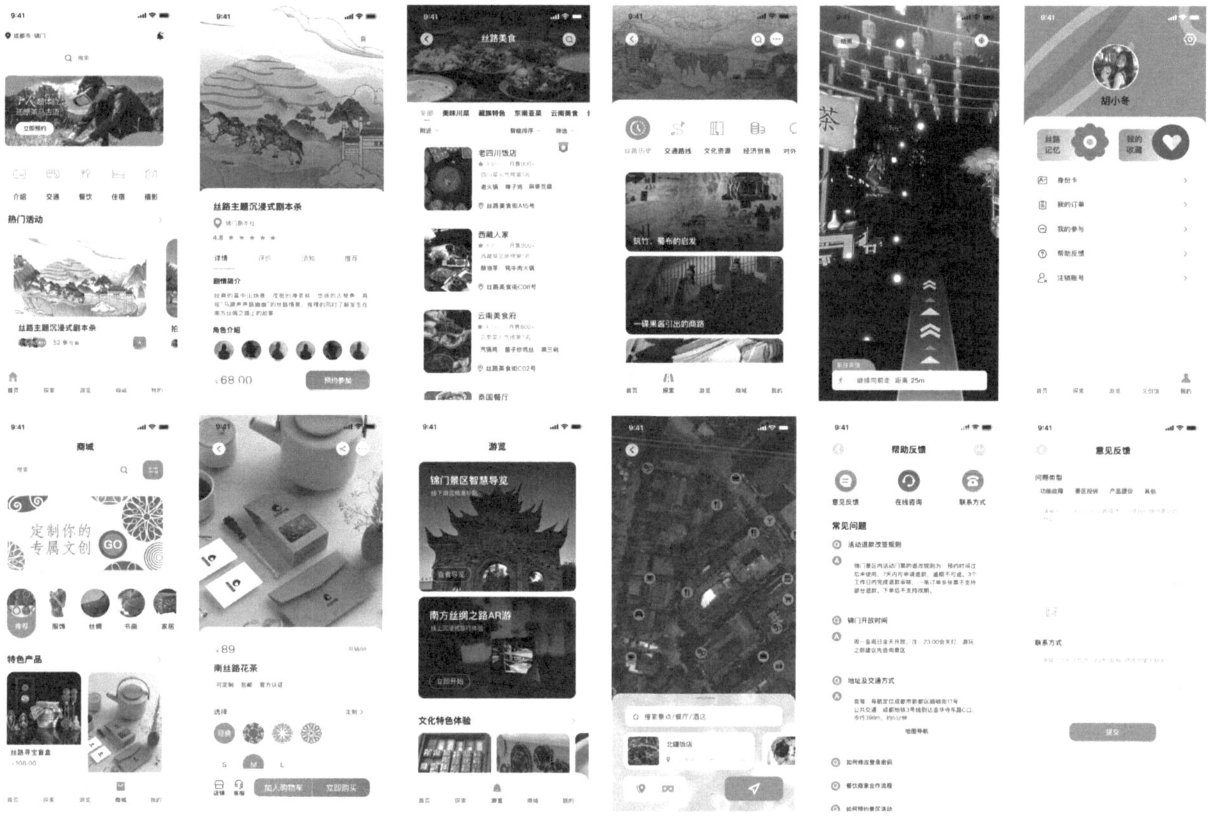

图 10　以成都为例的南丝路旅游微信小程序界面

4.3 打造南方丝绸之路品牌，助力产业生态循环

根据当地文化创建特色品牌，打造南方丝绸之路产业链模式，完善南方丝绸之路旅游产业循环。以可持续的眼光开展设计，选取南方丝绸之路沿线文化元素，提炼旅游标识符号，在建筑、物品等形态固有的前提下进行形的提取，物化完善其造型、形式和功能，创造出大众喜闻乐见的产品。以南方丝绸之路中的成都旅游文化资源为例，将南方丝绸之路代表元素“马”“丝绸”和成都代表元素“太阳神鸟”进行提炼、变形、组合，使之符合现代审美趋势，形成易传播的成都南方丝绸之路文旅品牌 logo，如图 11 所示。以更完整的地域文化物化表征拓展受众群，加深游客对南方丝绸之路文化的印象，是一种进行文化宣传的有力手段。

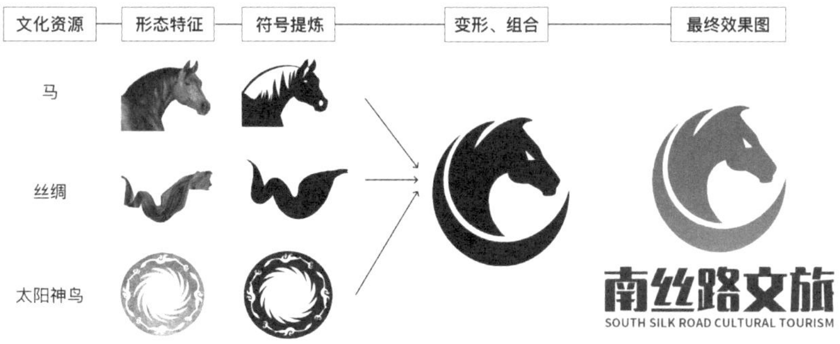

图 11　南方丝绸之路文旅品牌 logo 设计

把地域文化资源开发转化为品牌形象，并形成具有一定流量的产品，整个过程本质上是一种传播营销行为。借助新媒体信息技术，加强在社交媒体上的营销宣传，如在平台发布宣传信息，通过大数据为当地群众推送广告；结合年轻游客喜欢打卡的特点，开展租赁丝质旗袍及随行摄影活动，促使其在社交平台分享，扩大影响范围；结合真实事件打造系列南方丝绸之路影视短片，增强群众对南方丝绸之路文化印象。在线上树立文化品牌时，将线下群众纳入丝路文化中，组织南方丝绸之路主题讲座、故事会、快闪等活动，在生活场景中以亲切的方式让用户体会文化魅力，进而增强景区聚集效应，实现更多经济效益转化。

5 结论

通过服务设计方法整合南方丝绸之路沿线地域文化元素，塑造南方丝绸之路旅游的叙事氛围空间，提供差异化服务项目体验，打造品牌文化和传播旅游形象，不仅能为南方丝绸之路当前的服务模式提供灵感创新，还能助力南方丝绸之路文化旅游产业可持续发展，进而促进南方丝绸之路地域文化保护与传承。

参考文献

[1] 王立森 . 地域文化符号在现代产品设计中的应用 [J]. 工业设计，2017（2）：69-71.

[2] 秦旭萍 . 地域文化符号视觉设计方法研究 [J]. 设计，2021，34（15）：55-57.

[3] 韦婧雯，刘健，鞠紫薇 . 地域文化的视觉表达研究 [J]. 设计艺术研究，2022，12（1）：42-45，50.

[4] 吴建国 . 以世界文化遗产的视角看南方丝绸之路：兼谈南方丝路申报世界文化线路遗产问题 [J]. 中华文化论坛，2008（S2）：159-164.

[5] 段渝，刘弘 . 论三星堆与南方丝绸之路青铜文化的关系 [J]. 学术探索，2011，138（4）：114-119.

[6] 刘兴全，杨俊坤 . 茶马古道特色文创产品的设计研究 [J]. 包装工程，2022，43（18）：425-433.

[7] 胡飞，李顽强 . 定义“服务设计”[J]. 包装工程，2019，40（10）：37-51.

[8] 张路，徐静，王怡 . 文旅融合下主题图书馆服务系统设计研究 [J]. 艺术与设计（理论），2023，2（3）：30-33.

[9] 赵沃林，薛拥军 . 地域文化视角下粤剧文创产品的创新设计转译 [J]. 包装工程，2023，44（10）：332-339.

技术美与艺术美的融合演绎
——数字特效影像技艺结合研究

赵倩

（南京传媒学院 美术与设计学院，南京 江苏 211172）

摘要：在影像作品的数字特效表达词汇中，技术和艺术是不可分割的互补关系，为促进艺术与技术的深度融合，以数字特效影像为研究对象，进行跨学科理论整合，并通过案例分析进行研究，探讨数字特效影像制作中技术与艺术的创新型结合的手段，充分利用艺术形式美法则来强化作品主题内涵、提升视觉美感、增强影像作品的观者体验和反作用推进数字特效技术的创新。

关键词：数字特效；技术；艺术；影像；形式美

1 数字特效影像中的技术内涵和优势

1.1 数字特效影像的技术内涵

数字特效影像的技术内涵主要体现在影像制作过程中所涉及的多个技术环节和先进的计算机技术。数字特效影像中的技术包含了计算机图形编辑技术、动画制作技术、计算机软件生成技术，这些计算机技术为数字特效的创造提供了无限的可能性。对影像进行数字化处理，即使用这一技术对摄影机实拍的画面或软件生成的画面进行加工处理，如修复、增强、变换等，以产生影片所需的新的图像效果。

在制作流程中，数字特效影像的技术活动包括故事板的设计、模型的建立、材质与灯光

作者简介：赵倩（1987—），女，山西晋城人，讲师，硕士，研究方向为产品设计、智能交互等，发表论文10余篇。

设定、各种特殊效果（如光晕、色彩校正、爆炸、火焰等）的生成，以及将模型、材质、灯光和特效等元素渲染成最终的图像。或将不同元素的图像分层合成，以达到复杂的视觉效果。还可对整体影片进行艺术风格和画面质量的调整，以确保特效与实拍场景的无缝融合。在关键技术的使用上，数字特效影像的制作用到了数字合成技术、运动跟踪技术和图像渲染技术。

1.2 数字特效影像的技术优势

其一，数字特效技术中包含丰富的视觉效果和明显的创新性，该技术能够清晰、逼真地展现出人们未曾见过或虚拟的画面，创造出真实与虚拟相结合的视觉效果，以对画面进行自由编辑和修改，实现各种复杂的视觉特效（如火焰、水流、爆炸等）。同时，数字特效技术还可以将不同元素进行融合，创造出独特的视觉效果，为创作者提供了无限的创意空间，满足了观众对于新奇、震撼的视觉体验需求。

其二，数字特效影像的制作流程具有灵活性和高效性，创作者可以在制作各环节中随时修改和调整特效方案，以达到最佳的视觉效果。同时，通过计算机技术和数字影像处理技术，可以快速生成高质量的特效画面，减少了传统制作方式中的手工绘制和模型制作等环节，还可以实现快速预览和修改，缩短了制作周期，提高了生产效率。

其三，数字特效技术应用十分广泛，不仅应用于电影、电视剧等影视作品，还广泛应用于游戏、广告、动画等多个领域。随着数字特效技术的不断发展和创新，其应用领域也在不断拓展和深化。

其四，数字特效影像制作的技术具有多样性，数字特效技术涵盖了数字影像处理、数字影像合成、数字影像生成等多种技术手法。这些技术手法可以单独或结合使用，为影视作品创作出丰富多彩的视觉效果。例如，通过数字影像处理技术可以对画面进行修复和增强，还可以通过数字影像合成技术将不同元素进行融合。另外，通过数字影像生成技术可以创造出逼真的虚拟场景和角色。

2 数字特效影像中的艺术形式美内涵

数字特效技术的应用十分广泛，如影视作品、游戏、广告、动画等多个领域，这些应用层面都是一些艺术形式，具有多种表现手法。视觉传达中艺术形式美的营造也是创作的主要重心之一，如在现代影视剧作品中，宏观场景、完美的视觉画面以及由动态画面构成的有节奏和韵律的视觉转换，都是吸引观众去欣赏影视剧和品味影视剧内容的关键所在。视觉传达方式不仅能够提高作品的观赏性和吸引力，同时也能够更好地传递作品的意图和主题。

2.1 数字特效影像中的对称与均衡

在数字特效中，对称与均衡是两个至关重要的概念，通过合理运用这两个原则，可以创造出既具有吸引力又富有表现力的视觉效果。对称是指图形或物体在某种变换下（如旋转、翻转等）保持不变的性质。在数字特效中，对称经常被用来创造具有秩序感、平衡感和美感的画面。在数字场景创建中，可使用对称构建出稳定且富有层次感的环境，如宫殿、庙宇、太空等环境场景，如图 1 所示。在角色设计中，对称可以赋予角色一种平衡和稳定的美感，如角色的身体结构、面部特征等。均衡是指视觉上的平衡感，它不一定要求元素在数量、大小或位置上完全相等，但需要在视觉上达到一种和谐、稳定的状态。在数字特效影像中，通过合理的布局和元素设计，可以实现画面的静态均衡，如利用色彩对比来突出画面主题；在动态场景中，通过元素的运动和变化来保持画面的动态均衡，如通过火焰、水流等动态元素来增强画面的动感和活力。

图 1　电影《太阳浩劫》特效中的对称表达

2.2 数字特效影像中的对比与调和

对比与调和是形式美法则中最为常见的视觉表现技巧。数字特效服务于艺术作品，其审美的搭建能够极大地影响观众的视觉体验和情感共鸣。色彩对比关系在数字特效影像中就可以促成强烈的视觉反差，从而突出画面中的重点元素或营造特定的氛围。例如，在动作场景中，可以使用冷色调（如蓝色、绿色）与暖色调（如红色、橙色）的对比（如图 2 所示），来增强紧张刺激的氛围；在浪漫场景中，则可以使用柔和的粉色、淡紫色等色彩与周围环境的对比，来营造浪漫甜蜜的氛围。在数字特效影像中，可以利用亮度对比来强调角色的动作、表情或特定场景中的重要元素。例如，在暗黑的背景中，突出一个明亮的角色或物体，可以迅速吸引观众的注意力。

图 2　动画电影《天外飞侠》特效中的色彩对比

调和和对比既矛盾又相互依存，对比强调了设计者的明显的设计意图，调和又理性考量了作品画面整体视觉的协调性。在数字特效影像的制作中，可以利用色彩调和来增强画面的整体美感和舒适度。例如，在自然景观的特效中，可以使用相近的色彩来模拟真实环境的光影和色彩变化；在人物角色的特效中，则可以使用柔和的色彩搭配来增强角色的立体感和真实感。总之，对比与调和在影视特效中发挥着重要作用。通过合理运用这两种技巧，可以创造出丰富多样的视觉效果和情感体验，为观众带来更加精彩纷呈的影视盛宴。

2.3 数字特效影像中的构图与比例关系

各类影像作品中数字特效可谓是画面的视觉重心，其构图与比例是两个关键的视觉表现元素，它们共同影响着特效画面的视觉效果和观众的感知。在特效画面中的构图比例上通常会参考“黄金比例 1 ∶ 1.618”“黄金九宫格”。例如，在特效场景中，将主要特效元素（如角色、物体）放置在画面的黄金分割点上，如“黄金九宫格”的交叉点关键位置，这样可以使画面更加平衡，特效张力可以达到最优化。在比例方面，数字特效影像应用的比例有 16 ∶ 9、2.35 ∶ 1 和自定义比例。16 ∶ 9 可以使画面更加自然、宽广，并适应多种显示设备。2.35 ∶ 1 主要用于大型电影制作和大片，它可以提供更广阔的画面，使场景更具有视觉冲击力和沉浸感，在好莱坞大片中，经常可以看到采用 2.35 ∶ 1 的画面比例。这种比例可以使画面更加宽广，让观众感受到更加震撼的视觉效果。在某些特殊的影片或广告中，可能会采用非标准的画面比例来营造独特的视觉效果或情感氛围。例如，一些艺术电影可能会采用更加接近正方形的画面比例来强调画面的对称性和平衡感。

2.4 数字特效影像中的节奏韵律

在影视特效影像中，视觉节奏韵律是通过画面元素的排列、变化和速度来引导观众感受的一种艺术形式。影视特效中的视觉节奏韵律是通过镜头长度、画面元素运动速度、景别变化以及灯光调度等多种元素共同作用来实现的。不同的节奏韵律可以营造出不同的氛围和情感效果，从而引导观众更深入地理解和感受影片的主题和情感。其一，通过镜头长度的变化，在动作片或紧张刺激的场景中，常使用短镜头（如 2 ～ 5 秒）的快速切换来营造快节奏韵律。这种节奏能迅速吸引观众的注意力，增加紧张感；在需要表达深沉情感或宁静氛围的场景中，使用长镜头（如 10 秒以上）稳定展示，如两人对话的特写镜头，通过运用长镜头展现角色的情感变化，以营造慢节奏韵律。其二，通过画面元素的运动速度体现节奏韵律，如快速运动和缓慢运动，通过增加画面元素的运动速度（如车辆、人物奔跑等），可以形成快速、动感的视觉节奏。在需要表达浪漫、悲伤、沉思的场景中，画面元素的缓慢运动（如落叶飘落、雪花纷飞等）可以营造出宁静、缓慢的视觉节奏。其三，可通过大、小景别的变化形成营造宽广、悠远的视觉节奏（如远景、全景）或小景别（如近景、特写）突出细节，营造紧凑、强烈的视觉节奏。其四，灯光的调度也是体现节奏韵律变化的有效手段，通过灯光亮暗的急剧变化来制造动感与激情，形成快速的视觉节奏。在需要表达温馨、浪漫或宁静氛围的场景中，灯光的稳定与柔和可以营造缓慢、舒适的视觉节奏。

3 数字特效影像制作技术与艺术的结合表现

在影视作品中，数字特效的形式美表达体现在技术与艺术的融合、构图与布局的精巧、色彩与光影的运用、动态与静态的协调以及创新性的表达等多个方面。这些元素共同构成了数字特效在影视作品中的美学价值，为观众带来了丰富多样的视觉体验。

3.1 真实的模拟与虚幻的搭建

数字特效影像作为一种技术手段，其美学价值的实现离不开与艺术的深度融合。在影视作品中，数字特效不仅用于模拟真实世界的物理现象（如爆炸、火焰等），更通过创新的方式创造独特的虚拟世界（如奇幻森林、未来城市等）。这种技术与艺术的结合，使得数字特效在提升影视作品视觉效果的同时，也丰富了其艺术表现力，如图 3 所示。

图 3　电影《钢铁侠》中的虚实结合

3.2 精巧的画面构图与布局

在影视作品中，数字特效的构图与布局对于形式美的表达至关重要。通过合理的构图和布局，数字特效能够突出主题、强化故事节奏，并引导观众的情绪。例如，在科幻电影中，数字特效可以创造出宏大的宇宙场景，通过宽广的视野和深邃的空间感，使观众感受到宇宙的浩瀚和神秘，如图 4 所示。

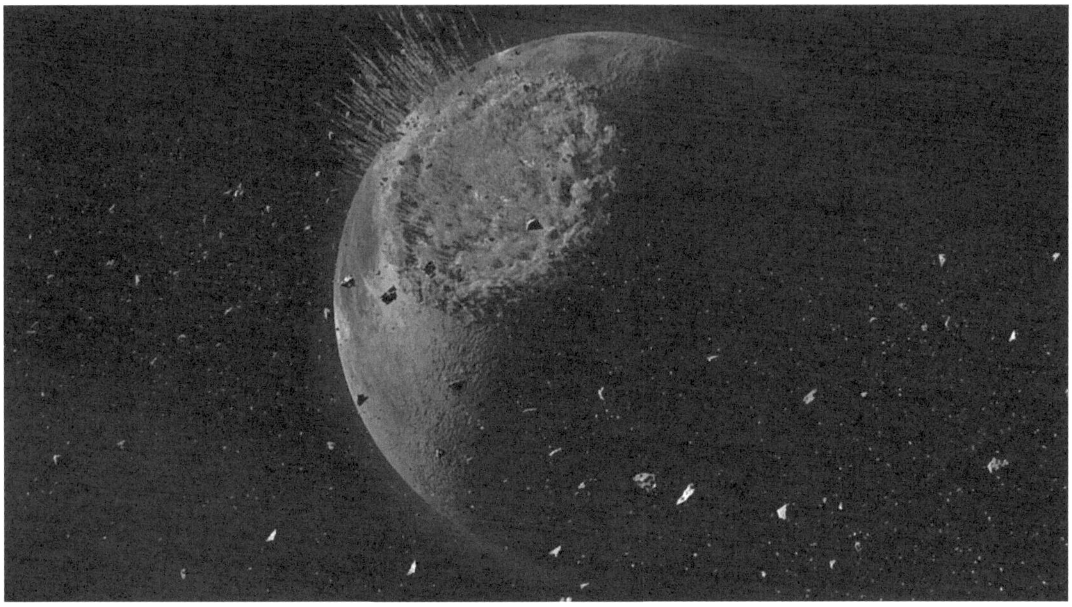

图 4　电影《流浪地球 2》特效画面构图

3.3 色彩与光影的运用

色彩和光影是影视作品中数字特效形式美表达的重要元素。通过精确控制光线、阴影、反射、折射等，数字特效能够营造出独特的氛围和情感。同时，色彩的运用也能够强化场景的真实感或创造超现实的光影氛围，如魔法光束、能量场等，为观众带来震撼的视觉效果。

3.4 动态与静态的协调

在影视作品中，数字特效的动态与静态元素的协调运用也是形式美表达的关键。通过模拟复杂的物理现象或创造独特的虚拟世界，数字特效能够呈现出动态的画面效果，如爆炸、水流等。同时，在需要营造静态氛围的场景中，数字特效也能够通过精细的渲染和特效合成，使画面呈现出宁静、悠远的氛围。

3.5 创新性表达

数字特效在影视作品中的形式美表达还体现在其创新性上。特效艺术家们通过不断地探索和实践，创造出许多前所未有的视觉效果和表达方式。例如，在角色动画方面，数字特效可以创建和动画化各种生物角色，如虚构的怪兽、外星生物等；在环境与场景方面，数字特效可以设计和渲染出宏大或微观的虚拟场景，为观众带来沉浸式的观影体验。

4 数字特效影像技术与艺术创新的趋势和方向

数字特效技术正引领着艺术创新的新趋势。随着技术的不断进步和应用场景的拓展，数字特效技术将在艺术领域发挥更加重要的作用，为观众带来更加丰富多彩的艺术体验。随着计算机技术的不断发展和进步，数字特效影像的技术也在不断进步。未来，我们可以期待更加逼真的虚拟世界、更加复杂的特效场景和更加高效的制作流程。其一，数字特效技术的艺术呈现上趋向于多领域交叉融合，数字特效技术正在与虚拟现实（VR）、增强现实（AR）等技术的结合，为观众带来了更加沉浸式的体验，而与人工智能（AI）的结合，则提高了特效制作的效率和质量。其二，随着人工智能和机器学习等技术的应用，数字特效影像的制作将更加智能化和自动化。其三，通过技术创新融合，数字特效技术将不断突破传统限制，为艺术创新提供更多可能性。其四，数字特效影像作品会发生创作模式的变革，如个性化定制的需求，数字特效技术使得艺术创作更加个性化和定制化。艺术家可以根据客户需求和自身创意进行灵活创作，从而满足不同受众的需求和喜好，艺术创作模式趋向与协同创作，艺术家可以跨越地域和领域进行合作和交流，共同创作出更加优秀的作品。

5 结论

在影视特效的制作探索过程中，艺术和技术不可分割。技术赋能艺术，科技手段为艺术创作提供了更加丰富的表现形式和创作灵感。艺术家可以利用特效技术创造出超越现实的艺术作品，从而拓展艺术的表现空间和边界。艺术反哺科技，艺术也为科技发展提供了源源不断的灵感和动力。艺术作品中的创意和想象力可以激发科技工作者的创新思维和技术突破。在技术作品中去实现艺术的视觉表现力，需要切实从视觉设计的形式美法则去反推作品特效的搭建逻辑和画面构成，以强化作品主题内涵、提升视觉美感、增强观者体验。

参考文献

[1] 胡蓉．世界影视特效经典 [M]．北京：中国传媒大学出版社，2012．
[2] 张东歌．数字时代的电影艺术 [M]．北京：中国广播电视出版社，2003．
[3] 彭吉象．影视美学 [M]．北京：北京大学出版社，2014．
[4] 陈育德 . 影视艺术与审美教育 [J]. 安徽师范大学学报（哲学社会科学版），1990（2）：172-179.
[5] 朱立元．艺术美学词典 [M]．上海：上海辞书出版社，2012．
[6] 肖庆 . 数字技术影响下的电影审美新特质 [J]. 电影文学，2013（3）：4-6.
[7] 王黎明 . 数字影像特效的视觉审美意义 [D]. 北京：中央美术学院，2008
[8] 杨成寅 . 艺术美学 [M]. 上海：学林出版社，2008.

地域文化符号提炼与创新

——以重庆“巴渝怀良”餐饮品牌设计为例

王晓琴，牛昱雯

（西华大学 艺术学院，四川 成都 610039）

摘要：本研究以重庆本土餐饮品牌“巴渝怀良”为例，以项目调研、实际案例设计、落地等过程展示，分析其现有品牌设计现状和存在的问题，探讨如何提炼出既具有地域文化特色又呈现当代文化意义的视觉符号。通过对项目的调研和实际设计案例的分析，本研究提出了相应的改进策略。研究重点在于挖掘重庆地区独特的文化元素，并将其转化为富有当代文化意义的视觉符号，增强品牌的文化内涵和市场竞争力。通过实践应用，本文展示了品牌形象设计中地域文化元素提炼与创新在餐饮企业中的积极作用和意义。

关键词：地域文化；视觉符号；餐饮品牌设计；提炼；创新

品牌形象设计是基于正确的品牌定义的符号传播，包括四个过程：品牌解读和定义、品

基金项目：2023 年绵阳市人文社会科学重点研究基地四川民族手工艺研究中心资助项目（项目编号：SMS23-06）；2023 年绵阳市人文社会科学重点研究基地川西北乡村人居环境建设工程研究中心资助项目（项目编号：RHS2022-5）；2022 年四川省教育厅人文社会科学重点研究基地四川省农业特色品牌开发与传播研究中心资助项目（项目编号：2212）；2020 年四川省教育厅人文社会科学重点研究基地四川性社会学与性教育研究中心资助项目（项目编号：SXJYB2001）；西华大学本科生教育教学改革项目（项目编号：XHJG2019064）；教育部产学合作协同育人项目（项目编号：RC200000824）。

第一作者简介：王晓琴（1980—），女，四川成都人，教授，硕士研究生导师，研究方向为地域文化与创意设计。在《文艺研究》《装饰》《包装工程》《中国出版》等期刊发表论文 10 余篇。

通信作者简介：牛昱雯（2000—），女，湖北襄阳人，研究生在读，研究方向为地域文化与创意设计。

牌符号化、品牌符号导入、品牌符号传播的系统管理及适应调整[1]。目前，中国餐饮品牌设计出现了品牌模式化、同质化严重、缺乏文化意识、盲目跟风以及忽视地域特色等问题。因此，如何面对市场多元化的发展以及寻找品牌文化中最具代表性的符号以提高自身品牌的辨识度是亟待解决的问题。在当前全球化竞争的环境下，企业的品牌形象越来越需要考虑地域文化的影响。在餐饮品牌设计中要想呈现出地域文化特色，“视觉符号”的提炼与创新离不开地域文化。“地域文化是以地域为基础，以历史为主线，以景物为载体，以现实为表象，在社会进程中发挥作用的人文精神活动的总称。”把握餐饮品牌形象设计的切入点，深度挖掘地方文化来提取文化符号，将地域文化特征、人文情怀作为重点元素呈现在设计方案中，既有利于体现品牌特色、构建出具有当地文化内涵的餐饮文化品牌，也有利于表达和推广当地传统文化。本研究以“巴渝怀良”餐饮品牌形象设计为例，探讨“巴渝怀良”餐饮品牌是如何提炼出具有重庆地域文化特色的视觉符号，并提出了创新的品牌设计策略和方案，以期能为品牌设计师们提供一些启示和指导，使其能够在多元化的竞争中创造出更具创新性和影响力的餐饮品牌形象。

1 “巴渝怀良”餐饮品牌形象设计项目介绍

“巴渝怀良”餐饮品牌由位于重庆著名历史文化街区十八梯的餐饮企业打造，它以“寻味巴渝传统小吃，发现中华饮食精华”为导向，主打各种特色小吃，在本土受众人群大，拥有较高的人气。受重庆古老的习俗和特殊的地理环境的影响，火锅备受重庆人的青睐，“巴渝怀良”结合重庆人的火锅情结衍生出同品牌旗下的全国首家中式糕点火锅——“怀良火锅”，以期把重庆餐饮文化的“地域文化风味”体现到极致。该项目是品牌设计课程产教融合与企业合作、共花费大半年周期完成的一个真实落地项目，旨在提升企业的品牌形象。在开发品牌形象的过程中，本研究深入探讨了重庆独特的本土文化特色，提炼和创新重庆本土文化视觉符号，并在此基础上探索品牌形象的设计方法。

重庆本土餐饮行业的火锅基数很大且竞争激烈，如何在餐饮品牌发展方式多样化背景下寻找到属于“巴渝怀良”品牌中式糕点火锅——“怀良火锅”的精准定位以及如何将原有的品牌形象加以提升，将品牌方的地域文化提炼出来，这成为中式糕点火锅——“怀良火锅”品牌突破自我束缚，展现重庆本土餐饮品牌文化特色与创新的关键[2]。经由项目调查并深入研究发现“巴渝怀良”餐饮品牌形象存在以下问题：在“巴渝怀良”最初的品牌视觉形象中，各种视觉元素（如标志、颜色、字体等）呈现不一致，缺乏统一性，导致品牌形象混乱，难以被识别和记住。过多的设计元素和复杂的排版使得品牌形象难以理解和记忆，缺乏简洁性和清晰性，影响了传达品牌核心信息的能力。巴渝文化历史悠久，是嘉陵江上游地域最古老的多民族文化之一，其中有很多典型的川东地域文化视觉符号，但是“巴渝怀良”品牌形象设计缺少了对巴渝文化的开发和利用。因此，在其餐饮设计中需要融入人文内涵和地域文化。只有具有个性化、地域性、新颖独特的视觉形象设计才会具有更强的市场竞争力。

本次项目改造的重点首先应当是在保护原有“巴渝怀良”餐饮品牌核心文化的基础上，通过对地域文化的理解，梳理构建文化谱系，从内容、造型、色彩、材质、风格等方面进行视觉诠释，进而提炼出该地域具有标志性意义的视觉符号，把特定重庆地域文化韵味发挥出来，将其运用在“巴渝怀良”品牌设计上，反馈给受众。

2 重庆地域文化视觉符号提炼

地域文化是在特定地理环境中的独特文化，它与当地环境融为一体并被打上地域的烙印。它不仅是在特定地区内多元文化积淀形成的象征，还能够反映特定地区的环境、习俗、传统和其他文明表现形式[3]。重庆地处中国内陆之西南，位于长江上游地区，是联络吴越文化、巴蜀文化以及滇黔文化的重要之地，是著名的历史文化名城。巴渝历史悠久、文化厚重，其敢于担当、顽强坚韧的文化精神，生于大山大水之中乐山乐水的自然品格，以及尊重山水形势——逢山开路、遇水架桥的胸怀性情，共同形成了山水重庆的文化大格局。重庆磁器口、铜梁龙舞、十八梯、吊脚楼等典型川东地域文化符号曾多次出现在各类摄影纪实作品、杂志图片和各类电视节目中，体现出巴渝文化的鲜明特色。因此，在“巴渝怀良”餐饮形象设计策划过程中，本研究通过系统的前期资料搜集和详细的市场调研，科学地梳理出重庆地域文化谱系，并基于此挖掘和提炼出具有重庆特色的视觉符号。

2.1 巴渝传统民间图案提取

中国传统民间图案是土壤，具有深刻的审美价值和文化价值，任何设计都能够从中吸收养分。传统图案的基本美学观念是平面设计师进行图案设计时的审美艺术法则之一，即使有时是旧调重弹，但它在当代设计师的艺术创作思维中一直占有重要地位，如果能从当代的角度进一步挖掘传统图案，那么无疑可以获得一些别具一格的艺术效果[4]。因此，本研究以合理融合传统文化和现代审美为出发点，系统地对巴渝传统图案进行分类和提炼，如表 1 所示。在此过程中综合考察和分析了巴渝传统图案的文化背景与历史、民族符号的寓意、店铺的整体风格和目标客户的审美趣味。其元素主要来源为巴渝图腾、西兰卡普、汉代画像砖中具有象征意义或美感的图案。巴渝图腾代表着巴渝地区悠久的文化传统和历史，如西兰卡普在织锦工艺中占据重要地位，其图案朴素而生动，写实与抽象结合，极富生活气息，汉代画像砖也是一种重要的艺术体裁，通过形象生动的雕刻，记录和传达了汉代的社会生活、风俗习惯以及人们的精神世界。巴渝传统民间图案大多造型简练，题材与生活密切关联，表现形式也都生动形象。这些民间图案不仅具有审美功能，还具有独特性和区分度，它们承载着巴渝传统的审美特征、审美情趣和生存哲学，能为品牌带来个性化和独特的品牌形象价值。

表 1　巴渝传统图案符号提炼

	巴渝传统图案		
巴渝图腾	 虎纹	 鸟纹	 鹿纹
西兰卡普	 动物纹	 几何纹	
汉代画像砖	 植物纹	 宝相纹	 云纹
	 火焰纹	 几何纹	

巴人崇虎，常以白虎为民族图腾并与祖先崇拜结合在一起。在中国的传统文化中，人们对于神鸟崇拜有加，认为神鸟是祥瑞的象征。鹿是古代人民心目中的一种瑞兽，《宋书·符瑞志》载：“鹿为纯善禄兽，王者孝则白鹿见，王者明，惠及下，亦见。”汉族人民借鹿与禄之谐音，以象征福禄常在，官运亨通，充分表达了人们向往美好、吉祥之意趣。宝相纹、云纹等传统图案在一定程度上寄托着古人对于美好愿景的写照，也承载着人们对来世富贵美好的憧憬。这些图案通常都有自己的文化故事和象征意义，将这些富有美好寓意和文化内涵的图案融入餐饮店设计中可以让人们更深入地了解巴渝地区的文化。在“巴渝怀良”餐饮形象设计中，通过对传统元素的分析和合理运用，其内部的窗棂呈现出精美的巴渝传统图案。在地面的铺装上运用雕刻有鹿纹、几何纹的瓷砖木纹砖、石材砖等多种材料，以丰富地面的纹理层次，通过组合排列创造出不同的视觉效果。这种传统图案的巧妙运用不仅有利于观赏，还营造出一种幽雅自然、清新淡雅的氛围。

2.2 重庆地域人文景观元素提取

人文景观是在自然景观上叠加了文化特质组成的景观，它满足人们日常生活的物质和精神需求，具有历史性的特点。通过提取自然环境的色彩和当地人文景观的历史和文化色彩，可以表达城市的传统和文化血统、挖掘地方知识和传统智慧。

“巴渝怀良”糕点火锅项目坐落于重庆十八梯，作为衔接重庆上半城与下半城的纽带，重庆十八梯是重要的文化传承和延续地。在这片土地长期生活的人们积累了自己独特的生活方式和文化，他们在处理地形、感悟周围环境和运用传统图案上，展示出独特的地域文化风采[5]。因此重庆十八梯的建筑色彩、节庆祭祀活动的色彩、传统工艺美术品的色彩都有区别于其他古镇的地方，具有强烈地域性，如图 1 所示。同时，重庆十八梯采用的是依山傍水的空间布局，根据不同的功能分区呈现出不同的色彩体系，合理结合自然景观原色和人文色彩，整体上注重十八梯色彩的连续性和动态性，构成符合重庆气质的独具特色的色彩景观体系，而将这些色彩体系融入餐饮形象设计，能够很好地再现其地域文化风貌和精神文明。“巴渝怀良”糕点火锅餐饮品牌形象设计提取了十八梯的色彩元素，黄色代表中正之道；红色象征成就福德；橙色寓意智慧圆满。从外形来看，“巴渝怀良”餐饮店以黄为基本色调，局部细节以棕色木条点缀并降低整体的饱和度，用色轻快优雅而不失和谐，同时适应十八梯的地理色彩体系。从室内空间造型来看，整体以红、棕为基本色调，并辅助一些黄色和白色元素，如图 2 所示。此外以重庆市市花为代表性元素，进行元素的变形提取，同时设计排布，完成了有代表性的“巴渝怀良”主体花纹设计，如图 3 所示。

图 1　重庆十八梯

图 2　“巴渝怀良”餐饮空间色彩设计

图 3　“巴渝怀良”花纹设计

解放碑、洪崖洞、重庆大剧院、吊脚楼和十八梯等，这些重庆的代表性人文景观都有着自己的建筑风格和地域特色。位于渝中区解放碑中心的国泰艺术中心，采用了中国传统民间风格，保留了旧剧院的元素，体现出巴渝文化内涵。洪崖洞的建筑是一个独特的“空中立体商业步行街”，由带吊脚的塔楼、传统巴渝建筑和民俗古街组成，其特点是使用了山地建筑，包括多层平台、吊脚、阶梯状街区和悬崖等。重庆有“城在山中，山在城中，城在水中伫，水在城中流”之说，重庆坐山拥水，两江之上众多的桥梁凌波而起，多姿多彩的长江大桥成为重庆的独特景观，在“巴渝怀良”餐饮品牌形象设计中采取了长江大桥建筑图案作为其品牌的设计元素，如图 4 所示，并对其进行建筑图案元素提取。

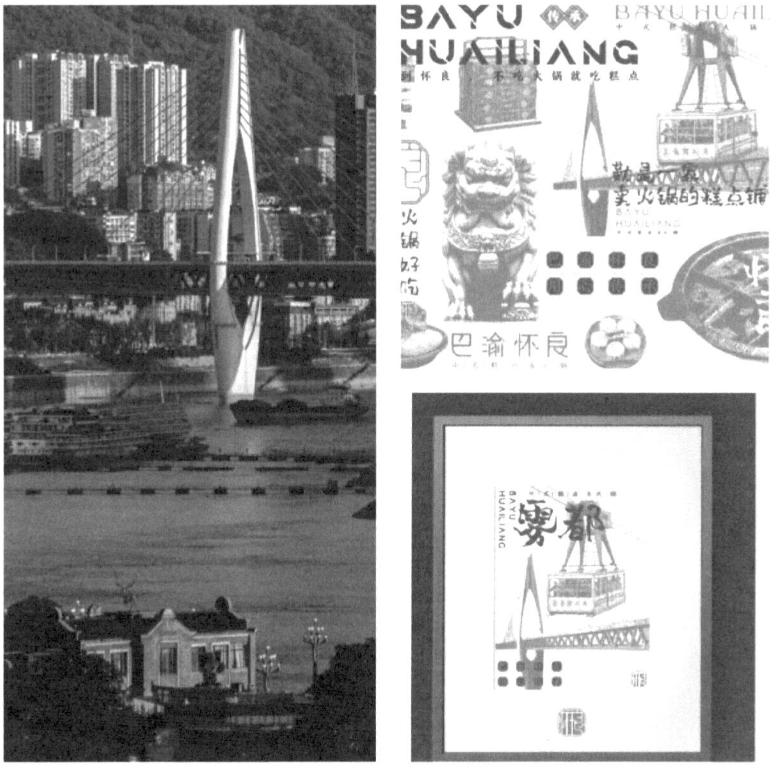

图 4　重庆建筑元素的提取应用

2.3 重庆地域生活符号元素提取

重庆以其多山而闻名，湿润的气候和陡峭的山路是重庆最大的特点，因此轻轨遍及重庆市内。地理特征也潜移默化地影响了重庆人的生活方式，为了达到去除体内湿气的目的，重庆人形成了爱吃辣的习惯。重庆是著名的美食胜地，麻辣鲜香的火锅串串、江湖菜肴、重庆小面都是重庆的著名特色，从五湖四海来到重庆的人们都能被重庆的地域特色所感染。山城的景色也是重庆的著名特色。站在南山上，乘坐缆车登上长江，可以欣赏到炫目的夜景，欣赏到两江风光。这些生活符号为地域文化提取提供了重要的素材。在“巴渝怀良”品牌形象周边设计，如明信片、信封、食品包装设计中再现了这些生活符号元素，如图 5 所示。重庆“十大文化符号”之首——火锅，以及重庆市梁平区非物质文化遗产之一竹编藤椅、渝中区传统风貌区十八梯、特色小吃红糖糍粑、北碚区澄江镇云雾山的石狮、重庆居民挑担行走的画面，这些元素来源于重庆地域鲜活的生活场景，这些视觉符号巧妙地融合在同一平面上，生动地展示了重庆浓郁的地域特色，如表 2 所示。

图 5 “巴渝怀良”明信片及信封设计

表 2 重庆生活符号元素提取

设计元素提取		
重庆生活符号	 →   →   → 	
设计元素应用		

2.4 重庆地域精神符号元素提取

重庆不仅是历史文化名城，更是著名的“红岩精神”起源地。提到重庆的人文精神，便能联想到自强不息、开拓开放、敢于奋斗，这种精神内核一直流传于重庆人民的血脉之中。重庆人民生活中的精神元素是重庆地域文化符号中不可或缺的组成部分，体现了其独特的社会心理和文化特征。如重庆非物质文化遗产——民间音乐“川江号子”，它生动展现了川江船工们和纤夫们与险滩恶水搏斗时的场景，充分地体现了重庆人民不怕艰难险阻、勇于拼搏、吃苦耐劳的精神。本文从巴渝精神内核中剥离出重庆人经世致用、吃苦耐劳等精神性格，这些精神在整体精神内涵上一般都是有一种坚硬和有力的感觉，在展示空间的结构形式处理上，“巴渝怀良”餐饮空间内几处采用了锐角、斜线等许多不规则结构的展示空间形态以制造出一种力量感。厅内地面材料选择灰色光洁的抛光地砖和充满力量感的板岩，形成一种自然的张力和规律。

3 “巴渝怀良”品牌形象的重庆地域符号应用

品牌形象可以在第一时间通过它自身鲜明的视觉形象向消费者传递文化信息，它通过图形、文字、色彩和空间等视觉化的形式语言进行传达和表述，各要素相辅相成。餐饮形象在现代社会是企业品牌与消费者沟通的桥梁。“巴渝怀良”的品牌形象设计在品牌信息的构建过程中围绕着以下内容展开。

3.1 匠心独运的品牌标志与图形语言

“巴渝怀良”糕点火锅是同企业下的全国首家中式糕点火锅，以重庆特色糕点为品牌形象定位的切入点，风格鲜明，其品牌形象标志具有识别性。

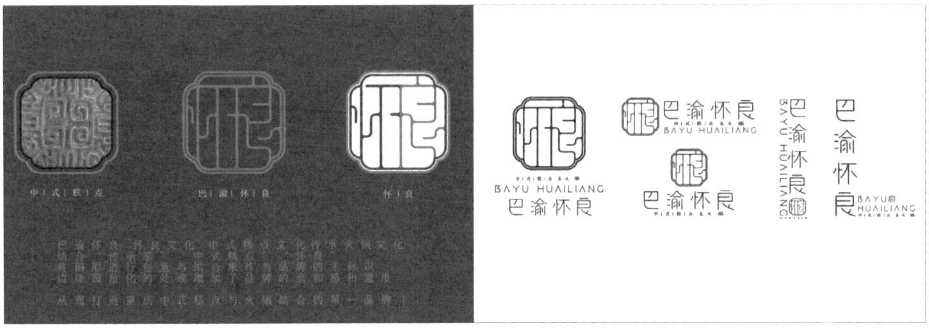

图 6 “巴渝怀良”标志设计

“怀良”二字是“巴渝怀良”火锅视觉识别设计的核心元素，以此为核心进行视觉识别扩展设计，并以中式糕点为主体造型，将“怀”右边的点与“良”的竖钩融为一体，使用的四方结构给人一种有序感，凸显重庆特有的人文精神和风俗民情，使品牌标志具有调性，如图 6 所示。“巴渝怀良”火锅的品牌标志设计还体现于餐饮空间的椅子、柜台中，贯穿了餐饮空间内部的视觉环境，如图 7 所示，具有设计功能性和艺术审美性。其有效覆盖平面、立体、空间多维设计表现领域，从平面拓展到环境的设计表现层次上，最终形成完整统一的品牌形象视觉符号。

图 7 “巴渝怀良”品牌标志应用

3.2 宣扬地域特色的包装设计与文字语言

品牌包装是产品和消费者之间的桥梁，它是推广品牌形象的重要手段之一。品牌包装设计应从本能、行为和反思的层面出发，并将功能性和装饰性结合起来。“巴渝怀良”包装图案设计将文字、插图、版式三者合一，还巧妙地将巴渝文化独有的视觉符号进行融合和呈现。它找到了重庆独特的地方文化表达与大众审美之间的契合点，提取一些重庆当地独特的民俗风情、建筑景观、小吃，将重庆九宫格火锅、十八梯、嘉陵江长江大桥、石狮等作为“巴渝怀良”的视觉符号融合在一张招贴设计上，实现二者的有机融合。其中文字与图形的版式错落有致，以图形为主要的招贴，辅以少量的文字信息，如在图形视觉元素上增加文字“雾都”“到怀良，不吃火锅就吃糕点”“火锅好吃，糕点更好吃”，以及重庆话“勒是一家卖火锅的糕点铺”等文字信息，组成丰富的视觉形象层次，如图 8 所示。重复出现的地域视觉符号在包装设计中被反复强调，能起到宣传重庆城市文化的作用，增强文化认同感。这些文字编排还可以对“巴渝怀良”品牌进行介绍和宣传，充分发挥了包装对品牌形象宣传推广的作用。

图 8 “巴渝怀良”品牌招贴设计

3.3 传达品牌调性的系列化色彩语言

在品牌形象设计中，色彩是重要的构成元素和表现手段，能够激发购买者的各种情感和联想，某些特定的颜色就是其地域文化的表现。在中国古代民间文化中，五种颜色——红、白、黑、黄、青主导了中国近三千年的美学，形成了一个完整的色彩美学体系。人们从自然界中提炼出这五种颜色，并发现这五种颜色与早期人类的生活实践有密切联系，在中国古代被认为是五种“正色”，并被赋予吉祥如意的含义[6]。在品牌形象设计中，“巴渝怀良”品牌周边设计通过系统的色彩分析和应用，利用地域色彩的传达能力，增强品牌的文化辨识度和吸引力。它在白色背景上以红色进行形状、文字、图案的绘制或排列，实现鲜明的对比效果。“巴渝怀良”衍生的品牌周边，如包装、信封、明信片的配色皆以红色为基本色调，如图 9 所示，既具有醒目的展示效果又具有吉祥的寓意。

图 9 “巴渝怀良”品牌周边设计

3.4 以“宜”为核心的空间展示语言

自明清时期以来，“宜”一直是室内设计的核心概念和价值标准。国内专家对其的解释是：“宜可以分为三类，一是因地制宜；二是宜简不宜繁；三是宜自然不宜雕琢。”[7]“巴渝怀良”餐饮空间展示设计是基于高度的理性创作，合理利用重庆十八梯景观资源，有效融合民俗风情创建的餐饮空间。它顺应重庆十八梯传统街巷的格局，以老重庆建筑风貌和市井生活为特色，将自然美和人工美达到统一，遵循“宜设而宜，精在体宜”原则。

由于展示空间氛围营造要满足观者的精神需求，地域文化符号的应用价值不可或缺。地域文化符号应用于展示空间氛围营造中，主要具备促进整体统一性、提高参与体验性和激发情感认同的三种功能特征。本文从巴渝精神内核中剥离出重庆人经世致用、吃苦耐劳等精神品格，这些精神给人一种坚硬和有力的感觉，所以在展示空间的结构形式处理上，“怀良火锅”餐饮空间采用了锐角、斜线等许多不规则结构的展示空间形态，使用了红木、大理石、玻璃等材料塑造了一种硬朗的视觉效果，加上黄色作为照明光源系统，整个空间就呈现了出刚毅、坚强的力度感。

“巴渝怀良”餐饮品牌的空间设计上实现了多元跨界融合，打破原有设计的框架，产生出新的设计语言，在形式上将工艺、材料、色彩等进行融合。“巴渝怀良”展示设计由空间设计和视觉传达设计共同组成。从“巴渝怀良”餐饮店的透明楼梯上去的一席角落，将重庆的特色文化“十八梯”“吉祥石狮”“棒棒军”等传统符号拼接呈现，如图 10 所示。餐饮店前面的展示台陈列架子鼓等现代元素，在顾客就餐过程中创造一些互动体验，如传统的重庆游戏或民间表演，让顾客能体验到当地文化的魅力，感受到与众不同的巴渝文化，并促使顾客亲切互动，传递出浓厚的文化和娱乐氛围。

图 10 “巴渝怀良”餐饮空间展示台设计

经过完整的品牌形象设计升级，“巴渝怀良”品牌形象设计已经从同质化、大众化提升为既具有文化内涵又符合时代审美的呈现，其优势表现为营造良好的重庆故事氛围并保持展示的多样化，不同的展示信息灵活适应于各种载体。

4 结语

本研究以重庆本土餐饮品牌为案例，探讨了地域文化视觉符号在品牌形象设计中的重要性，提出了创新地运用地域文化视觉符号的策略。本土餐饮品牌设计需要深入了解当地文化和视觉符号，以便打造本土品牌的独特性。同时，本研究提出了地域文化创新的品牌设计策略和实际操作，旨在为品牌设计师们提供一些启示和指导，以期能够在全球化的竞争中创造出更具创新性和影响力的本土餐饮品牌形象。综上所述，地域文化视觉符号的提炼与创新为本土餐饮品牌形象升级和打破同质化的壁垒起到了重要作用，通过深入了解当地文化和消费群体需求，结合创新的策略，可以打造独具特色的本土品牌形象，从而提高本土品牌的竞争力和市场占有率，实现本土品牌的商业价值。希望通过在本土餐饮品牌设计中导入具有代表性的地域文化视觉符号来提炼、融合、创新，从而体现出一个城市所特有的地域文化魅力。

参考文献

[1] 席涛 . 品牌形象设计概论 [M].2 版 . 北京：清华大学出版社，2021.
[2] 杨静，罗哲辉 . 地域文化视觉符号的提炼与呈现：以“佛山手信 - 汉唐饼”包装设计为例 [J]. 装饰，2012（11）：123-124.
[3] 符睿 . 地域文化元素在艺术设计中的应用与创新探讨 [J]. 美术教育研究，2022（24）：92-94.
[4] 赵希岗 . 现代图形设计与传统图案 [J]. 装饰，2004（4）：71-72.
[5] 许亮 . 巴渝传统民居建筑与装饰特征探微 [J]. 装饰，2004（11）：88.
[6] 陈绘 . 民俗艺术符号与当代广告设计 [M]. 南京：东南大学出版社，2009.
[7] 李砚祖 . 环境艺术设计的新视界 [M]. 北京：中国人民大学出版社，2002.

南京长江大桥江域景观的多视角数字设计研究

杨玮亚

（南京传媒学院 动画与数字艺术学院，江苏 南京 211100）

摘要：随着数字媒体、虚拟现实等技术的发展，数字设计已成为连接现实与虚拟、过去与未来的桥梁。南京长江大桥是中国乃至世界桥梁史上的标志性建筑，考虑其江域景观的复杂性与多样性，在数字设计中采用多视角策略，通过多媒体、虚拟现实手段创建南京长江大桥及其周边江域三维场景、全景传感交互等不同视角的虚拟漫游体验设计，让用户可以从不同的视角体验，可以更全面、深入地展现南京长江大桥独特的江域景观与深厚的历史文化底蕴。

关键词：数字化保护；虚拟漫游技术；多视角数字设计；长江；南京长江大桥

在数字化时代，自然文化遗产的数字化保护与传承已成为全球关注的焦点。习近平总书记关于推动长江经济带高质量发展重要论述的内涵要义体现在：生态优先、绿色发展是长江经济带发展的战略定位，促进区域协调发展是长江经济带发展的重要举措，创新引领发展是长江经济带发展的动力引擎，构建新发展格局是长江经济带发展的战略支撑，繁荣发展长江文化是长江经济带发展的内在要求，统筹发展和安全是长江经济带发展的坚实保障[1]。南京长江大桥，作为中国乃至世界桥梁史上的标志性建筑，具有独特的江域景观与深厚的历史文化底蕴，据统计，每年有数百万游客慕名而来，亲身体验南京长江大桥和长江的壮丽与辉煌。受限于时间、空间等因素，许多游客难以全面、深入地了解大桥及其江域的文化内涵。一个视角就是一种观察方法，一种分析特定现象的有利位置或观点；一个视角就是解释特定现象

作者简介：杨玮亚（1986—），女，河南开封人，讲师，工程硕士，博士在读，研究方向为艺术设计、工业设计等，发表论文 7 篇。

的一个特定的立足点、一个聚焦点[2]。因此，利用虚拟漫游技术通过多视角的数字设计可以打破时空限制，让游客在虚拟环境中自由穿梭于大桥的各个角落，感受不同视角下的江域美景，从而加深对南京长江大桥江域及其文化的认知与理解。

1 研究背景与理论基础概述

在全国生态环境保护大会上，习近平总书记强调："建设美丽中国是全面建设社会主义现代化国家的重要目标，必须坚持和加强党的全面领导。"在"五位一体"总体布局中，生态文明建设是其中一位；在新时代坚持和发展中国特色社会主义的基本方略中，坚持人与自然和谐共生是其中一条[3]。

结合习近平总书记对长江流域发展的生态与文化传承的战略定位，对长江流域进行调查选择用数字化保护的方式来进行设计研究。数字化保护成了文化遗产和自然环境传承的一种重要手段，人与自然的和谐共生越来越多的涉及数字技术。2017 年 ICOMOS 在全体会议期间提出的"数字赋能时代的文化遗产保护与阐释"议题，强调了数字技术在保护、阐释、传播、灾害管理、记录等方面的重要作用。在 Connecting Culture-Nature Practice Project（文化—自然融合联合实践计划）的推动下，数字技术为世界自然与文化遗产保护提供了更全面的信息支撑[4]。

虚拟现实（VR）技术，在经历了 2016 年开始的爆发式增长后，目前已经成为信息领域最具潜在应用价值和发展潜力的一个方向[5]。因虚拟现实技术具有交互性、共享性、沉浸性的特点，虚拟现实技术已经成为数字保护中非常直观的一种手段，可以实现多视角数字设计的技术支持。视角学作为一门跨学科的理论体系，其核心在于探讨如何通过不同的视角来理解和呈现世界。在数字设计的语境下，视角学不仅为设计师提供了丰富的创意源泉，还确保了设计作品能够多维度、全方位地满足用户的认知和情感需求。贝斯特与凯尔纳所建构的视角理论认为，一个视角就是一个解释社会现象，过程及关系的特定的切入点[6]。视角学强调自然视角与人工视角的融合，这一理念在南京长江大桥江域的多视角虚拟漫游设计中得到了淋漓尽致的体现。通过高精度三维扫描和无人机航拍技术，我们得以捕捉大桥及其周边的自然风貌，同时结合虚拟现实技术，创造出既环境真实又富有艺术感的人工视角，让用户仿佛置身于一个全新的数字世界中。

依据哈里斯博士对"视角"的理解，视角决定了"视界"与"世界"[7]。所以多视角在整个阅江场景设计中就是指多个观察的角度。通过融合全知视角、自然视角与人工视角、动态视角与静态视角，可以为游客提供更加丰富、多元的视觉体验。同时，结合交互元素与情感元素融入的各种社会视角，可以让使用者在互动中感受文化的温度，在体验中激发情感的共鸣。正如著名建筑师赖特所言："建筑是生活的容器。"[8]南京长江大桥江域的多视角数字体验设计，正是打造了一个全方位、沉浸式的“生活容器”，让用户在虚拟世界中体验长江自然风光的美好与文化历史的魅力。

2 调研采集与规划分析

前期对长江流域进行整体调研，综合调研长江干流区域和长江经济带区域，涉及青海、西藏、云南、贵州、四川、重庆、湖南、湖北、江西、安徽、浙江、江苏、上海等省、市。最终将区域缩小到了江苏省的南京长江大桥江域景观。南京长江大桥是长江国家文化公园建设中江苏“长江百景”中极具象征意义的长江文化地标[9]，也是近代史上的一个重要符号。此区域融合众多元素，横跨长江南北，连接着南京市区与浦口区，不仅是交通要道，更是城市发展的重要象征。其江域特色鲜明，既有壮阔的自然景观，又蕴含着深厚的人文底蕴。最终划定的南京长江大桥江域景观包含了自然、历史、城市、人文、交通等景观，如表 1 所示。

表 1　南京长江大桥江域景观调查

公共交通	年代	建筑景观类	年代
过江铁路	1968 年	阅江楼	2001 年 始建于 1374 年
大桥过江公交	1968 年	南京长江大桥	1968 年
南京过江轮渡	1947 年	下关铁路轮渡桥	1930 年
中山码头	1928 年	和记洋行旧址	1913 年
浦口火车站	1914 年	江边路 21 民国建筑	1912 年

首先，从自然景观来看，南京长江大桥江域以其宽广的水面、奔腾的江流和两岸郁郁葱葱的植被而著称。大桥正桥长 1577 米，铁路桥长 6772 米，公路桥长 4589 米[10]，这些数据不仅彰显了大桥的雄伟壮观，更为数字设计提供了广阔的视觉空间。因此在景观设计中更好地表现出大场景的雄伟可以采用 VR 通过全知视角的模拟，全方位、多角度地捕捉大桥及其江域的美丽瞬间，让用户在虚拟世界中也能感受到那份震撼与壮美。

其次，从社会视角出发，南京长江大桥江域还蕴含着深厚的人文底蕴。作为新中国自行设计建造的第一座双层式铁路、公路两用桥梁，南京长江大桥不仅是中国桥梁建设史上的里程碑，更是中国人民自力更生、艰苦奋斗精神的象征。20 世纪 70 年代，周恩来总理曾自豪地将其誉为“新中国两大奇迹”之一，这一赞誉不仅体现了南京长江大桥的重要性，更激发了无数国人的自豪感和爱国情怀。在数字体验设计中，可以通过融入这些历史背景和文化元素，让用户在体验过程中感受到那份沉甸甸的历史责任感和民族自豪感。

此外，南京长江大桥江域还承载着丰富的城市记忆和市民情感。大桥的建成不仅极大地改善了南京市的交通状况，更成了市民日常生活中不可或缺的一部分。如何将历史街区与市民生活融合起来也是城市景观规划的重点，如表 2 所示。

表 2　浦口火车站文保单位及历史建筑

序号	现有名称	原有名称	地址	建造时间	等级	结构	建筑现状用途	产权单位
1	南京北站主体大楼	浦口火车站主体大楼	泰山街道津浦路 30 号	1914 年	省级文物保护单位	砖木	办公	上海铁路局
2	南京北站月台和雨廊	浦口火车站月台和雨廊	泰山街道津浦路 30 号	1914 年	省级文物保护单位	钢筋混凝土	货物堆场	上海铁路局
3	中山停灵台	中山停灵台	泰山街道津浦路 30 号	1929 年	省级文物保护单位	砖石	雕塑	上海铁路局
4	南京北站派出所	浦口火车站车务段大楼	泰山街道津浦路 30 号	1914 年	省级文物保护单位	砖木	办公	上海铁路局
5	南京北站售票处	浦口火车站电报房	泰山街道津浦路 30 号	1914 年	省级文物保护单位	砖木	居住	上海铁路局
6	浦口电厂	浦口电厂旧址	泰山街道津浦路 30 号	19 世纪 20 年代	省级文物保护单位	砖木	闲置	上海铁路局
7	兴浦路邮政支局	浦口邮局	兴浦路 5 号	19 世纪 20 年代	历史建筑	砖木	邮局	浦口区邮政局

（来源：南京市规划局）

在数字设计中，可以模拟出规划场景探讨其合理性，也可以通过设置互动体验模块和信息查询与导览系统等方式，让用户能够更深入地了解大桥的历史、文化和城市记忆，从而增强他们的归属感和认同感。

3 多视角数字设计构建与实现

3.1 视角分类与视点选择

在南京长江大桥江域景观的多视角数字设计的研究中，首先是景观区域的范围选定，要涵盖自然人文历史等多个维度景观。以南京长江大桥为中心选取视点：桥下江畔、火车、阅江楼、游船、下关滨江带、轮渡、公交、桥头堡。视角的选择从全知视角、社会视角等角度来呈现。其中全知视角是对所有选择视点的一个总览，如图 1 所示。

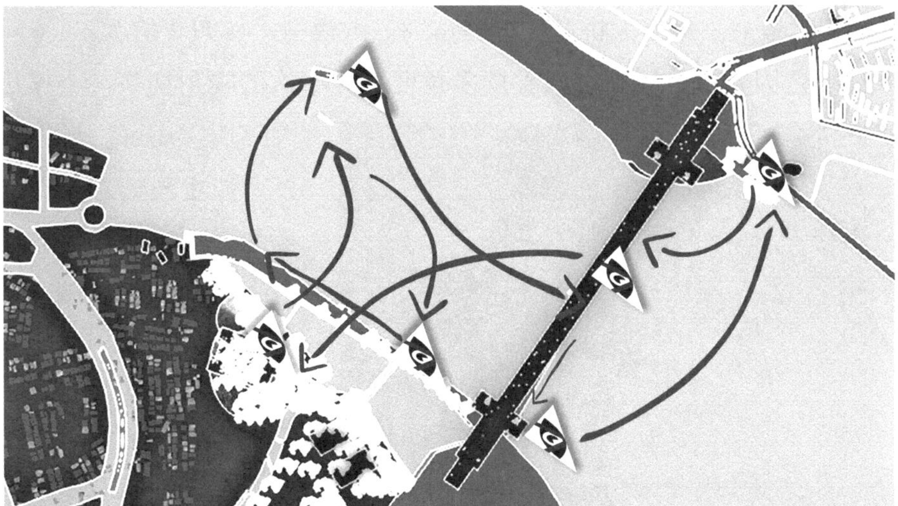

图 1　全知视角视点图

全知视角是对南京长江大桥及其周边江域的全面扫描，前期调查获取了详尽的自然环境数据。这些数据不仅包含了大桥的精确结构信息，还捕捉了江面波光粼粼、两岸绿树成荫的自然风光，为自然视角的呈现奠定了坚实基础。随后，通过虚拟现实（VR）技术，将这些数据转化为可交互的三维场景，让用户仿佛置身于大桥之上，亲身体验江风拂面、船行水上的自然感受。

社会视角是自然视角与人工视角的融合，自然视角，即模拟人眼在自然环境下的观察方式，强调真实感与现场感；而人工视角，则通过技术手段对视角进行创造性调整，以展现平时难以触及的历史细节或特殊视角，将风景背后的人文历史融合进去。两者相辅相成，共同提升了用户的体验深度与广度。

3.2 南京长江大桥江域场景构建

在南京长江大桥江域的多视角数字设计中，大桥及其周边虚拟环境的创建非常重要。首先利用三维建模软件搭建出大桥的钢结构、桥墩、桥面等主体部分，然后根据城市卫星地图构建出了大桥位置及滨江环境，还涵盖了江面波动、两岸植被乃至远处山峦、城市等大环境创建，最后生成出大桥及江域的精细三维模型，如图 2 所示。

图 2　三维场景白模图

创建三维模型是因为这一模型可以支持多角度、多层次的视角切换，不仅可以全景俯视大环境，还可以近景观看细节。此外，能实现动态光影效果、时间变换的模拟，使得用户在数字体验平台上仿佛置身于真实的江域之中，如图 3 所示。

图 3　三维场景图

3.3 数字设计的多视角交互呈现

三维模型创建完成之后需要利用虚拟引擎将场景在虚拟环境中进

行真实再现。虚拟引擎还支持对江域环境的季节、天气等条件进行模拟，为用户提供多样化的视觉体验。并且利用引擎可以实现交互设计，高精度三维模型为碰撞检测、路径规划等功能提供了精确的空间信息，经过合理的路径规划可以确保用户在虚拟环境中的操作体验。

在选择的视角点位可以分别设置对应的动画路径：铁路上行驶的火车、长江大桥桥面上过江的公交车、江边耸立的阅江楼、江面上穿过桥洞的游船、中山码头到浦口码头的轮渡。每一个动画关键帧的添加都可以让用户跟着全知视角来选择不同视角下最美的江景。通过引入光照模拟和材质贴图技术，对场景中的光影变化和材质质感进行逼真还原，使得用户在虚拟环境中能够感受到与现实世界相似的视觉体验。对视角数据进行了动态调整和优化，根据用户的交互行为和视角切换习惯，智能调整视角的焦距、角度和高度等参数，确保用户能够以最舒适的姿态进行浏览和体验。在视角数据整合与优化过程中，还借鉴了建筑学中的“透视法”原理，通过调整视角的透视关系，使得场景中的远近物体能够呈现出符合人眼视觉习惯的空间感。这一做法不仅提升了场景的立体感和层次感，还增强了用户的沉浸感和代入感，如图 4 所示。

图 4　三维场景铁路视角图

在火车视角中还加入了铁路桥结构和铁路历史等信息。在阅江楼视角下添加了阅江楼的历史，以及阅江相关诗词的故事。在滨江带的视角下加入了下关滨江的发展历史，以及中山码头和浦口码头的故事。在过江公交车的视角下加入了第一条过江公交“大桥线”的历史故事。这些内容以图文和音频的形式嵌入到每个视角环境中，用户可以在进入场景后通过交互点击查阅当下场景的历史。此外，利用虚拟现实技术，对大桥周边的自然环境进行了增强处理。通过模拟不同季节、不同时间段的光照和天气变化，为用户呈现了一个更加生动、逼真的江域景观。例如，在春季，我们增强了江面上波光粼粼的效果以及岸边柳树新绿的色彩；

在夜晚，则模拟了大桥的灯光效果以及远处城市的灯火阑珊。这些细节的增强，不仅提升了用户的视觉体验，还增强了他们对南京长江大桥江域的情感认同。

在南京长江大桥江域的多视角数字设计中，交互元素的设计是提升用户体验的核心环节。使用户能够更深入地沉浸于这一历史与自然交织的壮丽景观之中，引入了多点触控技术，允许用户在数字平台上自由缩放、旋转视角，仿佛亲手操控着无人机，在长江上空自由翱翔。这种即时反馈的交互模式，不仅增强了用户的参与感，还极大地提升了探索的趣味性和自由度。为了进一步提升交互的沉浸感，采用了游戏设计中的"情境模拟"理念，设计了多种互动场景。在交互元素的设计过程中，需要注重用户行为的预测与引导。例如，用户可以通过点击屏幕上的特定区域，触发虚拟的轮渡体验，仿佛置身于波光粼粼的江面之上，感受长江的壮阔与宁静。同时，还可以在后期引入增强现实技术，将南京长江大桥的历史故事、建设历程等丰富信息以三维动画的形式呈现在用户眼前，实现信息获取与视觉享受的完美结合。

整个场景的创建不仅还原了大桥的物理形态，更赋予了它生命力和故事性。用户可以在虚拟空间中自由漫步、探索、互动，感受大桥所承载的历史文化和时代精神。这种全新的体验方式可以进一步提升用户体验。

4 结论

南京长江大桥江域景观的多视角数字设计研究融合了数字媒体设计、视角理论、虚拟现实技术、用户体验以及地理信息技术等多个领域的知识与技能，通过多视角的数字设计，呈现一个丰富、生动且具有深度的南京长江大桥江域景观。该研究的核心在于运用数字设计理论与方法，分析南京长江大桥江域在不同视角下的空间特征、景观元素及其相互关系。

在数据处理与分析阶段，采用了多视角数据融合技术，将不同视角、不同时间点的数据整合在一起，形成了更加完整、连贯的数字模型。同时，还利用了基于物理的渲染技术，对模型中的材质、光影等进行了精细调整，使得整个场景更加逼真、可信。借鉴计算机图形学领域的经典理论和分析模型，如光线追踪算法和全局光照模型，确保了处理结果的准确性和高效性。场景细节的增强与修复在南京长江大桥江域的多视角数字体验设计中起到了至关重要的作用。为用户呈现了一个更加真实、生动、逼真的江域景观。这一成果不仅展示了数字设计中的虚拟现实技术的巨大潜力，也为未来类似项目的实施提供了有益的参考和借鉴。

总之，南京长江大桥江域景观的多视角数字设计研究是一项具有重要意义和价值的工作。它不仅有助于提升公众对该区域的认知与理解，通过多角度、多层次的观察与解读，能够更准确地把握该江域的视觉特性和文化内涵，进而为数字设计提供有力的依据和指导。达到了对长江文化的传播作用，也能够为长江全流域的数字化建设和文化传承提供新的思路和方法。

参考文献

[1] 刘嗣方 . 习近平总书记关于推动长江经济带发展重要论述的内涵要义、内蕴方法及创新贡献 [J]. 改革，2024（2）：1-14.

[2] 贝斯特，凯尔纳，张志斌 . 后现代理论 [M]. 北京：中央编译出版社，1999.

[3] 人民日报评论员 . 加强党对生态文明建设的全面领导：论学习贯彻习近平总书记在全国生态环境保护大会上重要讲话 [J]. 平安校园，2023（7）：26-27.

[4] 杨晨，陈徵羽 . 世界文化和自然遗产数字化保护及国际新动向 [J]. 风景园林，2023，30（10）：96-102.

[5] 傅耀威，孟宪佳 . 虚拟现实技术及产业发展现状与趋势 [J]. 科技中国，2019（11）：8-10.

[6] 张永 . 视角理论与教育研究 [J]. 南京师大学报（社会科学版），2004（2）：71-75.

[7] 卡斯滕・哈里斯. 无限与视角 [M]. 张卜天，译. 北京：商务印书馆，2020.

[8] 杨黎 . 论建筑中的居住特征与生活意义：建筑是生活的“容器”而非“机器”[J]. 科技信息，2009（30）：335.

[9] 曹玲娟，姚雪青，窦瀚洋，等 . 保护传承弘扬长江文化 [N]. 人民日报，2024-05-03（004）.

[10] 南京市政协文史资料委员会，南京市下关区政协 . 跨越天堑 南京长江大桥建设纪实 [M]. 南京：东南大学出版社，1996.

符号学视域下中国传统饮食器具设计转化研究

杨鑫，李恒全

（西华大学 美术与设计学院，四川 成都 610039）

摘要：本文旨在探讨传统饮食器具在符号学视域下的设计转化，分析其文化内涵及现代应用。通过研究传统饮食器具的符号特征，提出了将传统文化与现代设计结合的方法，以实现传统饮食器具的文化传承和创新。传统饮食器具不仅具有实用功能，也是文化认同的重要象征。运用符号学分析，有助于更好地理解它们在现代社会中的价值。

关键词：符号学；传统饮食器具；设计转化；文化传承

近年来，国家对传统文化的重视日益增强，强调保护和传承具有地方特色的文化。作为传统文化的重要组成部分，传统饮食器具不仅是日常生活中的实用工具，也承载着深厚的文化内涵。其设计转化有助于保护文化遗产，同时能够促进地方经济发展。因此，研究传统饮食器具的符号特征及其设计转化，具有重要的现实意义。然而，在全球化的大背景下，传统饮食器具面临着现代化和西方文化的冲击，许多传统器具逐渐被现代材料和设计所替代。随着现代生活方式的变迁，传统饮食器具的使用频率有所下降，但人们对其背后的文化价值的重视却在不断加深。为了保护和传承这些独特的文化符号，我们需要对其进行深入研究，探

基金项目：四川省社会科学重点研究基地区域文化研究中心2023年项目（项目编号：QYYJC2310）；四川省哲学社会科学重点研究基地四川省教育厅人文社科重点研究基地川菜发展研究中心2023年项目（项目编号：CC23W19）。

第一作者简介：杨鑫（1998—），男，四川宜宾人，研究方向为工业设计及理论研究。

通信作者简介：李恒全（1974—），男，四川邛崃人，副教授，硕士，研究方向为工业设计、地域文化等。

索它们在现代社会中的新形态和新价值。本文将从符号学的视角出发，探讨传统饮食器具的设计转化，旨在为其文化传承提供新的思路和方法。

1 符号学理论概述

符号学是研究符号及其意义的学科，主要关注符号的产生、传播及其所承载的文化信息[1]。传统饮食器具作为文化符号，其设计不仅反映了特定历史时期的社会生活，还体现了民族文化的独特性。

1.1 符号的构成

符号由能指和所指两部分构成。能指是符号的物质形式，而所指则是符号所代表的意义。在传统饮食器具中，器具的形状、材质、装饰等都是能指，而其所承载的文化意义则是所指。以陶瓷碗为例，其圆形设计不仅适合盛装食物，还象征着团圆与和谐。在中国文化中，圆形的碗常常被用于家庭聚餐，象征着家庭成员的团聚与和睦，这种文化意义使得这种器具在特定场合中具有了更深层的情感价值。

1.2 文化信息的承载

传统饮食器具设计不仅注重实用功能，更承载着丰富的文化信息。不同地区、不同民族的饮食器具在设计上各具特色，展现了当地的生活习惯、宗教信仰和审美观念[2]。如藏族地区的饮食器具多采用金属材质，常饰以宗教符号和图案，这不仅反映了当地人民的宗教信仰，还体现了他们对自然和宇宙的理解。藏族饮食器具上常见的“唐卡”图案，不仅具有美学价值，还传递了对神灵的敬畏和对生活的祝福。在许多民族中，饮食器具的设计与其文化习俗密切相关。一些民族的器具上刻有象征丰收的图案，表达了对美好生活的向往。在中国的农耕文化中，稻谷、麦穗等图案常常出现在餐具上，象征着丰收与富饶。这种设计不仅美化了器具，也使得使用者在使用时感受到文化的认同与归属感。此外，饮食器具也常常在特定的仪式和节庆中使用，进一步增强了其文化象征意义[3]。在中国的春节期间，家家户户常会使用特定的餐具来盛装年夜饭，这些餐具往往是精心挑选的，具有特定的象征意义，如红色的碗象征着喜庆和吉祥。在这种情况下，饮食器具不仅是用来盛装食物的工具，更是传递文化和情感的重要载体。

符号学视域下的传统饮食器具设计转化研究，不仅关注器具的物质形式，更深入探讨其背后的文化意义。通过对传统饮食器具的符号特征分析，可以更好地理解其在现代社会中的应用与发展，为传统文化的传承与创新提供新的视角与方法。随着现代设计理念的不断融入，传统饮食器具的文化价值将得到更广泛的认可与传播。

2 传统饮食器具的符号特征分析

2.1 形状与材质的符号意义

传统饮食器具的形状和材质往往与其使用功能密切相关。在“碗”的设计中，其深度和边缘影响了盛装食物的类型，而材质的选择则反映了地域特色，如陶瓷、木材、金属等。不同材质的器具不仅在使用上有所不同，其触感、温度和视觉效果也各具特色，影响了人们的饮食体验。

在形状的设计上，许多传统饮食器具采用了圆形、方形等基本几何形状。圆形器具象征着团圆和和谐，常用于家庭聚餐；而方形器具则多用于正式场合，象征着稳重与庄重。

图 1　圆形碗

在中国，传统的圆形碗，如图 1 所示，是家庭聚餐中必不可少的餐具。圆形碗的设计不仅适合盛装米饭、汤品等多种食物，而且其形状象征着团圆与和谐。在春节等重要节日，家人围坐在一起，使用圆形碗共享美食，体现了家庭的温暖与亲密。

图 2　方形盘

与圆形碗相对，方形盘，如图 2 所示，在中国的正式宴席中常被使用，象征着稳重与庄重。方形盘的设计使得菜肴的摆放更加整齐，也便于服务员在宴席上进行分发。方形盘常常用来盛装精美的菜品，给人一种视觉上的美感和仪式感。

材质的选择对器具的使用寿命和功能性具有重要影响，同时也与当地的自然资源和生产工艺紧密相连。在一些地区，丰富的陶土资源催生了独具特色的陶瓷器具；而在木材资源丰富的地区，木制器具则成为主流。材质的选择不仅塑造了器具的外观，更深刻地反映了当地的文化和历史背景。这种材质的多样性不仅丰富了饮食器具的类型，也使得每种器具都带有其地域性的文化印记。

在中国南方的一些地区，竹子资源丰富，竹制器具如竹筷、竹碗等广受欢迎，如图3所示。竹制器具轻便、环保，且具有良好的透气性。竹筷在使用时，能够有效地夹取食物，竹碗特别适合于盛装米饭和蔬菜等。竹制器具的设计不仅符合实用需求，也展现了与自然和谐共生的生活理念。

图3 竹制碗筷

2.2 装饰与纹样的符号功能

传统饮食器具的装饰和纹样是其文化意义的重要体现。不同的纹样不仅具有美学价值，还承载着特定的文化符号[4]。某些民族的器具上刻有象征丰收的图案，这些图案传递着对美好生活的憧憬。纹样的设计通常与当地的自然环境、历史传说和宗教信仰密切相关。在一些地区的器具上，动物、植物或几何图案的印制，不仅起到了美化作用，更传递了特定的文化信息。通过对这些纹样的深入解读，可以更加深入理解一个民族的文化背景和价值观。

传统饮食器具的装饰技艺往往是代代相传的工艺。许多传统的装饰技艺，如手绘、雕刻、镶嵌等，承载着丰富的文化内涵和历史记忆。福建的漆器，如图4所示，在装饰上常采用手工雕刻和绘画的方式，器具表面常常绘有花鸟、山水等图案。这些图案不仅展现了工匠的精湛技艺，也传递了当地人对自然和生活的热爱。漆器在传统节日和家庭聚餐中被广泛使用，象征着团圆与幸福。通过对这些漆器的欣赏与使用，人们不仅能够感受到其美学价值，更能体会到深厚的文化底蕴。

图4 福建脱漆饮食器具

在现代设计中，如何将这些传统技艺与现代审美相结合，成了设计师面临的重要挑战。

2.3 使用场景的符号解读

饮食器具的使用场景不仅仅是物品的功能性体现，更是文化符号的生动展示。在某些特定的文化仪式或场景中，饮食器具承载着丰富的象征意义，反映了社会价值观、传统习俗以及人们的情感寄托。

在中国传统的婚宴仪式上，常有双“喜”字的碗、圆形的瓷器和红色的饮食器具，这些食具不仅用于盛装美食，更象征着喜庆、团圆与幸福。双“喜”字的符号代表着对新人未来生活的美好祝愿，圆形符号象征着团圆与和谐，而红色则是中国文化中吉祥的颜色，寓意着好运与繁荣。这些婚礼上使用的饮食器具，体现出两个家庭文化的交融与传承。此外，在一些地方的祭祀仪式中，饮食器具的使用更是体现了对祖先的敬仰与怀念。祭坛上的传统器具，如香炉、酒杯和供品盘上的图腾符号，都是祭祀活动中不可或缺的。这些器具不仅是祭祀符号的载体，更是人们与祖先沟通的媒介，象征着对传统文化的尊重与传承。

通过对饮食器具在特定文化仪式或场景中的使用及其象征意义的分析，可以更深入地理解这些器具所承载的文化价值。它们不仅是物质文化的体现，更是精神文化的象征，反映了人们对生活的态度、对传统的尊重以及对未来的期盼。因此，在现代设计中，重新审视和融入这些文化符号，将为饮食器具的创新与发展提供更加丰富的内涵和可能性。

3 传统饮食器具的设计转化路径

3.1 现代设计理念的融入

在传统饮食器具的设计转化过程中，现代设计理念的融入显得尤为重要。设计师通过对传统元素的提炼与再创造，旨在保留其文化内涵的同时，满足现代审美和使用需求。现代饮食器具常采用简约设计风格，去除烦琐的装饰，不仅增强了器具的实用性，也赋予其现代感，更易于吸引当代消费者的兴趣。

此外，设计师在转化过程中还需考虑材质、工艺与功能的创新，以适应现代生活方式的变化。通过这样的设计转化，传统饮食器具不仅能够延续其文化价值，还能在现代社会中焕发新的活力。

中国的饮食文化与历史的变迁相契合，体现出丰富的内容和多样化的习俗。从对中国各历史阶段饮食文化发展的研究中，我们可以清晰地看到历史的变迁以及各民族的发展历程[5]。设计作为文化的外在表现形式，能够有效反映一个国家或民族的价值观、审美观和文化传承。它不仅是实用性的工具，更是一种文化的表达方式和传承工具。

在现代设计中，设计师可以运用特定的色彩、图案、图形等元素，创造出一种文化的符号语言，使设计成为文化的载体，传承文化的精髓。设计师可以通过对传统纹样的简化和再设计，将这些元素融入现代饮食器具中，使其既保留传统的韵味，又符合现代生活的节奏和审美需求。这种设计理念的融合，不仅能够让传统文化在当代社会中焕发新的生命力，也为消费者提供了更具文化深度和情感共鸣的使用体验。

3.2 设计符号的提取与创新

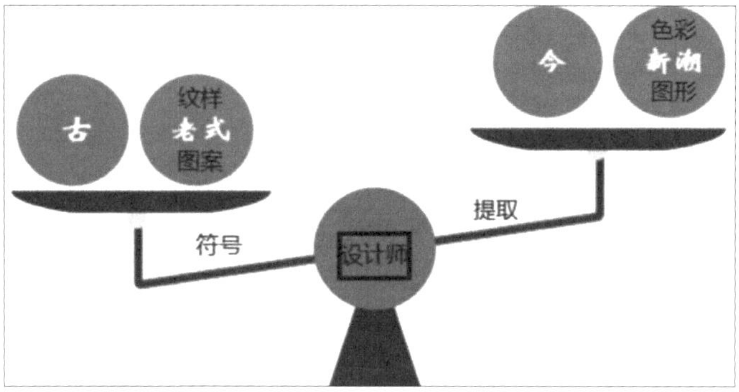

图5 设计符号提取与创新

设计者从日常生活中汲取灵感，将未来与过去、生活与文化之间进行平衡，如图5所示。

现代饮食产品器具常从传统饮食器具中发现设计智慧，提炼设计符号，并体现于产品的功能、造型、使用方式等方面，实现饮食器具文化传承与创新发展，如图6所示。在功能上，砂锅作为中国传统烹饪器具，常用于烹制汤品和炖煮菜肴。在现代饮食器具设计中，砂锅的特性被巧妙地融入了保温杯中，现代保温杯内层采用石英玻璃材质，外层为不锈钢材质，中间则设有真空层，可以有效地保温，保证饮料温度不易散失；在造型设计上，匕是中国传统餐具之一，其形状在现代饮食器具中得到创新应用。创意茶匙采用竹制材料，外形与使用方法与匕首相似，但其头部设计为弧形，以提高使用便捷性；在使用方式上，石磨作为传统的食材加工工具，用于磨制谷物、豆类等食材。现代饮食器具中，石磨的设计元素被应用到手动咖啡磨中。手动咖啡磨通常采用陶瓷或金属磨盘，其外形和尺寸与传统石磨相近，通过手动旋转磨轮来磨制咖啡豆，保留咖啡豆的原始香气和风味。

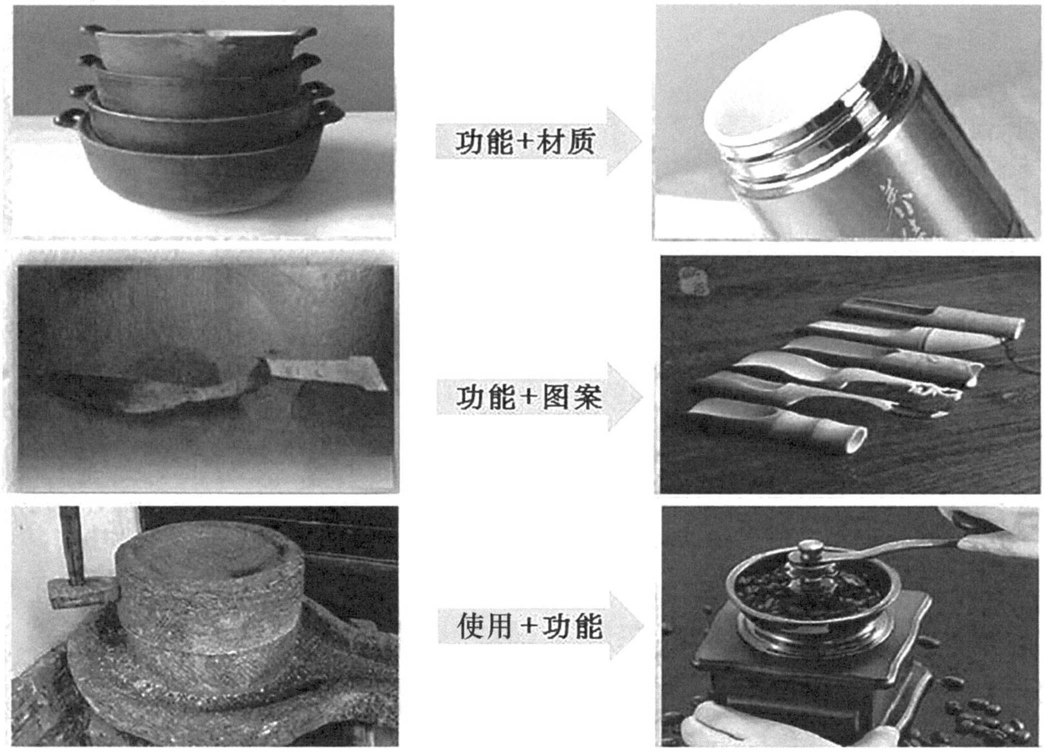

图6 饮食器具的设计符号提取与创新案例

4 符号学视域下传统饮食器具现代设计

在现代设计中，符号学的应用为传统饮食器具的设计转化提供了新的思路。设计师通过对传统文化符号的深入理解，能够创造出既具有文化深度又符合现代生活方式的饮食器具。这种设计不仅能增强消费者的文化认同感，还能推动传统饮食器具在现代社会中的传播与应用。例如，传统的竹制餐具因其环保和轻便而受到欢迎，但在现代市场中常常被塑料和不锈钢制品所替代。设计师通过对竹制餐具的形状和功能进行创新，推出了一系列具有现代感的竹制餐具，如设计师王雨琪的作品《知“竹”知“足”》，如图 7 所示。这些产品不仅保留了竹材的自然纹理和环保特性，还融入了现代设计元素，使其在功能性和美观性上都能满足现代消费者的需求。通过这样的设计转化，传统饮食器具不仅在市场上重新焕发活力，还增强了消费者对传统文化的认同与尊重。

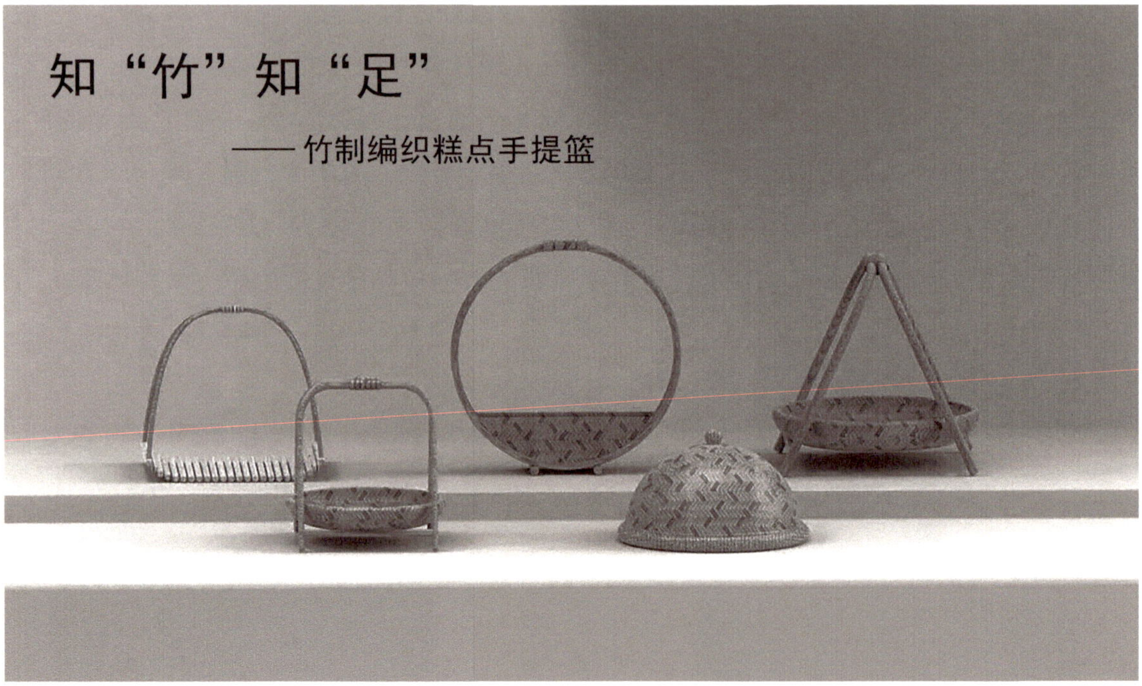

图 7　王雨琪《知“竹”知“足”》

5 结论

传统饮食器具不仅是日常生活中的实用工具，更是承载着丰富文化符号的艺术品。其设计转化能够实现对传统文化的保护与传承，也促进了现代设计理念的探索与创新。通过符号学的视角，能够深入挖掘传统饮食器具所蕴含的文化内涵，理解其在历史与社会中的重要地位。这种理解为设计师提供了新的思路，使他们能够在现代设计中融入传统元素，创造出既符合当代审美又富有文化深度的作品。

未来的研究应继续关注传统饮食器具在现代社会中的应用与发展，探索如何在尊重传统的基础上进行创新。这不仅涉及设计的形式和功能，更关乎文化的传承与再创造。通过跨界合作、数字化传播等多种方式，可以为传统饮食器具的文化传承与创新提供更多可能性，让这一文化遗产在现代社会中焕发新的生机与活力。最终，传统饮食器具的设计转化将成为连接过去与未来的桥梁，促进饮食器具文化的延续与发展，增强人们对传统文化的认同感与归属感。

参考文献

[1] 肖磊，陈香 . 符号学视域下的智能生活产品设计转化研究 [J]. 设计，2024，37（9）：120-124.

[2] 赛娜，娜日苏 . 作为原生态文化之表象的食具：以察哈尔正蓝旗蒙古族的饮食器具为例 [J]. 原生态民族文化学刊，2018，10（3）：103-110.

[3] 田龙伯 . 饮食器具的表意功能研究 [D]. 无锡：江南大学，2009.

[4] 彭雪梅 . 符号学视角下珙县苗族蜡染的文化衍生品设计 [J]. 工业设计，2020（6）：124-126.

[5] 乔宇 . 中国不同历史时期的饮食器具设计研究 [D]. 北京：北京理工大学，2016.

基于设计符号学的生成式 AI 台灯设计研究

李恒全，邵杰

（西华大学 美术与设计学院，成都 610039）

摘要：生成式 AI 如今已参与到设计学领域，对于设计学研究者来说，目前生成式 AI 的问题仍是肉眼可见的，如关键词与结果之间的匹配程度较低，得到令人满意的结果往往需要大量试错成本等，自然语言本身表意不够明确这一问题则更为明显。基于此问题本研究使用 Stable Diffusion 模型并引入符号学理论，从语义、语用、语构三个角度优化提示词选择，以期提高关键词输入精准度，从而提高生成式 AI 的产出效率。

关键词：设计学；灯具设计；设计符号学；生成式 AI

随着生成式 AI 在当下大行其道，原本作为图像生成的工具随着模型训练的不断进化，以 Midjourney 和 Stable Diffusion 为代表的模型开始参与产品设计，往往使用几个到十几个不等的自然语言词汇就可以快速生成高精度的产品图像，给如今的设计师带来不小的挑战与机遇。挑战在于 AI 逐渐模糊了创造与批量化生成的界限，普通人也能迅速学会低成本批量化生成设计作品，造型和概念原型设计已逐渐不再是被设计师或艺术家所垄断的领域；机遇则是在当下环境中设计师的职责逐渐向监督 AI 生成作品质量或者 AI 的使用者发展，产品概念图像的生成作为设计中曾经相当花费时间的一环，已经被 AI 极大地缩短了，部分程度上解放了设计生产力，让设计师得以将精力投入前期调研、产品定义等目前尚不易被 AI 取代的环节。但生

第一作者简介：李恒全（1974—），男，四川邛崃人，副教授，硕士，研究方向为工业设计、地域文化等。

通信作者简介：邵杰（1997—），男，浙江绍兴人，研究方向为工业设计及理论研究。

成式 AI 的劣势则在于其缺乏常识，依赖提示词随机生成设计原型，如果缺乏精准提示词的正确引导，将导致设计出的图像大多数徒有其表，其外观完整性、功能架构等可能都经不起推敲，需要人工辅助完善设计，无法做到即出即用。故引入设计符号学规范化提示词，并测试对比效果，研究基于设计符号学的关键词生成图形模式，以期提高生成图像的精准度，从而优化设计流程。

1 符号学概述

1.1 符号学

一般认为，现代符号学起源于 19 世纪末，美国哲学家皮尔斯 [1] 创立了符号学的三角理论，提出了符号的三种类型：指称符号、表现符号和动作符号。他还对符号的语义和语用进行了深入探讨，并建立了符号逻辑。到 20 世纪初期，瑞士语言学家萨瑟兰提出了语言符号的双面性，即符号的形式和意义是互相依存的。他还建立了现代语言学的基本概念，如语音、语义和语法。在 20 世纪中期，美国学者苏珊 • 朗格 [2] 和卡西尔进一步发展了符号学的哲学理论。他们认为符号是人类文化和认知的中心，符号不仅仅是语言，还包括艺术、科学、宗教等各个领域的内容。

从中可以看到，符号学本身与语言学密不可分，总体上说，符号学推动了语言学的发展，为语言学提供了分析语言的框架和方法论，而本研究也是以符号化的语言学作为基本理论，以期提高 AI 生成效率和精准度。

现代符号学有语义学、语用学、语构学三大分支：

（1）语义学。语义学研究符号的意义和指向，包括词汇和句子的含义，以及它们在不同语境中的意义变化，可以帮助我们理解符号的意义和含义，以及符号与所指物之间的关系 [3]，是和人工智能发展密不可分的最重要的一个分支。

（2）语用学。语用学研究符号在特定语境中的使用和解释，包括意义的隐含和暗示，符号的话语功能和意图，以及语言交流中的非语言要素，可以帮助我们更好地理解符号的实际应用和交流中的意义。

（3）语构学。语构学研究符号在语言中的形式和结构，包括词汇、句法和语音等方面。语构学可以帮助我们理解符号的语言结构和组织方式。

1.2 设计符号学的研究现状

设计符号学在符号学的基础上融合了产品设计语境，将产品分为语意、语构、语用和语境四个维度，不仅反映产品本体的形态、色彩、材质、纹理、功能、结构、性能、情感等，还能解读产品背后的内涵，如文化、艺术、社会、故事、情境等。设计符号学符合设计师的思维模式、设计程序和手段，被广泛应用于产品创意设计中 [4]。

设计符号学理论需要设计师详细分析所设计对象的符号学特征，从外观特征上升至符号学意义层面的语义逻辑结构，使得隐性语义得以被挖掘，最终实现显性语义和隐性语义得以存储并传递，实现设计符号学理论与产品设计的结合。从这个角度上说，设计符号学提供的是一种产品设计的方法论，依靠符号学的知识背景拓宽设计的可能性。

关于设计符号学的研究，当前主要集中在语言符号这一领域。如罗仕鉴团队[4]结合潘云鹤[5]的文物构成理论，从如何将现代产品融入文物设计的角度，详细论述如何解读文物元素的符号学特征，建立了基于设计符号学的文物元素解读模型，比较细致地融合了符号学和设计学概念，条理清晰，给后来者创造了一个明确可参考的设计模型，还完善了整个基于设计符号学的再造研究流程，甚至结合计算机学科，设计了标准化流程以及知识库的构建，极大拓宽了设计学的视野，将产品设计的思考视角拓宽至符号学，其中的多个模型都可以直接应用于关键词提取这一关键步骤。胡珊等[6]提出一种基于眼动实验和可拓语义的文化特征提取及应用的设计方法，研究思路也与此类似。

除此之外还有直接运用符号学成果结合设计学的研究。如穆婧秋等[7]通过符号学视角定义侗族传统纺织图案各个元素，指出了侗族传统纺织图案再设计需要注意的几个要点。徐媛媛等[8]通过梳理与花卉主题有关旅游商品设计中，通过语义符号的介入系统性分析其设计过程中对旅游场地的颜色与造型的符号化提取与转译，总结了语义学在花卉品类的旅游商品设计中所起的作用。薛青[9]从产品的艺术欣赏价值和使用价值两方面分析符号学在陶艺设计中的具体应用，运用语义和语用学总结符号化了的形态推理与演绎过程。丁健[10]从语义学角度探讨了设计符号学背景下平面设计中传统图形的应用。庄德红等[11]从语义学角度归纳了马头墙的设计符号，通过对符号的解构与重塑进行进一步分析挖掘其设计潜力，以推进马头墙类设计在现代设计中的应用与发展。肖紫惠[12]通过分析现代生活中满洲窗的运用形式特点，从语构与语用学角度系统梳理满洲窗的设计巧思，并提出改进意见，使其能与中国传统文化更好结合。赵婧[13]以央视的文化类创新综艺节目《典籍里的中国》为例，从视觉符号和听觉符号两方面分析节目符号体系的建构，梳理其中的符号学理论，为其他文化综艺节目展现文化内涵并进一步建立文化认同、民族认同和国家认同提供借鉴。

通过以上研究可以看到目前的设计符号学的研究主要集中在语义学角度，辅以语用学与语构学元素，用词汇作为主要研究因素来界定产品形态，与使用生成式 AI 利用词汇为主的描述性语法产出图像的逻辑非常相似，值得深入研究。

2 生成式 AI 概述

生成式 AI 是人工智能发展史的重要一环，其发展历史和计算机科学、逻辑学、数学等学科密不可分，是真正意义上的跨学科研究。

2.1 人工智能发展史简述

使用 Mindmanager 制作人工智能发展的时间线，如图 1 所示。

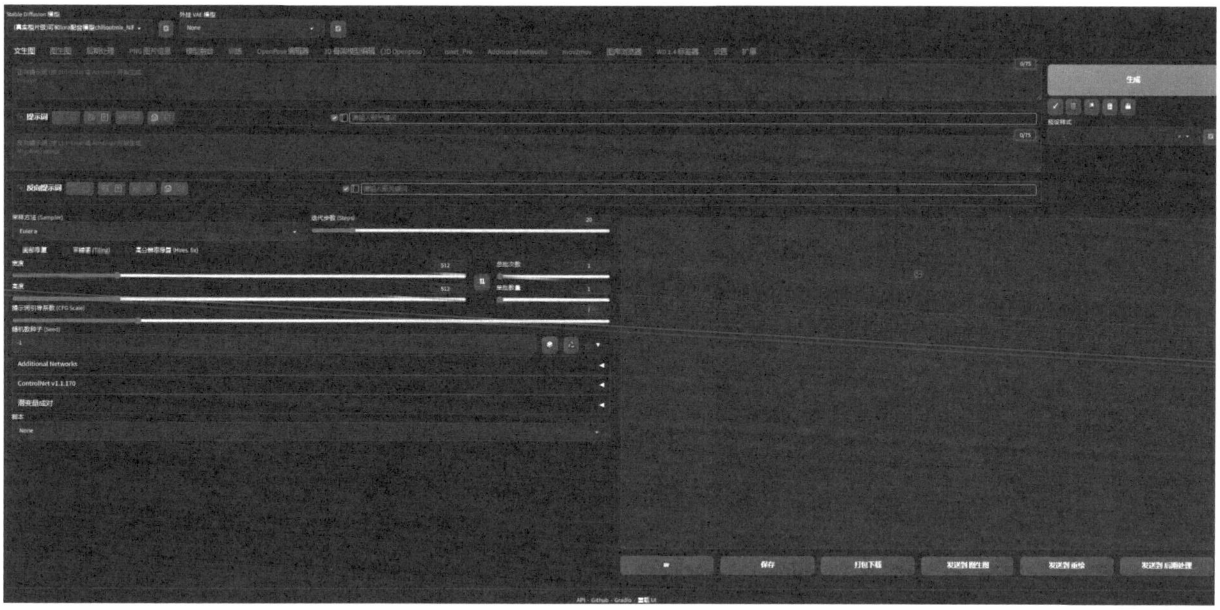

图 1　人工智能发展时间线简述

通过对人工智能时间线的梳理，可以明显看到早在 1987 年，符号学就已经介入了人工智能领域，其中最重要的部分就是语义学。从中也可以看出符号学处于参与而不是改进人工智能的地位。需要注意的是，此处的符号学概念主要是指其分支语言学。

2.2 深度学习简述

深度学习和计算机科学的关系如图 2 所示。可以看到深度学习是基于机器学习进化而来的算法，其雏形产生于 20 世纪 80 年代，但直到 2005 年的一篇论文 *Deep Learning*[14]，深度学习概念被提出以后，机器学习才开始成为人工智能的主流。其中 RNN（递归神经网络）和 CNN（卷积神经网络）二者专注于处理自然语言语音和图像，和生成式 AI 的关系最为密切。早期的 AI 图像生成以 GAN（生成式对抗网络）为主，在效果更好的 DM（扩散模型）被提出后，GAN 逐渐被后者所替代。可以说，这篇关于 GAN 的论文[15]刚发表就已落后于时代，这也是 AI 领域常见的现象：对于非 AI 专业研究者，前沿技术的发展往往远大于其研究的速度。

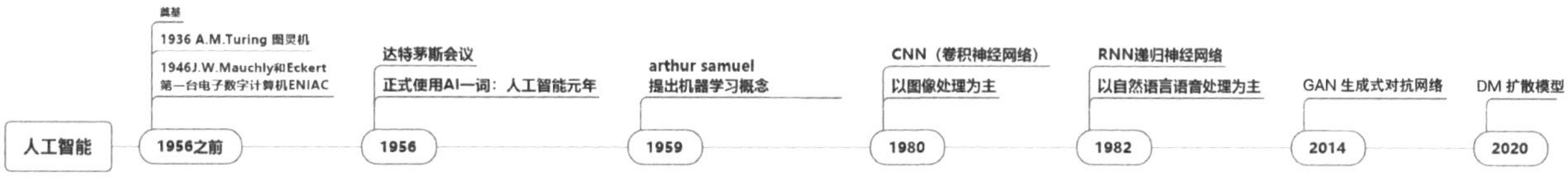

图 2　深度学习层级

2.3 扩散模型

扩散模型是深度学习的一个重要分支，最早在 2015 年[16]就被提出，但直到 2020 年的论文 *Denoising Diffusion Probabilistic Models* 的提出，才将该模型带入实用化阶段。

要注意到扩散模型是一类深度学习方法的总称，其发展历经多次迭代，从早期的 DDPM 到 DDIM，再随着各类相关工具的发展，到 2022 年首次发表于 CVPR 的论文，直接催生了 Stable Diffusion 的诞生，又在一年不到的时间里使这个开源软件在各行各业得到应用。Rombach 的工作对扩散模型算法做了改进，提出 Latent Diffusion Model（潜在扩散模型），此模型极大减小了运算压力，使得其在民用 GPU 上也能流畅运行，使 Stable Diffusion 模型得以广泛普及。

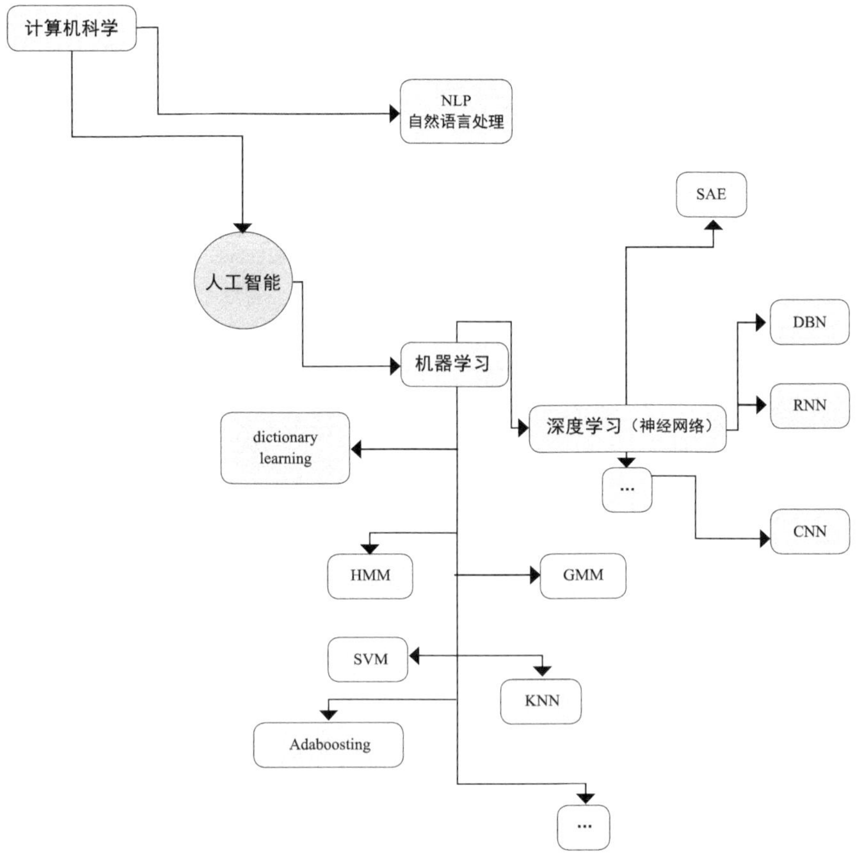

图 3　Stable Diffusion 操作界面

3 Stable Diffusion 模型

Stable Diffusion 是一个基于 Latent Diffusion Models 的文图生成模型，由 StabilityAI 于 2022 年正式开源，算法开源后又由其使用者整合开发出多种 UI 界面，本研究以 WEBUI 为例，如图 3 所示。

3.1 Stable Diffusion 模型架构

除基本算法外，Stable Diffusion 模型的运行主要靠四种模型，它们各自的训练方式、容量、应用范围各不相同。

（1）Checkpoint 模型是真正的 Stable Diffusion 模型，也称大模型或主模型，包含了生成图像所需的所有内容，不需要任何额外的文件。它们通常在 2 ～ 7GB 之间，是所有其他模型的基础，所需要的运算量也是最大的，一般在服务器级别的 GPU 运算群才能生成。

（2）Lora 属于补丁文件，用于加载到 Checkpoint 上，作用是改变产出模型的风格。但主要内容仍由大模型生成，无法单独使用。所需要的训练数据以图片集为主。优点是生成此模型的运算量较小，可以在个人 PC 上设计生成。一般不会超过 1GB。

（3）Hypernetworks 是超网络模型，用于修改扩散模型的风格。与 lora 的区别是应用范围更广泛，lora 的特征指向更为明显，严重倾向数据集所提供的个体特征。所以在更广泛的需求场景以及更多对象需要应用同种风格时的时候，使用 Hypernetworks 是更好的选择。

（4）VAE 则起到为生成图片添加滤镜，优化色彩的作用。

3.2 本地部署

（1）前置文件。要运行 Stable Diffusion，就需要预先下载 Cuda、Git 以及 Python 三个软件。准备完成后需要在本地部署 SD 安装包，安装完成后点击启动图标，进入 WEBUI 加载界面，操作界面会自动载入。

（2）操作要点。操作界面随 UI 版本不同可能会略有差异，但所需操作基本一致，以图 3 界面为例，本次实验主模型选择来自开源模型 ProductDesign，VAE 选择自动模式，不使用其他模型，迭代步数选为 20，尺寸选择 512×512，提示词引导步数为 7。最后在文生图界面中，输入提示词和反向提示词即可。

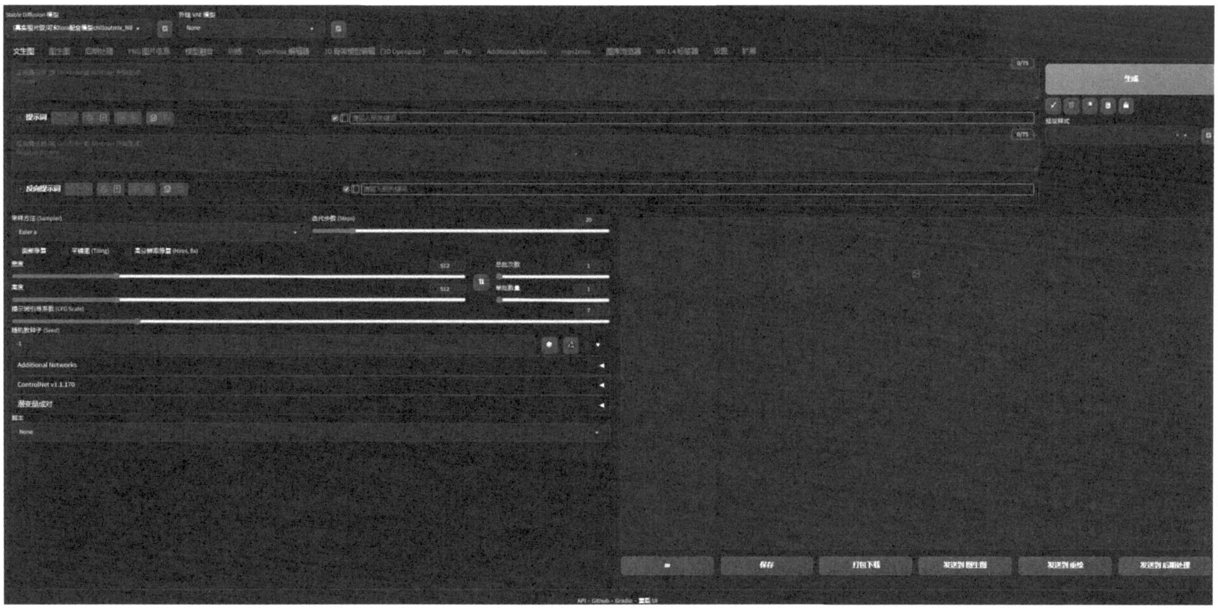

图 3　stable diffusion 操作界面

4 结合符号学的 AI 生成产品测试

以设计台灯为例，用户群体为 20 ～ 30 岁的学生和年轻白领，品位为现代极简，选择科技前卫风格。

4.1 模型生成

（1）自然语言。将需求转化为自然语言，表述为：现代极简风格的，科技前卫的，台灯。以此为关键词生成总计 80 张，见图 4，共耗时 3 分钟。

图 4　自然语言生成方案

（2）语义学角度。产品语义学的本质是通过产品外在视觉形态的设计揭示或暗示产品的内部结构，使产品功能明确，使人机界面单纯、易于理解，从而解除使用者对于产品操作上的理解困惑[17]。从这个角度，修改关键词为：“现代极简风格的，科技前卫的，用于照明桌面，提高环境亮度的台灯。”

修改后的关键词生成方案如图 5 所示。

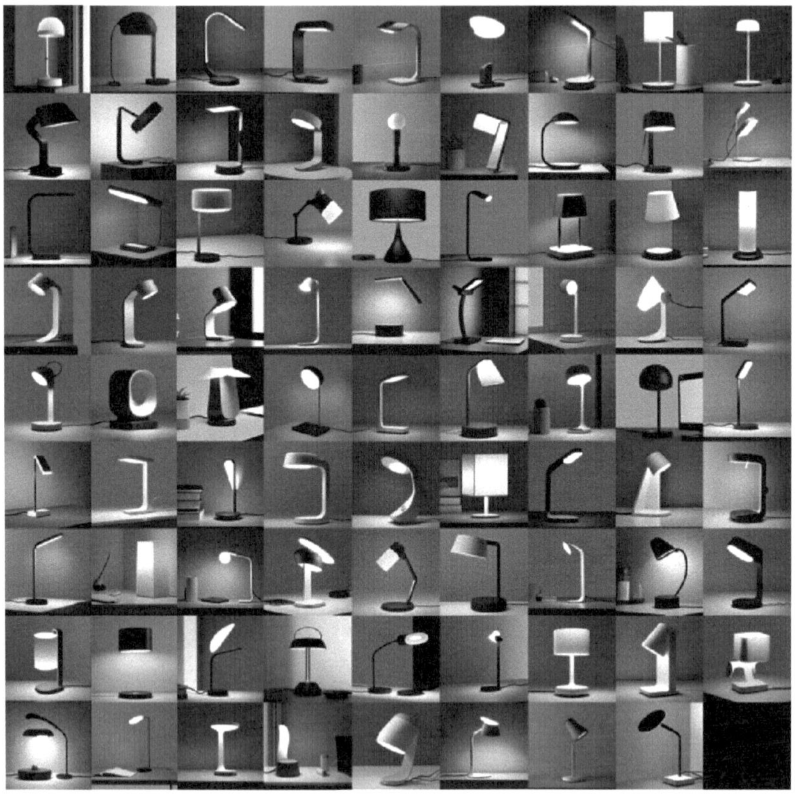

图 5　语义学规范化生成方案

（3）语用学角度。“在众多的语用学定义中，有两个概念是十分基本的，一个是意义，另一个是语境。”[18] 基于此分析，自然语言的表述中缺少两个要素，一个是表述的元素意义，一个是对语境的结合，规范后的关键词方案为："没有装饰，线条流畅的，以金属或塑料制作的，在工作和阅读时使用的，台灯。"

修改后的关键词生成方案如图 6 所示。

（4）语构学角度。语构学研究一个符号系统内部符号与符号的连接关系[19]。所以从语构学角度分析，"现代极简风格的，科技前卫的，台灯。"这句话缺乏系统内符号的明确连接关系，即语句中缺乏各部件的连接方式。用完整的句式补充如下："现代极简风格的，科技前卫的，灯泡在灯罩内，支架顶端为灯罩，支架底部为底座的台灯。"

修改后的关键词生成方案如图 7 所示。

（5）综合应用。综合三种方案后的关键词方案为："没有装饰，线条流畅的，以金属或塑料制作的，在工作和阅读时使用的，现代极简风格的，科技前卫的，灯泡在灯罩内，支架顶端为灯罩，支架底部为底座的，用于照

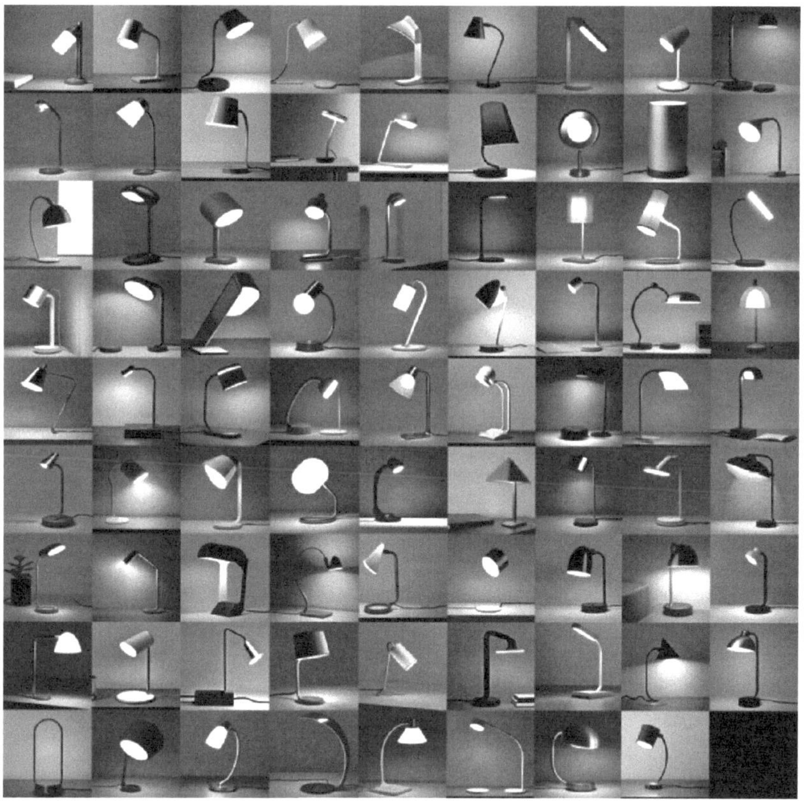

图 6　语用学规范化生成方案

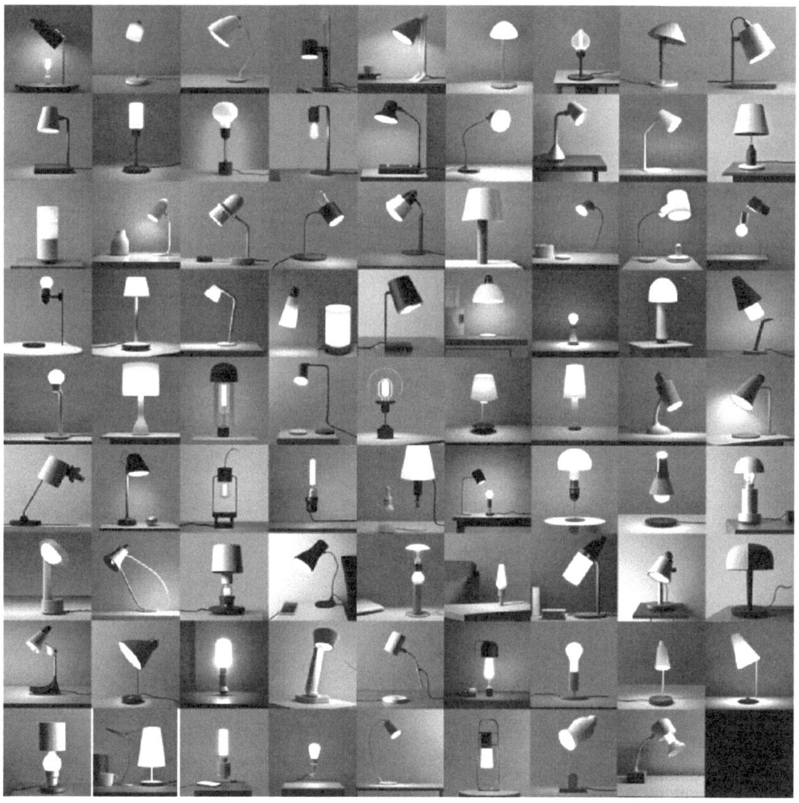

图 7　语构学规范化生成方案

明桌面，提高环境亮度的台灯。”

修改后的关键词生成方案如图 8 所示。

图 8　综合规范化生成方案

4.2 对比分析

对以上五种方式生成的方案进行评估，分别统计有效方案与创意方案占比。对有效方案的定义为产品结构符合物理规律，且造型符合描述关键词；对创意方案的定义为不符合有效方案定义但造型有别于传统形式且具有美感。对方案的评估采用专家评价法，通过 5 位设计从业者对各方案进行打分（十分制），并计算各方案平均分，将 6 分及以上方案算作有效，汇总结果如表 1 所示。

表 1　自然语言与符号学规范陈述对比

	自然语言	语构学	语义学	语用学	综合规范
有效方案个数（占比）	9（11.25%）	39（48.75%）	31（38.75%）	37（46.25%）	32（40%）
创意方案个数（占比）	25（31.25%	5（6.25%）	6（7.5%）	4（5%）	8（10%）

由结果可知，符号学的加入，可以起到规范表述，挖掘隐藏元素的作用。用自然语言所产生方案占比显著低于符号学规范后的方案，其中语构学所产出的有效方案比例最高，语用学次之。

此外，可以注意到自然语言的方案虽然缺少逻辑引导，导致成品率不高，但是出现了很多充满创造性的方案，相比于规范化表述有了更多的可能性。

5 总结与展望

当前生成式 AI 设计的劣势和优势，都在于其底层代码带来的不可回避的随机性。首先，生成式 AI 没有常识或现实物理规则的概念，更没有设计师个人的文化背景和生活经历所带来的审美限制，这意味其拥有者的创造力和想象力不受任何思想束缚的。其次是具有极高的效率，在提示词和其他设置足够完善的前提下，使用者无须做任何多余工作，只需不断地重复流程式的操作。虽然其产出速度受限于硬件，但即使在相对低成本的硬件条件下，也能做到在几分钟内输出几十甚至上百个设计，其中总有相对成熟的设计成品或者能给设计师以启迪的设计参考，相比于先前烦琐的设计流程，效率上的差异已不在一个量级。

同时，设计是需要完整流程的工作，包括从方案提出到市场调研，以及头脑风暴等流程，最后才是设计产品环节，而且造型设计只是产品设计环节中的一小部分，而生成式 AI 当下只能做到根据关键词产出造型。如果没有厘清用户需求和缺乏市场调研，直接输入缺乏方向性和目的性的设计关键词，所产出的设计方案往往毫无价值可言。不过当下有结合 ChatGPT 生成关键词，再导入 SD 进行完整设计的案例，将来随着 AI 和网络数据的完善，单靠 AI 参与设计的时代近在眼前。

但对于很多成熟设计品类如餐具、灯具以及一些电子产品的外观设计等，在这些品类里设计师的功能性创新多半适得其反，此时由 AI 介入纯粹的造型设计反而会起到更好效果。另外也不能忽视造型对功能的反哺作用，以往的认知里一定是先有功能，由功能决定造型；但生成式 AI 通过制造大批量毫无创作束缚的产品图像，用量变引发质变的方式，从造型设计方面反向提示设计者新的功能角度，也绝非天方夜谭。

参考文献

[1] PEIRCE C S. Philosophical writings of Peirce[M]. New York：Dover Publications，1955.

[2] LANGER S K. Philosophy in a new key：A study in the symbolism of reason，rite，and art[M]. Cambridge：Harvard University Press，2009.

[3] Carnie A. Syntax：A generative introduction[M]. New York：John Wiley & Sons，2021.

[4] 朱上上，罗仕鉴 . 产品设计中基于设计符号学的文物元素再造 [J]. 浙江大学学报（工学版），2013，47（11）：2065-2072.

[5] 潘云鹤 . 文化构成 [M]. 北京：高等教育出版社，2011.

[6] 胡珊，贾琦，王雨晴，等 . 基于眼动实验和可拓语义的传统文化符号再设计研究 [J]. 装饰，2021（8）：88-91.

[7] 穆婧秋，胡文杰 . 符号学视角下的传统纺织图案符号再设计：以黄岗村侗族传统纺织图案为例 [J]. 西部皮革，2023，45（14）：114-117.

[8] 徐媛媛，周之澄 . 花卉旅游商品设计语义符号的提取与转译研究 [J]. 装饰，2019（4）：38-42.

[9] 薛青 . 基于设计符号语义的陶艺产品形态设计研究 [J]. 包装工程，2021，42（20）：341-345，351.

[10] 丁健 . 设计符号学背景下平面设计中传统图形的应用探讨 [J]. 鞋类工艺与设计，2021（13）：16-17.

[11] 庄德红，仲雪涵 . 浅析徽州马头墙中的设计符号学 [J]. 工业设计，2022（4）：122-124.

[12] 肖紫惠 . 符号学视野下岭南传统门窗艺术形式在现代设计中的应用 [J]. 西部皮革，2021，43（18）：39-40.

[13] 赵婧 . 从符号学视角看中国传统文化传播：以《典籍里的中国》为例 [J]. 新闻世界，2023（6）：94-97.

[14] LeCun Y，Bengio Y，Hinton G. Deep learning[J]. Nature，2015，521（7553）：436-444.

[15] 王士顺 . 生成对抗网络在艺术设计领域的创造潜能研究 [J]. 包装工程，2023，44（S1）：24-28，41.

[16] Sohl-Dickstein J，Weiss E A，Maheswaranathan N，et al.Deep Unsupervised Learning using Nonequilibrium Thermodynamics[J].Machine Learning，2015（37）：2256-2265.

[17] 刘棒棒，裴学胜 . 基于产品语义学的无人拖拉机造型设计的研究 [J]. 现代农业装备，2023，44（3）：88-92.

[18] 何兆熊 . 语用学概要 [M]. 上海：上海外语教育出版社，1989.

[19] 李德君，宋魁彦 . 明式椅类家具的语构学阐释 [J]. 中国新技术新产品，2009（8）：204.

以用户需求为导向的成都漆器体验设计研究

刘梦倩[1，2]

（1. 四川工商学院 艺术学院，四川 成都 611745；2. 成都大学 天府文化数字化创新四川省文化和旅游厅重点实验室，四川 成都 610106）

摘要：针对不同类型的目标用户进行成都漆器体验设计，实现成都漆器由制作产品到设计体验的模式转变，促进非物质文化遗产保护。通过用户调研构建用户体验地图，根据用户行为和用户满意度，分析用户与漆器体验的接触点，定位用户体验过程中的痛点、机会点及用户需求。运用 Kano 需求分析和 Better-worse 系数分析等设计方法对获取的用户信息进行梳理归纳，量化分析漆器体验过程，明确成都漆器体验设计诉求，提出成都漆器体验的服务策略，验证了 Kano 模型和用户体验地图在成都漆器体验设计中的有效性，为漆器工艺传承与发展提供了新的思路。

关键词：用户需求；Kano 模型；用户体验地图；成都漆器；体验设计

2022 年，中共中央办公厅、国务院办公厅印发的《关于推进实施国家文化数字化战略的意见》明确指出，到“十四五”时期末，基本建成文化数字化基础设施和服务平台，形成线上线下融合互动、立体覆盖的文化服务供给体系。因此，非物质文化遗产保护与传承不能仅仅是对历史文化遗产的简单保留和重复，只有创造性转化和创新性发展，才能激活传统文化

基金项目：四川省高校哲学社会科学重点研究基地——工业设计产业研究中心课题项目（项目编号：GYSJ2024-19）；成都大学天府文化数字化创新四川省文化和旅游厅重点实验室开放课题资助项目（项目编号：TFWH-2024-46）；四川省民办教育协会 2023 年研究课题一般项目（项目编号：MBXH23YB499）

作者简介：刘梦倩（1995—），女，四川成都人，讲师，硕士，研究方向为服务设计、非物质文化遗产研究等，发表论文 8 篇。

在新时代的全新面貌[1]。

目前关于漆器体验设计的研究仍处于起步阶段。汪笑楠等[2]提出将“五感”体验理论融入楚漆器造物艺术的当代设计转化思想中，运用现代技术对楚漆器造物艺术的亲体性图式语言进行创新表达。唐甜等[3]学者以大方皮胎漆器为例，探讨了实现漆艺技法文化认同新范式，并提出了线上线下交互式体验模式，以增强用户与产品之间的情感黏合度。赵敏婷等[4]通过开发平遥漆器艺术 App（游戏），使用户在游戏体验过程中感受漆器制作的乐趣。陈铭等[5]提出基于 KANO-TOPSIS 评价模型对彝族漆器消费者需求指标进行分类研究，获取了消费群体对彝族漆器的偏好，得出适合彝族漆器传承发展和创新设计的新路径。本研究通过用户研究和体验地图的构建，揭示用户与成都漆器互动的全貌，获取用户体验过程中的关键触点和需求，根据用户需求分析结果，提出成都漆器体验设计的新模式，为手工艺传承与发展提供新的思路。

1 成都漆器发展现状

1.1 成都漆器

成都漆器，源远流长，是中国漆器工艺的杰出代表，拥有三千多年的历史。它不仅是一种实用品，更是一种艺术品，蕴含着丰富的文化内涵和民族特色。成都漆器以其精美的工艺、独特的风格和深邃的文化内涵，被誉为“东方艺术瑰宝”[6]。从古代的祭祀用品到现代的家居装饰，成都漆器一直是中华文明的重要组成部分，承载着中华民族的智慧和审美情趣。

成都漆器制作工艺精湛，其中最具代表性的工艺包括雕银丝光、雕花填彩、雕漆隐花、拉刀针刻。涉及制胎、上漆、打磨、推光等多道复杂工序，每一道工序都需要匠人的精心操作和艺术感悟，展现了中华民族对美的追求和对工艺的传承。成都漆器“雕银丝光”制作工艺流程如图 1 所示。

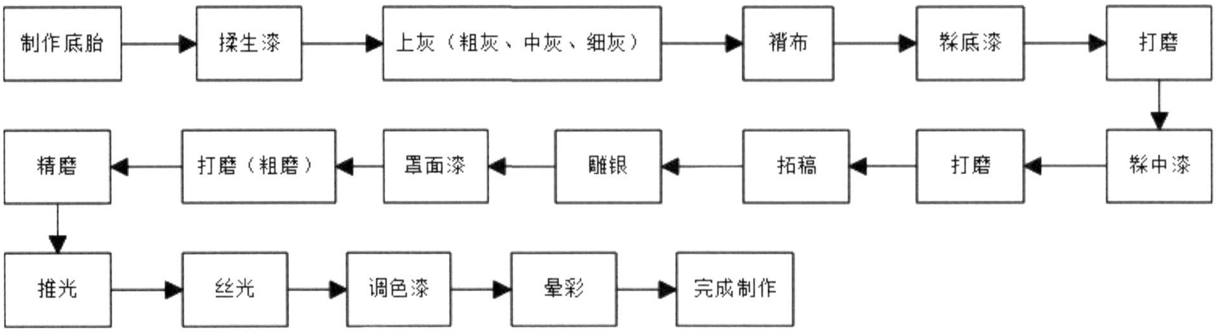

图 1　成都漆器“雕银丝光”制作工艺流程

1.2 成都漆器市场现状分析

成都漆器的审美价值同样不容忽视，其色彩鲜艳而不张扬，图案精美而不失内涵，露出一种东方美学的韵味。这种独特的艺术风格，不仅在国内受到赞赏，在国际上也享有盛誉，成为文化交流的重要载体。随着经济的发展和人们生活水平的提高，市场对传统文化产品的需求日益增长。消费者不再仅仅满足于物质层面的需求，更加注重对精神文化生活的追求。

经调研发现，当前成都漆器产品受到以下几方面的影响较大：① 制作周期长、技艺要求高、成本较高，限制了其在市场上的普及和传播；② 工艺复杂，导致成品价格昂贵，无法满足消费者群体；③ 成都漆器的市场推广和品牌建设也存在一定的困难，虽然成都漆器以其精美的工艺和独特的风格受到赞誉，但在现代市场中，如何让更多的人了解并欣赏这项传统工艺，以及如何提升其市场竞争力，仍然是一个亟须解决的问题；④ 成都漆器的保护和创新也是当前面临的问题，在保持传统工艺精髓的同时，如何结合现代设计理念和技术手段进行创新，使漆器更加符合现代消费者的审美和使用需求，是成都漆器发展的关键。

在数字化时代背景下，用户需求日益多样化和个性化，对传统文化产品的传承和发展提出了新的挑战和机遇。成都漆器，作为中国非物质文化遗产的重要组成部分，以其独特的美学特质和深厚的文化底蕴，受到了国内外消费者的喜爱。然而由于手工制作的特性，成都漆器面临着生产效率低、成本高、市场推广难度大等问题，亟须探索新的发展路径。

2 相关概念解析

2.1 用户体验地图

用户体验地图[7]从服务设计中发展而来的，是一种从用户的角度出发，定位和描述一个完整过程中每个阶段的用户与产品、服务、系统之间交互的工具。用户体验地图的典型要素包括以下几个方面：① 行为阶段，描述用户在体验过程中的不同阶段，通常是按照时间顺序排列的；② 所采取的行动和步骤，即用户在每个阶段所采取的具体行动和步骤，这些行动和步骤是用户行为的具体表现；③ 需要完成的工作、目标和需求，即用户要完成的任务、他们的目标以及他们的基本需求；④ 想法和问题，即用户在体验过程中可能产生的想法、疑问或困惑；⑤ 情绪和精神状态，即用户在不同阶段可能经历的情绪变化和心理状态；⑥ 痛点，即用户在体验过程中遇到的困难、挫折或不满意的地方；⑦ 物理产品和设备，即用户在体验过程中所接触的物理产品或使用的技术设备；⑧ 机会点，即在用户体验过程中可以改进或创新的机会，以提升用户体验。

2.2 Kano 模型

Kano 模型是由日本东京理工大学管理学家 Noriaki Kano 提出的，主要用来划分用户需求的属性类别[8]。Kano 模型将用户需求分为：必备属性（M）、期望属性（O）、兴奋属性（A）、无差异属性（I）和反向属性（R）五个层次[9]，其各属性需求的线性关系如图 2 所示，其中，横坐标表示具备需求程度，纵坐标表示用户的满意度。

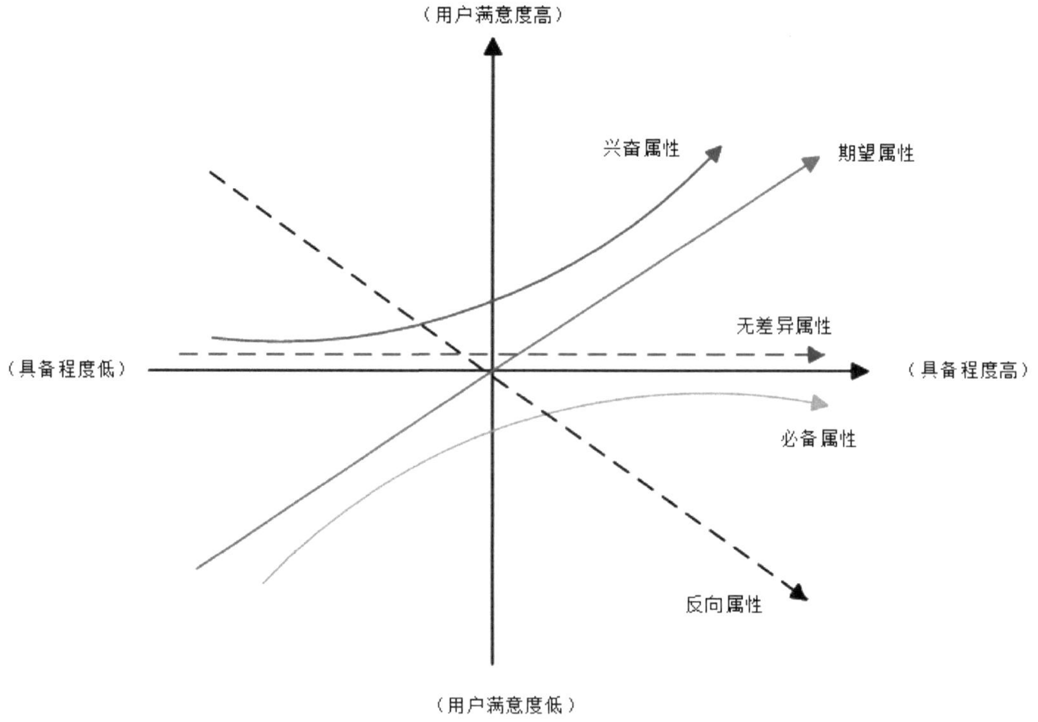

图 2　Kano 模型

Kano 模型构建流程主要分为以下几个步骤：

（1）设计调查问卷，通过问卷调查确定用户需求项。

（2）设计 Kano 问卷邀请用户填写，以期识别出用户需求项的属性类别，针对每个用户需求项进行正反两项问题设置，如表 1 所示。

表 1　KANO 问卷

问题	选项				
正向问题	产品具备某项功能时，你觉得怎么样？				
	喜欢 □	理应如此 □	无所谓 □	可以接受 □	不喜欢 □
反向问题	产品不具备某项功能时，你觉得怎么样？				
	喜欢 □	理应如此 □	无所谓 □	可以接受 □	不喜欢 □

（3）根据 Kano 问卷分析结果，筛选出必备属性（M）、期望属性（O）和魅力属性（A）用户需求，本研究剔除无差异属性（I）和反向属性（R）用户需求。

（4）将分类后的用户需求分别进行 Better-Worse 系数计算，其中 Better（满意影响力）和 Worse（不满意影响力）均用于判定用户对服务水平变化敏感程度。Better 值越大说明敏感度越大，优先级越高；Worse 值越小说明敏感度越高，优先级越高。计算公式如下：

$$Better = \frac{A+O}{A+O+M+I} \tag{1}$$

$$Worse = (-1) \times \frac{O+M}{A+O+M+I} \tag{2}$$

式中：A 代表兴奋属性，O 代表期望属性，M 代表必备属性，I 代表无差异属性。由式（1）、（2）可知，Better 系数的值越大，表明用户满意度提升的效果越强，越接近 1；Worse 系数的值越小，即越接近 -1，表示对用户不满意度的影响越大，满意度下降的影响效果越强。

3 成都漆器用户体验地图构建

3.1 成都漆器体验用户角色模型创建

用户角色模型是设计和产品管理中常用的一种工具[9]，用于代表理想用户的虚构角色，通过市场研究、用户访谈、调查和其他数据分析等进行创建。成都漆器作为一种传统工艺品，其体验用户的角色包括文化爱好者、手工艺爱好者，游客、当地居民，艺术教育者和学生等不同群体，每个角色都有其特定的兴趣点和体验目标。

在成都漆器体验群体中，儿童好奇心强，对新鲜事物有较高的接受度，但可能对漆器材料的过敏风险认识不足；中老年用户群体对传统文化有深厚的情感，喜欢手工艺，但可能因体力或精力限制，难以参与长时间的活动。而年轻用户群体基数大，且喜欢追求个性化、创意性体验，对传统文化的现代表达方式感兴趣，社交网络活跃，乐于分享新鲜体验。因此，本研究将年轻用户群体作为目标用户，用户群体划分如表 2 所示。

表 2　用户群体分类

类型	用户动机	用户行为	用户目标	用户态度
文艺型	乐于寻找新的手工艺体验已成为生活的固定方式	经常制作手工艺	深入了解漆器	喜欢手工艺，尤其对漆器历史文化感兴趣
猎奇型	消遣闲暇时光	体验手工艺较少	选择成都漆器制作技艺进行尝试	乐于追求新奇的创意、材料和服务，但遇到挫折容易放弃
务实型	喜欢讲求实际、一步步地制作完成具有实际用途的产品	偶尔体验手工艺	开发新的漆器产品	注重产品的实用功能

文艺型和猎奇型两种类型的用户都倾向于与众不同的体验，不太满足于常规或大众化的产品与服务，希望通过他们所参与的活动或购买的产品来建立情感上的联系，喜欢在社交媒体上分享文艺作品以及新奇的体验。因此，成都漆器体验将针对文艺型和猎奇型的用户群体进行设计。

3.2 成都漆器体验用户体验地图构建

用户体验地图是一种视觉化工具，详细映射用户与产品、服务或品牌互动的全过程，包括用户的行为、想法、情感以及与产品的接触点[10]。通过用户体验地图，深入理解用户在每个阶段的需求、体验和痛点，从而发现服务和产品设计中的潜在改进机会，进而制定出更有针对性的策略来增强用户体验和提高用户满意度。

本研究共邀请了 6 位被试者参与成都漆器“雕银丝光”技艺体验，目标人群为年轻用户群体，文艺型和猎奇型用户分别为 3 位，均为初次体验漆器，并能理解 Kano 问卷内容。实验工具包括“三灰三漆”的半成品、发刷、大漆、雕刀、500 ～ 7000 目砂纸数张、针笔、食用油、三和胴擦粉、彩漆、棉花及丝绵棒等。被试者在实验人员的指导下完成本次体验，实验人员对整个过程进行视频记录。

本研究将漆器体验分为 3 个阶段，分别是体验前、体验中和体验后。通过对被试者进行访谈，最终汇总得到 14 项用户需求指标，并构建成都漆器技艺的用户体验地图，如图 3 所示。

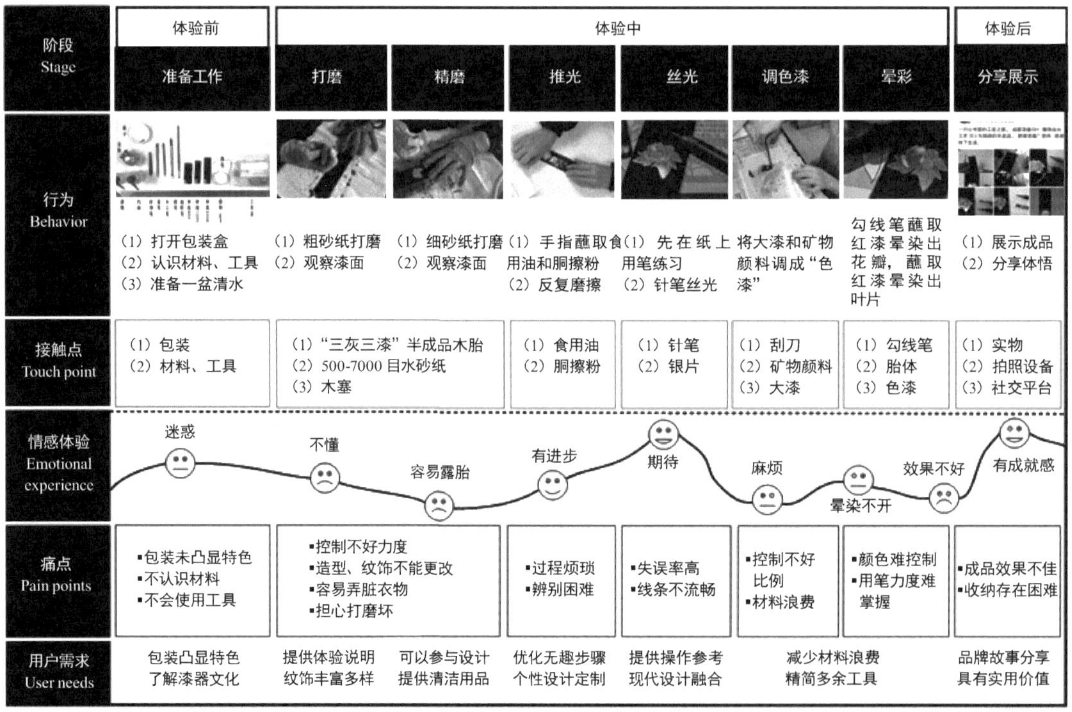

图 3　成都漆器用户体验地图

3.3 成都漆器体验设计需求分析

3.3.1 基于 Kano 模型的用户需求属性划分

依据得到的 14 项用户需求指标制定调查问卷，邀请 102 位被试者参与体验并填写问卷。本次实验共发放 102 份 Kano 问卷，回收有效问卷 98 份。将后台数据进行汇总，对 14 项用户需求指标进行 Kano 属性划分，并计算 Better-Worse 系数，结果如表 3 所示。其中必备（M）属性类别下有 3 个指标，期望（O）属性类别下有 5 个指标，兴奋（A）属性类别下有 4 个指标，无差异（I）属性类别下分别有 2 个指标。

表 3　成都漆器用户需求属性划分

分类	序号	用户需求指标	占比					Kano 属性	Better 系数	Worse 系数
			A	O	M	I	R			
材料与制作工具	B1	包装具有特色	0.48	0.32	0.05	0.15	0.00	A	0.80	-0.37
	B2	提供清洁用品	0.02	0.06	0.44	0.48	0.00	I	0.08	-0.50
	B3	减少材料浪费	0.06	0.30	0.45	0.19	0.00	M	0.36	-0.74
	B4	精简多余工具	0.23	0.28	0.12	0.37	0.00	I	0.51	-0.40
体验过程	C1	了解漆器文化	0.16	0.34	0.31	0.19	0.00	O	0.50	-0.64
	C2	提供体验说明	0.11	0.24	0.57	0.07	0.00	M	0.36	-0.82
	C3	可以参与设计	0.26	0.44	0.20	0.10	0.00	O	0.69	-0.64
	C4	优化无趣步骤	0.45	0.27	0.13	0.15	0.00	A	0.71	-0.40
	C5	个性设计定制	0.34	0.44	0.11	0.11	0.00	O	0.78	-0.55
	C6	品牌故事分享	0.26	0.40	0.15	0.19	0.00	O	0.65	-0.55
漆器载体	D1	纹饰丰富多样	0.46	0.16	0.20	0.17	0.00	A	0.62	-0.37
	D2	提供制作参考	0.39	0.19	0.20	0.21	0.00	A	0.58	-0.40
	D3	现代设计融合	0.26	0.36	0.22	0.16	0.00	0	0.61	-0.58
	D4	具有实用价值	0.13	0.32	0.43	0.12	0.00	M	0.45	-0.74

3.3.2 用户需求指标优先级排序

根据成都漆器用户需求属性分类绘制用户需求指标的 Better-Worse 系数图，如图 4 所示。Better-Worse 系数图展示各功能服务的坐标情况，其中横坐标为 Worse 绝对值，纵坐标为 Better 值，能够直观展示所有功能服务项属性情况。以 Better 系数 0.55 和 Worse 系数 0.55 满意度为界，将系数图划分为四个象限，其中第一象限为期望（O）属性，Better 值高，Worse 值绝对值高。当用户的基本需求得到满足时，用户的满意度会随之提升；反之，如果这些需求得不到满足，用户的满意度会随之下降。因此该象限的服务应优先满足。第二象限为兴奋（A）属性，Better 值高，Worse 值绝对值低。因此位于该象限的服务应优先满足。第三象限为无差异（I）属性，Better 值越低，Worse 值越高，该需求对用户的满意度的影响微乎其微。因此，在本研究中该象限的需求暂不做优化。第四象限为必备（M）属性，Better 值低，Worse 值绝对值高。该象限的服务必须满足，因为这些基础服务是保证用户体验和满意度的基础，是用户认为的必备属性，若缺失该品质，用户的满意度将大幅下降，但对该类属性进行优化，用户的满意度也不会受到任何影响。

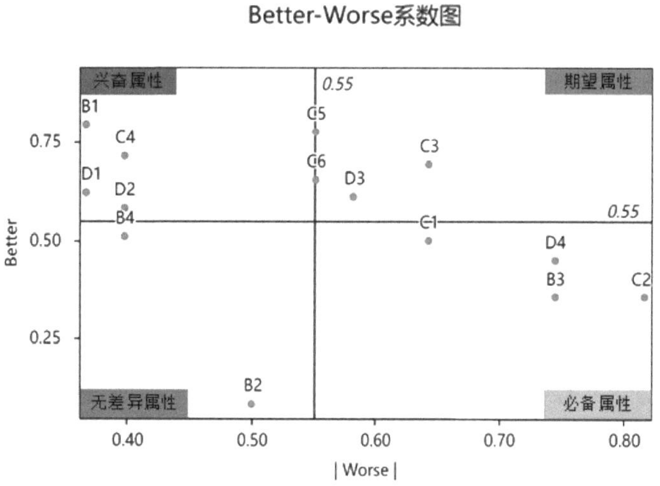

图 4　Better-Worse 系数图

完成各项需求属性划分后，还需对

各个需求指标进行重要程度排序，以明确各个需求指标的优先级。根据功能 / 服务提供优先级上，通常为：必备属性（M）> 期望属性（O）> 兴奋（A）属性 > 无差异（I）属性。由此可将各项需求指标的重要程度分为四级。结合 Kano 模型和 Better-Worse 分析计算数据，进行二次计算得到成都漆器体验需求敏感度系数，计算公式为：

$$S=\sqrt{|Better|^2+|Worse|^2} \tag{3}$$

式中：S 代表每项需求指标的敏感系数，其数值越接近 1，其影响程度越大，说明用户对该需求越重视，成都漆器体验需求敏感度系数如表 4 所示。

表 4　成都漆器体验需求敏感度系数

序号	需求编号	S 值	排名	序号	需求编号	S 值	排名
1	B1	0.881	4	8	C4	0.815	9
2	B2	0.506	14	9	C5	0.954	1
3	B3	0.823	8	10	C6	0.851	6
4	B4	0.648	13	11	D1	0.722	11
5	C1	0.812	10	12	D2	0.705	12
6	C2	0.896	3	13	D3	0.842	7
7	C3	0.941	2	14	D4	0.866	5

不同属性的需求重要度排序如表 5 所示，根据需求敏感度数值由高到低进行排序，首先为：C2（提供体验说明）、D4（具有实用价值）、B3（减少材料浪费）。其次是期望属性，排名依次为：C5（个性设计定制）、C3（可以参与设计）、C6（品牌故事分享）、D3（现代设计融合）、C1（了解漆器文化）。再次是兴奋属性，排名依次为：B1（包装具有特色）、C4（优化无趣步骤）、D1（纹饰丰富多样），D2（提供制作参考）。最后是无差异属性，排名依次为：B4（精简多余工具）、B2（提供清洁用品）。

表 5　不同属性需求重要度排序

需求类型	重要程度排序
必备属性（M）	C2>D4>B3
期望属性（O）	C5>C3>C6>D3>C1
兴奋属性（A）	B1>C4>D1>D2
无差异属性（I）	B4>B2

从不同需求类型进行的重要程度排序如表 6 所示，其中在材料与制作工具方面，重要程度最高需求为必备属性需求的 B3（减少材料浪费）；其次是兴奋属性需求的 B1（包装具有特色）；最后是无差异需求的 B4（精简多余工具）及 B2（提供清洁用品）。在体验过程方面，排名最高的是必备属性需求的 C2（提供体验说明）；其次是期望属性需求的 C5（个性设计定制）、C3（可以参与设计）、C6（品牌故事分享）和 C1（了解漆器文化）；最后是兴奋属性需求的与 C4（优化无趣步骤）。在漆器载体方面，排名最高的是必备属性需求的 D4（具有实用价值），其次是期望属性需求的 D3（现代设计融合）、D1（纹饰丰富多样），最后是兴奋属性需求的 D2（提供制作参考）。

表 6 不同需求类型下的体验需求重要程度排序

需求类型	重要程度排序
材料与制作工具	B1>B3>B4>B2
体验过程	C5>C3>C2>C6>C4>C1
漆器载体	D4>D3>D1>D2

4 成都漆器体验设计

基于 Kano 模型定义，其中无差异（I）属性需求对用户的满意度影响较小，因此该属性需求在本次研究中不做优化。以 Better 和 Worse 的平均值 0.778 为界限，高于平均值的为高敏感度需求，低于平均值的为低敏感度需求。在本研究中，着重关注敏高度高的 10 项用户需求指标，且优先满足 C5、C3 和 C2 这三个指标，以增强用户的整体体验。尽管低敏感度需求不会直接影响用户的满意度，但仍不可忽视。因此，在确保高敏感度需求得到满足的同时，本研究将选择了 D1 和 D2 这两个低敏感度需求作为拓展部分，以丰富设计内容。成都漆器体验设计可分为三个部分：漆器载体设计、材料于制作工具设计及体验过程设计。

4.1 材料与制作工具设计

材料与制作工具的设计主要优化包装设计及制作材料等方面：① 包装设计（B1）。包装设计应体现成都漆器的文化特色和艺术价值，通过视觉元素传达漆器的传统美学和现代设计理念。此外，包装设计互动元素，如 DIY 包装或故事性包装，使用户在打开包装的过程中增加对漆器文化的了解和兴趣。② 材料优化（B3）。选择高质量且环保的材料，减少在制作过程中的材料浪费。提供多种材料选择，以适应不同用户的需求和偏好，如不同类型的胎体，如木胎、瓷胎、竹胎、金属胎等。瓷胎漆器实物如图 5 所示。

图 5 瓷胎漆器实物

4.2 漆器载体设计

漆器载体设计的重点在于纹饰的丰富多样性、现代设计的融合以及实用性。设计应考虑以下几个方面：① 现代设计融合（D3）。将传统漆器设计与现代设计理念相结合，创造出既具有传统韵味又不失现代感的产品。② 实用性考量（D4）。漆器不仅仅是艺术品，也应具备实用价值，如家居装饰、日常用品等，以满足不同用户的多样化需求。 ③ 纹饰设计（D1）。

成都漆器的纹饰应丰富多样，能够反映传统文化的同时，也要融入现代审美，以吸引不同用户群体。④ 提供制作参考（D2）。建立一个包含多种传统和现代图案的参考库，供用户选择或灵感启发，帮助用户在设计自己的漆器时有更多的创意来源。

4.3 体验过程设计

体验过程设计着重于提供个性设计定制服务、允许用户参与设计及提供体验说明等环节：① 个性设计定制（C5）。用户根据自己的喜好和需求对漆器的样式、颜色或图案进行定制。这不仅能够满足用户对独特性的追求，还能增强用户对成品的情感投入。② 设计参与（C3）。允许用户参与到漆器的设计过程中，提供个性化定制服务，增加体验的互动性和创造性。③ 体验指导（C2）。提供清晰的体验说明，帮助用户了解并掌握漆器制作的基本技巧。以电子版代替纸质说明书，通过交互平台发布漆器体验操作指南，以视频、图片等形式呈现，方便用户在体验时查看，如图 6 所示。④ 文化教育（C1）。通过介绍漆器文化，增强用户对漆器的认识和兴趣。

图 6　成都漆器交互界面设计

5 结论

成都漆器，作为中国漆器工艺的杰出代表，不仅具有深厚的历史文化底蕴，更承载着中华民族的智慧和审美情趣。然而，在现代市场环境下，成都漆器传统工艺无法满足现代消费者的需求。本研究通过用户调研和数据分析，提出了漆器体验设计的优化策略，包括漆器载体设计的创新、材料与制作工具的优化以及体验过程的改善，旨在提升用户体验，增强用户对漆器文化的认知和兴趣，同时为成都漆器的市场推广和品牌建设提供了支持。

在全球化和文化多样性的背景下，成都漆器作为中国非物质文化遗产的重要组成部分，其体验需求呈现出明显的地域性和时代性特征。这些需求不仅因不同文化背景的差异而异，而且会随着时间的推移而不断演变。由于本研究实验条件的受限及样本数量等因素，导致研究结果的普遍性和适用性存在一定的局限性。今后的研究将面向不同年龄层的教育课程和工作坊，培养公众尤其是年轻一代对传统工艺的兴趣，共同推动成都漆器乃至整个非物质文化遗产的创造性转化和创新性发展，使其在新时代焕发出新的活力和魅力。

参考文献

[1] 李红飞，李杉杉，慈福义 . 区域文化生态视野下非物质文化遗产价值与高质量发展路径研究：以贵州少数民族非物质文化遗产为例 [J]. 贵州民族研究，2022，43（2）：157-164.

[2] 汪笑楠，徐征 . 楚漆器造物艺术当代设计转化策略研究 [J]. 包装工程，2021，42（24）：292-298.

[3] 唐甜，钟蕾 . 漆艺技法衍生语境中文化价值的认同范式：以大方皮胎漆器为例 [J]. 贵州民族研究，2022，43（3）：103-108.

[4] 赵敏婷，姚蕾 . 论平遥漆器的数字化保护与开发策略 [J]. 包装工程，2018，39（18）：255-260.

[5] 陈铭，钟诗琳，吕建华 . 基于需求评价导向的彝族漆器创新设计研究与实践 [J]. 家具与室内装饰，2021（11）：138-142.

[6] 谢天开 . 小艺大道 道在平常：《“漆”妙无穷：成都漆器制作技艺》评述 [J]. 文史杂志，2024（3）：99-102.

[7] 蒙德庆，彭莉，秦晴 . 基于用户体验地图的苗绣文化虚拟社区需求研究 [J]. 丝绸，2022，59（10）：116-124.

[8] 王剑，吴俭涛，李佳敏 . 基于 Kano 需求模型的户外茶具设计研究 [J]. 包装工程，2023，44（8）：178-184.

[9] 陈香，邱大鹏 . 基于模糊 Kano 模型与 TOPSIS 法的产品设计研究 [J]. 图学学报，2019，40（2）：315-320.

[10] 朱敏，尧优生，李敏 . 基于用户体验地图的社区共享童书模式研究 [J]. 湖南包装，2022，37（2）：74-77.

内容、对象、方式：职业教育新形态教材的设计研究

黄晟

（西安职业技术学院 大数据应用学院，陕西 西安 710077）

摘要：新形态教材是职业教育作为类型教育特征的内在要求，也是职业教育教材发展的方向。通过对职业教育新形态教材内涵及现状进行分析、比较，指出新形态教材设计需从内容、对象和方式三个维度入手。内容上需对接岗位工作任务，融合理论与实践；对象上需围绕学生需求，注重职业素养培养；方式上提倡活页式、工作手册式等新型教材形式，以增强针对性、时效性和互动性。以《移动 App 界面设计》教材为例，展示了新形态教材设计过程中的具体方式与方法，旨在总结新形态教材设计经验、提升业内对新形态教材的设计认识、推广设计思路，更好地服务于职业教育三教改革。

关键词：新形态；教材；设计；职业教育

教材是教育过程中不可或缺的资源，是教育的重要组成部分，是系统化、科学化地整理和呈现学科知识的载体。习近平总书记在党的二十大报告中指出："深化教育领域综合改革，加强教材建设和管理"[1]，强调了教材的重要意义。教材作为实现教育目标、提高教学质量、培养学生综合素质的重要工具，其重要性不仅体现在学术层面，还关系到个人发展和社会进步。

随着产业结构的快速调整和新兴技术的不断涌现，职业教育必须及时调整教学内容和内容呈现方式，以对接经济社会发展趋势和市场需求[2]。2019 年国务院印发的《国家职业教育

基金项目：西安职业技术学院 2023 年度教育教学改革研究项目（项目编号：2023JY03）；陕西省"十四五教育科学规划 2022 年度课题"（项目编号：SGH22Y1657）。

作者简介：黄晟（1986—），男，湖南长沙人，副教授，硕士，研究方向为数字媒体设计，职业教育等，发表论文 23 篇。

改革实施方案》中明确提出："倡导使用新型活页式、工作手册式教材并配套开发信息化资源。"职业教育新形态教材在适应职业教育改革与发展新趋势、促进教学内容与方法创新、满足学生个性化学习需求、推动教育公平与资源共享以及提升职业教育整体质量等方面都发挥着重要作用，是推动职业教育现代化、培养高素质技术技能人才的重要支撑。作为职业教育的重要一环，高等职业教育教材的设计和开发对于职业教育教材体系建设的完整性具有重要意义[3]。

1 职业教育新形态教材的内涵

1.1 设计理念

职业教育新形态教材的设计理念紧密围绕职业教育的核心目标——培养学生的综合职业能力。这一理念要求教材在开发过程中，不仅要注重理论知识的传授，更要强调实践技能的培养和职业素养的养成。新形态教材通过引入行业标准和先进技术，确保教学内容与实际工作需求紧密对接，从而提高学生的综合职业能力，包括专业技能、职业素养和创新能力等多个方面。通过运用新形态教材进行学习，学生不仅能够掌握必要的理论知识和实践技能，还能培养良好的职业素养和创新能力，为未来的职业发展奠定坚实的基础。

1.2 内容组织

职业教育新形态教材的内容组织紧密围绕职业能力培养进行。教材不再单纯以学科知识体系为框架，而是根据职业岗位的工作流程和工作任务来组织教材内容。通过拆分工作过程中的职业能力，设计教材的单元模块，将岗位工作过程所必备的专业理论知识和实践技能知识有机融合。这种以职业能力为本位的内容组织方式，使得学生在学习过程中能够更直接地对接职业岗位需求，提高学习的针对性和实用性。

模块化设计是职业教育新形态教材内容组织的重要特点之一。模块化设计允许教材在内容组织上既体现系统性和逻辑性，又具有一定的灵活性。每个模块都是一个相对独立的学习单元，具有明确的起点和终点，以及完整的学习内容和目标。模块之间既相互独立又相互关联，可以根据技术发展动态和市场需求进行更新和优化组合。这种模块化设计不仅方便了教材内容的更新和维护，也满足了学生个性化学习的需求。

教材需要注重学生的主体性和个性化发展。教材设计充分考虑学生的认知特点和学习需求，通过设计不同风格和层次的学习资源、采用多样化的教学策略和方法等方式来激发学生的学习兴趣和动力。同时，教材还需鼓励学生自主探索、合作学习和创新实践等学习方式的培养和发展，以促进学生个性化发展和综合素质的提高。

1.3 呈现方式

新形态教材突破了传统纸质教材的局限，采用图像、音视频、虚拟仿真等多种媒体形式，实现了内容的多样化呈现。其灵活的装订与组合方式，使得教材内容能够随技术发展和市场需求快速更新，保持教材的时效性和针对性，满足不同学习者的个性化需求。智能互动技术的运用，增强了学生与教材之间的实时互动，使学习过程更加生动有趣，如虚拟现实（VR）、增强现实（AR）等技术的应用，为学生提供了沉浸式的学习体验，让他们仿佛置身于真实的工作场景中，从而加深对知识的理解和记忆，提高学习效果。

2 职业教育教材问题

2.1 教材内容与行业需求脱节

随着科技的快速发展和产业的不断升级，行业技术日新月异。然而，由于教材编写和出版周期较长以及修订机制的不完善，许多职业教育教材在内容更新上滞后于行业技术的发展[4]。教材内容无法及时反映新技术、新工艺和新规范的应用情况，导致学生在学习过程中无法接触到最前沿的技术知识和行业动态。这不仅影响了学生的就业竞争力，也制约了职业教育与产业发展的深度融合。

不同地区、不同行业的经济发展水平和产业结构存在差异，对技能型人才的需求也各不相同。然而，目前许多职业教育教材在内容设计上缺乏针对性和特色性，无法充分满足不同地区、不同行业对技能型人才的特定需求。教材内容往往过于泛泛而谈，缺乏与当地产业和企业实际紧密结合的案例分析和技能训练项目。这导致学生在毕业后难以迅速适应特定行业和地区的就业环境。

2.2 缺乏实践性和职业性

部分职业教育教材往往沿用了高等教育的学科知识体系，注重理论知识的完整性、连贯性，而忽视了职业教育的实践性、职业性等特征。这种编写方式导致教材内容偏重理论知识的传授，而缺乏对实践操作的指导和案例分析。由于教材内容过于理论化，学生在学习过程中难以将理论知识与实际工作相结合。这种理论与实践的脱节不仅影响了学生的学习兴趣和积极性，也限制了他们实践能力的提升。

部分职业教育教材在编写过程中，往往存在过于注重职业技能训练的情况，忽视了职业素养的明确培养目标。这导致学生在学习过程中，虽然掌握了必要的专业技能，但在职业素养方面却缺乏系统的培养和提升。同时，职业教育教材中职业素养的培养方式往往比较单一，主要通过理论讲授和案例分析等方式进行。这种单一的培养方式难以激发学生的学习兴趣和积极性，也难以达到良好的培养效果。

2.3 教材形式单一，缺乏创新

传统书本的教材形式在便携性、易读性方面有一定优势，但在互动性、实时更新和多媒体呈现等方面存在明显局限，对于当下职教学生的学习积极性调动有限。针对职业教育的特性，近些年活页式、工作手册式新形态教材在国内大规模被倡导，但普及和应用仍显不足。

不同出版社、不同作者编写的职业教育教材在内容结构和章节安排上往往存在雷同现象。这导致学生在学习过程中难以接触到多样化的学习材料和观点，限制了其思维的广度和深度。也使得教材缺乏新颖性和独特性，难以激发学生的学习兴趣和积极性。

3 新形态教材的设计维度

3.1 内容

教材作为教育教学的基本依据和核心载体[5]，其内容至关重要。对于职业教育而言，教材的内容应该对接岗位工作任务，讲解相关岗位的职业标准、规范、前沿动态以及技能实操，通过大量岗位典型任务对学生进行项目式的训练，让学生提升实际操作能力和职业素养。当然也不能纠罔过偏，一味地追求实践，缺少理论知识支撑，让技能流于表面。应注重理论与实践的紧密结合，通过理论知识的学习为实践操作提供指导，同时通过实践操作加深对理论知识的理解，形成良性循环。

3.2 对象

教材的使用对象是学生，这在以学生为中心的教学组织中尤为明显。学生作为学习的中心，教材需要围绕学生进行设计。教材中的案例要通俗易懂，由浅入深，以贴合职教学生学习基础相对薄弱的情况；教材需要契合岗位，让学生明确就业方向，因为这类学生学习目标明确，大部分就是为了学习一技之长；教材中以项目为导向的教学环节可以让学生对接真实的岗位任务，贴合学生动手能力强的优势；教材中还需要涉及岗位中所需要的职业素质、文化、发展规划等内容，对于一些地域性产业还需要具有地域性案例，让学生的职业目标与就业方向更为明确。

3.3 方式

教材的呈现方式决定了学生学习的方式，相较于传统的教材，职业教育在教材呈现形式上提倡活页式、工作手册式，其原因就在于这一类新形态教材更贴合职业能力的训练[6]，也更贴合职业教育的发展需求。活页式教材有利于模块化课程的建设，方便授课教师对教材内容进行二次开发和组合。工作手册式教材能够直接反映企业工作实际，帮助学生更好地理解和掌握职业技能，提供详细的操作步骤和注意事项，便于学生在实践中参考和使用。但是在教材开发过程中需要深刻理解“新形态”的内涵，不能只顾及表面，拘泥于物理形态之中。除此之外，更为完善的立体化教材能够拓展纸质教材的功能域，使教材内容更加丰富和多元，学生可以根据自己的学习需求选择适合的学习资源，实现个性化学习。

4《移动 App 界面设计》教材设计策略

本文以《移动 App 界面设计》教材为例，具体讲述教材设计过程中的思考环节。该教材针对动漫制作技术省级高水平专业群，该专业群包含动漫制作技术、数字媒体技术、计算机应用技术、计算机网络技术四个专业，界面设计为专业群共享专业课，但因为专业背景不同，因此在动漫制作技术及数字媒体技术专业中偏重 App 的图标设计和视觉设计，在计算机应用技术和计算机网络技术专业中偏重 App 的产品设计与交互设计。

4.1 以工作任务梳理知识内容

在教材设计初期，为了让其能够满足动漫制作技术专业群中多个专业的使用，方便专业群中课程的共享，将教材目标岗位划分为四个岗位工作：需求分析、原型制作、图标设计、视觉设计。其中计算机应用技术及计算机网络技术专业重点学习前两个模块，图标设计模块次之，视觉设计选学；动漫制作技术专业和数字媒体技术专业重点学习后两个模块，原型制作次之，需求分析选学。

在划定了 4 个模块后，在此基础上梳理出各个岗位工作模块中的典型任务共 17 项。基于这 17 项典型工作任务，借助动漫职教集团优势，联系界面设计相关企业的工程师，进行岗位能力清单的梳理。在梳理中考虑到，要以初级从业人员的角度考虑职业能力，部分职业能力是需要在长期的从业过程中通过对行业岗位的了解逐渐培养的，这一类职业能力仅做案例性说明，不作为培养要求。

根据 17 项典型工作任务的职业能力要求，与企业工程师共同进行教学任务的开发，将家国情怀、民族精神、传统文化、职业精神等思政元素融入教学任务之中，共开发教学任务 21 项，以此奠定教材总共包含 21 项教学任务。教材在使用时可根据专业不同，学生学情不同，由教师自由选择教学任务，方便教师进行不同专业下的教学组织。岗位能力清单如表 1 所示，教材架构如图 1 所示。

表 1　岗位能力清单（部分）

模块	工作任务	职业能力要求
需求分析	开展调查问卷分析	1. 具备用户调研项目的规划与执行的能力。 2. 能够组织开展问卷调查活动。 3. 了解问卷调查的实施流程。 4. 掌握调查问卷的设计方法。
	开展用户访谈	1. 具备与用户沟通的能力。 2. 掌握访谈提纲的编写方法。 3. 能够组织开展用户访谈活动。 4. 了解用户访谈的实施流程。
	开展竞品分析	1. 具备归纳与总结的分析能力。 2. 能够编写竞品分析报告。 3 了解竞品分析的意义。 4. 掌握竞品分析的方法。
	开展信息架构	1. 具备用户研究活动的组织、推动能力。 2. 能够运用卡片分类法进行用户研究。 3. 能够绘制信息架构图。 4. 掌握卡片分类法的相关方法与流程。

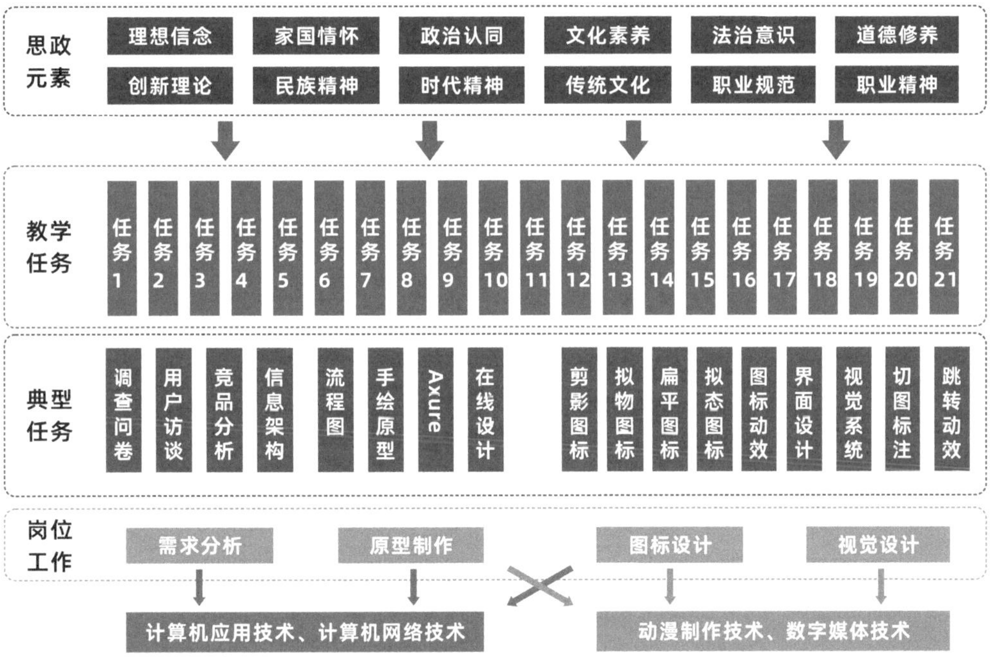

图 1　教材架构

4.2 以学生情况扩展教学方式

教材在设计过程中，充分考虑学生情况，帮助教师构建有针对性的教学方式。当下学生个性化突出，自我驱动力强，但同时也会出现以自我为中心、缺乏纪律性以及沟通障碍等问题，这些问题在岗位工作中最容易导致团队协作性差，而 App 的设计工作是需要以团队进行的。为了在教学过程进行团队协作能力的培养，教材在设计过程中，对于部分章节的任务因为内容繁杂，就会设置成以小组为单位进行完成。在整体的教学链条中，还需要以小组为单位完成一款 App 的整体设计，这就增加了多个学生以小组完成任务的环节。在课程结束时，需要小组内部对个人工作量进行评估，以此权衡小组内不同成员的小组成绩。对于小组所设计的 App，可以进行完善后作为创新创业项目，推荐小组去参加相关创新创业类竞赛，扩展了课堂范围，也进一步培养了小组间的合作精神。

对于高职学生而言，有很大一部分自信心不足，在课堂教学过程中不喜欢参加教学互动，很多学生在公开场合不善于表达，尤其在于讲述个人观点方面，缺乏逻辑与条理。但是，对于一名 App 的设计人员而言，在公开场合讲述个人设计方案，表达设计思路是在工作岗位必须面对的事情。出于对学生讲演口才及表达能力的提升，在教材设计中加入了两个环节来对学生进行锻炼，一个是每个项目的课前准备环节，在该环节学生需要以个人或者小组为单位完成相应的资料、信息收集，并汇总成文本格式，在课堂中随机挑选学生进行 5 ～ 10 分钟的个人成果的展示与汇报。另一处是每一章节结束后的小结任务，学生需要以小组为单位完成设计任务，再在课堂上进行演示分享，接受其他小组的提问并进行解答。两处讲演展示不仅让学生锻炼了口才与表达能力，检查了学生课下作业的完成程度，还提升了课堂的活跃程度以及学生在教学过程中的参与程度。

4.3 以数字形态更新案例章节

职业教育教材相较于传统高校教材，与产业的发展更为密切，在互联网、信息技术等快速更新的产业中更为突出，传统的三年修订周期已无法使教材满足不断迭代的新技术、新工艺，使教材缺少时效性。活页式教材的提出一定程度上对此问题进行了缓解。模块式的教学章节方便编者对其中内容进行实时删减与调整，也方便教师在教学过程中进行教材的二次开发[7]。为此，在进行《移动 App 界面设计》教材设计过程中，还为其配套了相应的在线课程，使教材内容的更新能够快速传达给用户，提升教材内容的时效性。

在线课程平台的架设一部分是为了个人学习者观看教学视频使用，更多是为了搭建一个编者与读者之间的通道，让教材的使用者能够及时得到教材内容的更新，获得与行业一线技术更为贴近的学习内容。如在本教材中，对于 HarmonyOS、Xiaomi HyperOS、iOS 等系统的界面设计规范，就要根据系统开发者新版本的发布在课程平台上进行更新，对于新拟态等时下流行的图标设计风格，也做到相关案例的及时更新。

5 结论

通过从内容、对象、方式等方面对教材进行构建设计，《移动 App 界面设计》新形态教材的建设成果也初露头角。目前教材获批省级十四五职业教育规划教材，已进行到出版印刷环节。校本教材使用期间，学生对界面设计相关技能掌握良好，在职业院校技能大赛移动应用开发赛项获奖多次，课程成果在中国国际大学生创新大赛省级复赛中获奖多次。

中国职业教育体系的建立，需要职业教育教材的转型与升级予以支持。而在职教新形态教材的设计开发中，并不能让“新形态”流于形式，要从内容、对象与方式等多个方面进行权衡设计，开发出适合岗位、满足学生、多维立体的新形态教材，服务职业教育“三教”改革，引领职业教育的蓬勃发展。

参考文献

[1] 习近平 . 高举中国特色社会主义伟大旗帜为全面建设社会主义现代化国家而团结奋斗 [N]. 人民日报，2022-10-26（001）.

[2] 孙诚，宗诚 . 新时代职业教育教材：时代背景、内涵要求与实施路径 [J]. 中国职业技术教育，2020（8）：10-14.

[3] 佘阳梓，余凡 . 高等职业教育活页式教材的开发流程研究 [J]. 职教论坛，2021，37（11）：75-80.

[4] 黄河，杨明鄂，旷庆祥 . 职业教育“新型活页式教材”的内涵及建设路径 [J]. 教育与职业，2021（2）：99-103.
[5] 卢先和 . 立足于新质人才培养的优秀教材出版探讨 [J]. 科技与出版，2024（5）：59-67.
[6] 李政 . 职业教育新形态教材：内涵、特征与编写策略 [J]. 职教论坛，2020（4）：21-26.
[7] 丁喜纲 . 职业教育新形态教材的比较与建设探析 [J]. 中国职业技术教育，2021（2）：67-71.

成都瓷胎竹编亲子研学旅行服务设计研究

陈婷，刘梦倩

（四川工商学院 艺术学院，四川 成都 611745）

摘要：在文旅融合背景下，以传承中国特色非遗技艺、助推乡村文旅融合发展为目标，运用搜索引擎和实地调研，结合研学服务设计的方法策略对现有问题进行分析，通过共性与差异分析、亲子研学平台构建、用户角色定义、研学课程设计、用户反馈机制的服务、设计蓝图构建的运用，探索成都瓷胎竹编亲子研学旅行服务设计的方法策略，为“研学＋非遗”类研学旅游产品和服务的设计提供参考。研究表明服务设计应利用大数据分析聚焦到设计全过程，以孩子“学”与“悟”的深度融合为动力，改变非遗文化冷门、传统工艺失传的现状。做到守根护脉，努力推动非遗“活态”传承。不断优化研学服务设计方案，为传统教育模式赋新能。

关键词：瓷胎竹编；亲子研学；服务设计；用户需求；非遗传承

研学游作为教学新形态，已成为各地文旅融合创新驱动、转型升级的重要方式之一。服务设计是多领域交融的研究方式，用以提高用户体验和服务质量的设计活动。构建“用户为

基金项目：2023 年四川省大学生创新训练计划立项项目“亲子研学—瓷胎竹编工艺创新应用与研究”（项目编号：S202313672027）；四川省民办教育协会 2023 年研究课题一般项目（项目编号：MBXH23YB499）；四川省高校哲学社会科学重点研究基地 - 工业设计产业研究中心项目（项目编号：GYSJ2024-19）。

第一作者简介：陈婷（2004—），女，四川巴中人，本科在读，研究方向为产品设计、服务设计。

通信作者简介：刘梦倩（1995—），女，四川成都人，讲师，硕士，研究方向为服务设计、非物质文化遗产研究等，发表论文 8 篇。

先 + 追踪体验流程 + 涉及所有接触点 + 致力于打造完美的用户体验整体服务框架”[1]，做到以点带面，攀登发展高峰。故当今社会在服务设计融合文旅的背景下，应运而生的“研学＋非遗”的旅行服务设计，核心是开展教育类亲子研学活动为当地旅游行业带去流量与盈利。建立成都瓷胎竹编亲子研学旅行服务平台，优化服务触点，搭建起用户与非遗研学的快捷桥梁，确保孩子真正的学有所得，为传统教育注入新的活力。助力乡村振兴新格局，守护非遗薪火，传承非遗匠心。

1 研究背景与现状分析

1.1 成都瓷胎竹编发展现状

瓷胎竹编作为成都“五朵金花”之一，属于四川成都地区独特的传统手工艺品，融合传统“精选料、特细丝、紧贴胎、密藏头、五彩图”的瓷胎制作技艺与竹编工艺，2008 年入选第一批国家级非物质文化遗产扩展项目名录。“瓷胎竹编工艺”后又被列入四川“省级非物质文化遗产代表性项目保护单位名单”，重新使瓷胎竹编尘封已久的古老技艺“被看见”[1]。

国务院办公厅印发的《关于进一步加强非物质文化遗产保护工作的意见》指出：非物质文化遗产是中华优秀传统文化的重要组成部分，是中华文明绵延传承的生动见证，是连结民族情感、维系国家统一的重要基础。目前，瓷胎竹编的发展呈现出保护、传承与创新发展并重的态势，不断在传统与现代之间寻找平衡，焕发出新的生机与活力。例如，国家大力推动宣传非遗传统文化，鼓励各方联动，如线下集中开展系列非遗宣传展示活动，云游非遗 • 影像展由中国演出行业协会与多个网络平台共同承办，以短视频、直播、音频结合并联动社交媒体、官方媒体，让更多社会公众关注、了解生活中丰富多彩的非遗，并参与到生动的保护实践中[2]。

1.2 亲子研学旅行市场现状

随着国民教育文化需求的提升、政府政策红利的释放以及家长教育观念的转变，研学游成为旅游市场重点发展方向。自 2013 年国务院首次提出“研学旅行”以来，各地文旅、教育部门陆续出台相关政策，强化研学教育内容建设，促使研学游主题与内容不断丰富。

2023 年中国研学游行业市场规模达 1469 亿元，市场前景广阔。随着研学游市场发展逐步成熟，同质化的研学旅行服务将越来越难以满足消费者需求[3]。科技、制造、能源、互联网等跨领域也进入市场抢占份额，开发出丰富多样的跨界融合研学产品。根据 Ii Media Research（艾媒咨询）的官方数据显示，66.4% 的受访用户表示非常愿意让自己的孩子参加研学游，9.3% 的受访用户不愿意让自己的孩子参加研学游项目。

数据表明，随着研学游观念的进一步普及，中国消费者为子女报名参加研学游项目的需求将持续增长。但市场上研学游产品质量参差不齐，消费者对研学游产品服务与教学质量仍然存在一定的顾虑。

2 成都瓷胎竹编亲子研学旅行服务分析

2.1 研学资源分类

成都作为一个拥有丰富历史和文化底蕴的城市，为研学旅行提供了多样化的资源和机会，有助于学生在不同领域获得全面的学习和成长。根据中华人民共和国国家标准《中华人民共和国旅游资源分类、调查评价》，对成都瓷胎竹编的研学资源对比分析，梳理出成都瓷胎竹编亲子研学旅行资源分类，如表 1 所示。

表 1　成都瓷胎竹编亲子研学旅行资源分类

资源分类	具体内容
历史文化资源	始于清代中叶，承载着丰富的文化内涵和历史积淀。（邛崃市瓷胎竹编协会、成都市区工艺美术品售卖集中地送仙桥古玩城以及相关博物馆、展览馆）
技艺特色资源	以“精选料、特细丝、紧贴胎、密藏头、五彩图”等技艺著称（邛崃市平乐双溪河竹编工艺品厂被评为 2023 四川省优秀非遗工坊。搭建瓷胎竹编工作室与中小学、高校合作的桥梁，开展一对一“理论 + 实践”模式教学）
创新设计资源	创造符合现代审美需求的产品。为研学活动提供了灵感来源
教育资源	拥有超 500 的非遗传承人和专业工坊，技艺精湛，组织的各类非遗展览展示活动和研修学习与讲座 200 余场
市场应用资源	学生作品再利用：通过电商平台、实体店等销售，实现自我价值同时传承和发展非遗
文化交流资源	组织学生参与国际文化交流，展示作品和技艺，让非遗“走出去”（2020 年与雷克萨斯、爱马仕等品牌合作，宣传和推广瓷胎竹编技艺）

2.2 研学服务触点对比

服务触点的分析优化作用于用户对服务的情绪感受，直接影响用户的体验，并有利于平台的品牌塑造和服务质量。根据服务设计理念中的用户旅程图构建方法 [4]，本研究将亲子研学旅行整体划分为研学前、研学中、研学后三个时间段，再根据其中关键服务触点对研学服务进行配套设计。将过去传统的与创新的研学服务触点对比分析，得出人们了解研学信息渠道越多，越容易达到宣传目的的结论；用户通过平台能更细节了解研学课程设置，增加对亲子研学平台的信任。在研学过程中，在导航、服务、安全的设计方面不断优化，满足“用户为先 + 追踪体验流程 + 涉及所有接触点 + 致力于打造完美的用户体验整体服务框架”，如图 1 所示。

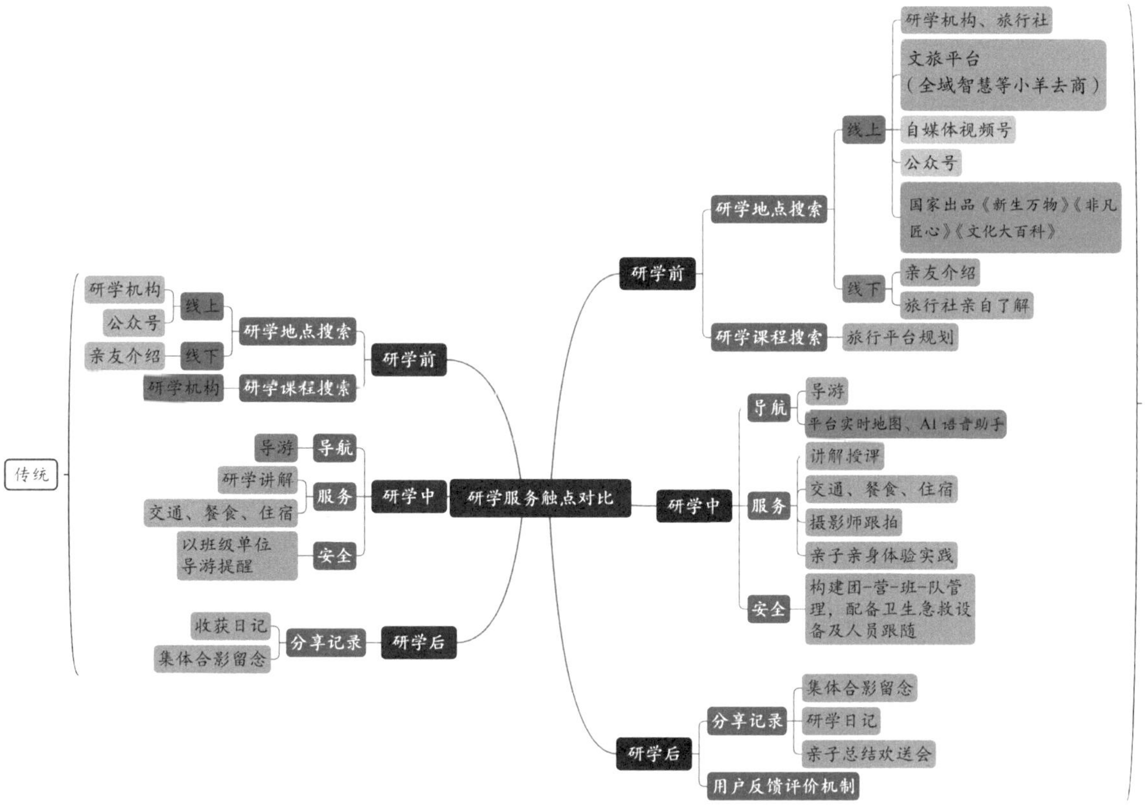

图 1　成都瓷胎竹编亲子研学旅行研学服务平台架构图

2.3 研学服务共性与差异分析

研学服务的共性集中在促进学生全面发展上，研学服务的共性主要包括提供学习机会、培养综合素质、发展社交能力、培养兴趣爱好、塑造性格，以及增强体质。这些共性体现了研学服务的主要目标是促进学生的全面发展和教育。具体来说，研学服务旨在通过实践活动让学生学习知识和技能，拓宽视野，培养思维能力、创造力、合作能力和领导能力，同时通过与其他孩子的互动培养社交能力和团队合作精神，接触不同领域和活动以培养兴趣爱好，以及通过特定活动培养品格和价值观 [5]。

差异则体现在教育资源类型、政策执行标准以及政策响应方式上 [6]。在教育资源上的差异包括人力资源（如成都瓷胎竹编传承人数、从事瓷胎竹编相关产业的人数、人员的教学质量水平）的差异，教学环境（如在课程内容搭建、活动安排管理、基地建设的风格与面积、费用收取标准）的差异，教学资源（如瓷胎竹编学习制作的工具和配套设施服务范围）的差异 [7]。在教学资源政策执行标准上，由于不同省份在课程建设、时间安排、基地建设、费用收取和安全保障等方面的政策要求存在政策性差异，导致研学旅行含义的规定在不断演化和拓展，使得研学旅行政策环境和区域发展具有差异性，即用户群体不再局限于学校组织安排，实践活动与产品更加丰富和多元化。成都瓷胎竹编亲子研学服务共性与差异分析如表 2 所示。

表 2　成都瓷胎竹编亲子研学服务共性与差异分析

研学服务共性	研学服务差异	
提供学习机会 培养综合素质 发展社交能力 培养兴趣爱好 塑造性格 增强体质	教育资源类型	人力资源 教学环境 教学资源
	政策执行标准	课程建设 时间安排 基地建设 费用收取 安全保障
	政策响应方式	研学旅行政策环境 区域发展的差异

3 成都瓷胎竹编亲子研学旅行服务设计

3.1 成都瓷胎竹编亲子研学平台构建

3.1.1 瓷胎竹编体验用户角色定义

成都瓷胎竹编亲子研学平台将面向个社群群体，无限拓展亲子用户渠道，主要分为三大类：家庭社群、教育机构社群和学校社群，如图 2 所示。家庭提供亲子教育资源和活动；平台可以与各类教育机构合作，提供丰富的研学资源和课程；还可以与学校建立合作关系，为学校提供亲子研学项目和资源。其中体验瓷胎竹编用户以目的为导向划分成教育导向类型与情感导向类型。教育导向的人群更加注重孩子的全面发展，特别是素质教育和传统文化教育，用户需求是寻求专业的瓷胎竹编老师或传承人的指导，确保孩子能够学到正宗的技艺和知识，希望研学活动能够提供系统的课程安排和丰富的体验环节，收获学习成果与增加孩子成就感，为孩子提供更加丰富、多元的学习体验。情感导向的用户多希望与孩子创造共同寓教于乐的亲子活动，增进家庭成员间的情感交流，同时让孩子接触和学习传统文化；并鼓励孩子动手实践，通过制作瓷胎竹编产品，激发其创造力和想象力，培养解决问题的能力；让孩子近距离接触并了解这一非物质文化遗产，感受传统文化的魅力，培养对传统文化的兴趣和尊重。

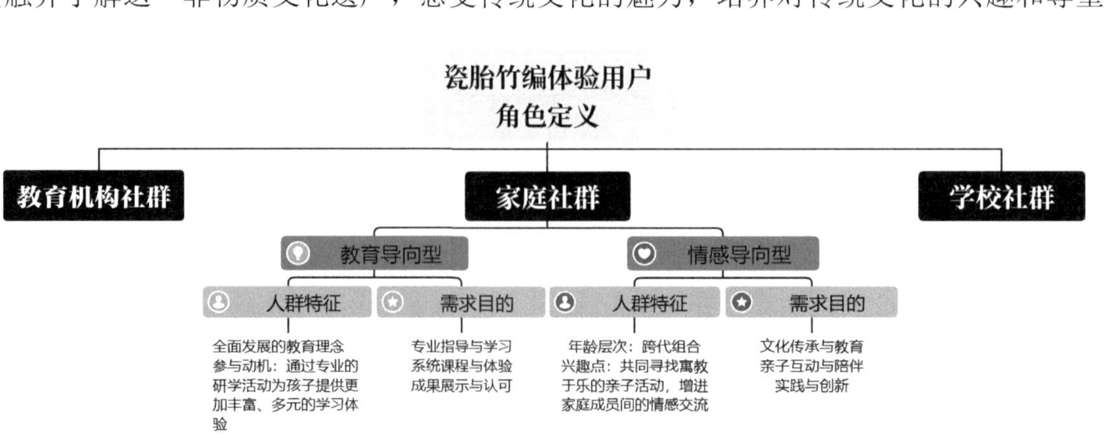

图 2　瓷胎竹编体验用户角色定义图

3.1.2 瓷胎竹编体验地图构建

通过搜索引擎、实地考察调研的方法，绘制成都瓷胎竹编亲子研学旅游用户体验地图，如图 3 所示。主要分为研学前、研学中和研学后三个阶段，以此分析用户的情绪体验，并对触点、机会点和痛点进行归纳。最终提出成都瓷胎竹编亲子研学路线：

（1）探索竹海孕育的非遗技艺：天府川西竹海区（玻璃栈道—竹石屋—飞瀑崖—川西竹海竹博物馆）；

（2）体验瓷胎竹编制作过程：平乐镇双溪河竹编工艺厂；

（3）参观平乐古镇周边工艺品。

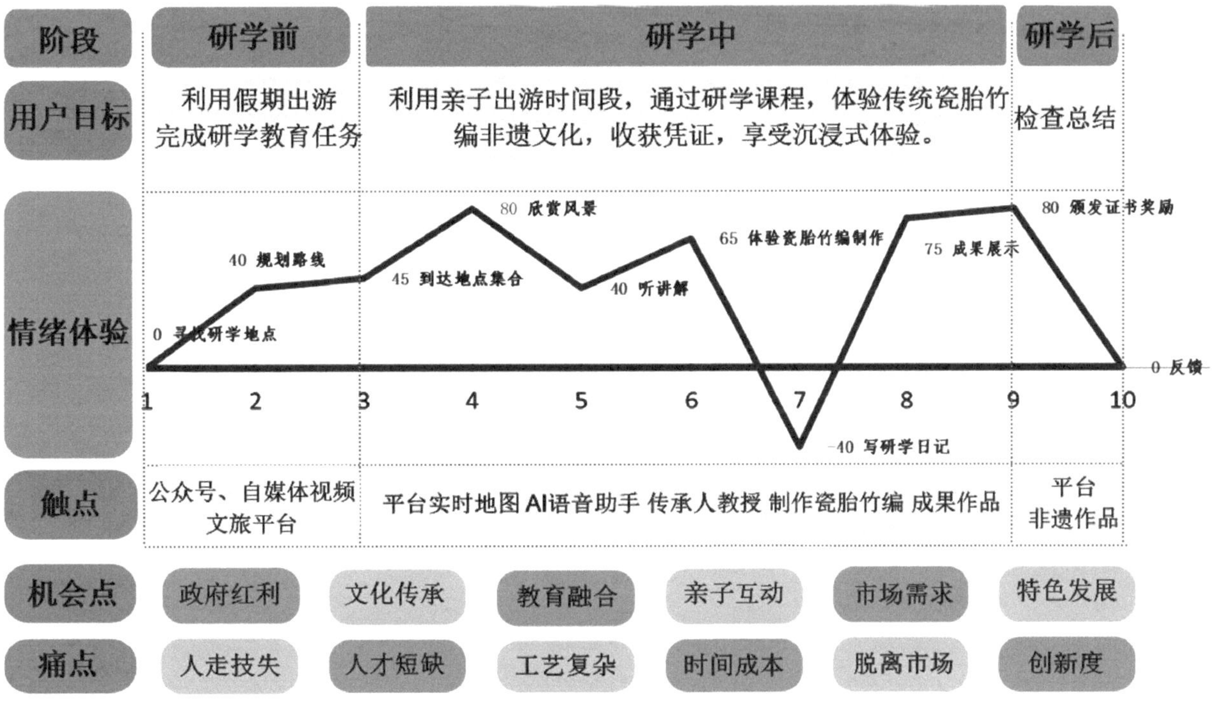

图 3　成都瓷胎竹编体验地图

3.1.3 机会点和痛点分析

根据上述用户体验情绪满意度折线表分析，以及实地考察与搜索引擎方法，得出瓷胎竹编亲子研学旅行服务设计在一定程度上有一些问题有待改善，总结出了成都瓷胎竹编亲子研学机会点与痛点，如表 3 所示。

表 3　成都瓷胎竹编亲子研学机会点与痛点分析

机会		痛点	
政府红利 文化传承教育融合	“非遗＋研学”模式赋予传统教育新活力	人走技失 人才短缺	加大宣传力度，年轻化同时培养传承人
亲子互动 增进关系	协同编织	工艺复杂 时间成本高	提供完善的材料准备和 工艺指导服务
适应市场需求与特色发展	定制化研学课程 优化服务设计	审美传统老旧 认知、创新度不足	加强市场调研和产品开发

3.1.4 构建成都瓷胎竹编亲子研学服务设计

成都瓷胎竹编亲子研学平台的构建，以优化研学服务触点，整合信息与数据，搭建用户与非遗研学的快捷桥梁为目标，围绕增强亲子关系，提供全面的教育机会，提供丰富多样的学习体验以培养孩子的实践能力，以及提供一个家庭互动的平台展开，如图 4 所示。

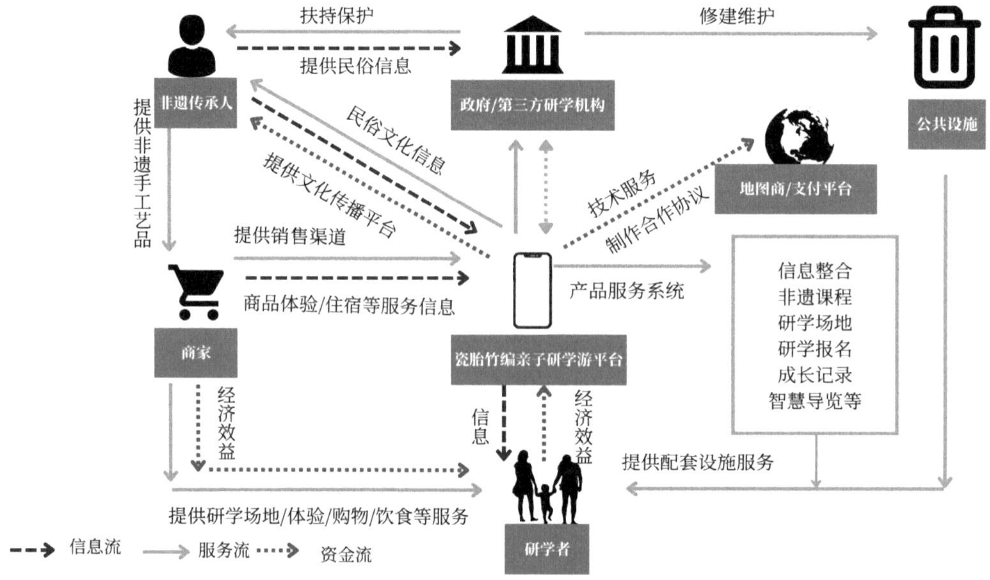

图 4　成都瓷胎竹编亲子研学旅行平台服务系统图

针对信息差方面的问题，运用利益相关者理念[7]，构建成都瓷胎竹编亲子研学游服务系统，将政府及第三方研学机构及商家、民俗文化或非遗传承人在研学方面的资讯及服务信息聚合在该平台中，研学者可一站式了解研学相关产品及服务信息，如图 5 所示。

图 5　成都瓷胎竹编亲子研学游界面设计

成都瓷胎竹编亲子研学游服务平台为用户提供高质量与全面服务，建立信息整合和公信力的系统研学平台。用户通过平台能了解成都瓷胎竹编的研学地点、研学课程等相关信息，并带着知识与问题进行到亲子研学体验中，也能对研学过程中的交通、餐食、住宿以及安全方面采用团—营—班—队管理，配备卫生急救设备。在研学结束后，孩子会得到个人的成长证书，家长也可以在交流圈中互相学习交流。同时开设的电商渠道，在带动当地的经济同时，有对瓷胎竹编这一技艺感兴趣的家长和孩子，可以跟随线上产品教学实践，制作的瓷胎竹编产品通过官方认可后可进行上架销售。

3.2 研学课程矩阵设计

研学课程内容是研学能否真正使孩子学有所成、学有所悟的关键[8]。针对现有研学课程主题单一、内容千篇一律的问题，研学课程矩阵的构建很有必要[9]。根据亲子研学周期提出体验式、沉浸式、项目式三个类型，给研学用户提供更多选择，改善“走马观花式”研学现状，使孩子“学”与“悟”得到深度融合。

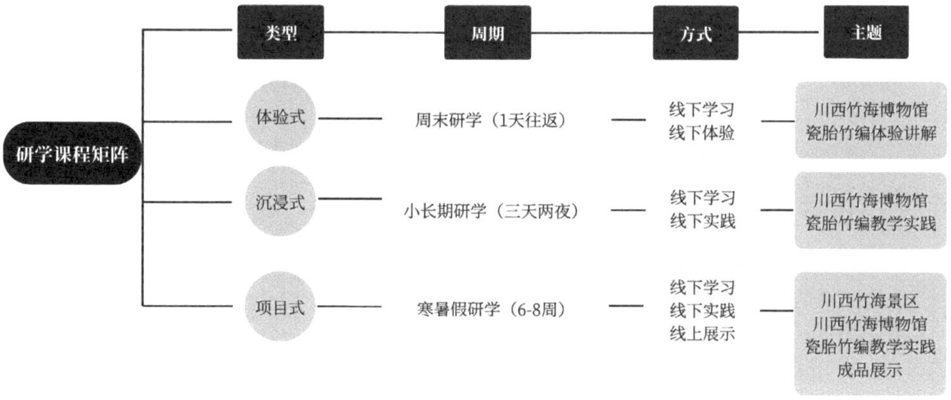

图 6　成都瓷胎竹编亲子研学课程矩阵

为了更好优化搭建用户与非遗研学的快捷桥梁，围绕增强亲子关系、提供全面的教育机会，提供丰富多样的学习体验以培养孩子的实践能力，成都瓷胎竹编亲子研学课程旨在建立信息整合和公信力的系统研学平台。致力于打造完美的用户体验整体服务框架，建立“行前督导 + 行中评价 + 行后评估”三位一体用户评估反馈机制。旅行前及时收取需求，监督服务的落实。旅行中可实时关怀式询问用户，是否有不舒适、需改进的地方，尊重用户意愿，做到全方面的人文关怀。旅行后对平台的功能，包括研学课程评价功能、家长交流圈领域的功能开发与利用，使设计人员能够快速准确地了解用户需求，不断优化服务水平与课程质量，给予孩子优质的学习氛围。

4 结语

在文旅融合背景下，以传承中国特色非遗技艺，助推乡村文旅融合发展为目标，探索成都瓷胎竹编亲子研学旅行服务设计的方法。选取瓷胎竹编特色非遗研学体验项目，运用搜索引擎和实地调研，结合研学服务设计的方法策略对现有问题进行分析，通过共性与差异分析、亲子研学平台构建、用户角色定义、研学课程设计、用户反馈机制的服务设计蓝图构建的运用，探索成都瓷胎竹编亲子研学旅行服务设计的方法策略，针对研学“形式主义”、信息多而杂、课程内容千篇一律，以及非遗技艺复杂工艺、脱离时代热潮的痛点问题，需要不断创新变革，利用大数据分析聚焦设计全过程，以孩子“学”与“悟”的深度融合为动力，改变非遗文化冷门、传统工艺失传的现状。守根护脉，秉承“保护为主，抢救第一，合理利用，传承发展”的宗旨，立足本地实际，突出常德特色，努力推动非遗“活态”传承。不断研究优化服务设计，为类似“研学 + 非遗”的研学旅游产品和服务的设计提供参考，为传统教育模式赋新能。

参考文献

[1] 刘艳梅，张军．瓷胎竹编传统技艺特性研究 [J]. 包装与设计，2024（1）：122-123.

[2] 张婉玉，周春燕．基于用户需求的成都瓷胎竹编产品设计研究 [J]. 林产工业，2022，59（10）：63-68.

[3] 陈思敏．文旅融合背景下潮州牌坊街亲子研学旅行服务设计研究 [C]// 海峡两岸暨港澳创新设计青年学术论坛论文集．广东财经大学艺术与设计学院，2023：93-98.

[4] 张芸雅．浅谈亲子研学对幼儿身心发展的影响 [J]. 东方娃娃•保育与教育，2024（1）：30-31.

[5] 阳琴．亲子研学游客价值共创行为对满意度和行为意向的影响研究 [D]. 成都：四川农业大学，2023.

[6] 王一骏．非物质文化遗产与研学旅游融合发展路径研究：以威海市为例 [J]. 文化月刊，2024（3）：24-26.

[7] 徐晨欣，麦昌家，温钰如，等．广东梅州亲子研学旅游现状与发展策略 [J]. 当代旅游，2021，19（28）：69-71.

[8] 王蕾，关展鹏，赖韵韵．基于微信小程序的“红研乐学”亲子研学平台设计与实现 [J]. 现代信息科技，2024，8（13）：112-115，120.

[9] 吴凯，阴乐．后非遗时代下研学旅行中非遗文化的传播研究：基于身体传播的视角 [J]. 传播与版权，2024（12）：81-84.

数字化赋能彝族马布保护与传承策略研究

孙虎，杨启航

（西华大学 美术与设计学院，四川 成都 610039）

摘要：马布作为彝族独有的一种非遗乐器，在彝族人民的日常生活和节日习俗中扮演重要角色，具有独特的文化价值和艺术价值。通过相关文献资料整理、实地调研和对马布非遗传承人进行深度访谈，分析马布当下活态传承的困境及数字化介入的价值。从制作技艺、吹奏技巧和曲调规律三个方面总结传承的主要内容，并根据各内容的特点提出具有针对性的数字化赋能马布保护和传承策略，探索符合马布特色的数字化建设方向，助力马布乐器的资源保护和广泛传播，进而为其活态传承提供持续动力。

关键词：非遗文化；彝族乐器；数字化传播；马布；传承

马布，彝语中又称“布惹”，是一种类似唢呐的竹制单簧吹奏乐器，历史久远，音色特殊，多流传于小凉山彝族地区，在彝族器乐文化中具有独特地位，于 2009 年被列为凉山州第二批省级非物质文化遗产名录 [1]。而当下马布乐器濒临失传，如何打破传承困境、防止传承人断代、保护现存乐器资料、拓展传播空间是马布乐器实现可持续的传承与发展亟须解决的问题。将数字化与非遗文化深度融合，能够有效丰富传播手段、拓展传播渠道、加强资料保存、促进互动体验，推动马布乐器的创造性转化和创新性发展，进而增强其传承活力。

基金项目：2022 年度四川省教育厅人文社会科学重点研究基地藏羌彝走廊民族音乐研究中心科研项目“基于符号学的彝族民间乐器保护与传承研究——以马布为例”（项目编号：LZY2022-B01）。

第一作者简介：孙虎（1982—），男，安徽寿县人，西华大学美术与设计学院教授、硕导，西华大学人事处副处长，硕士，研究方向为产品创新系统、信息设计、设计管理。

通信作者简介：杨启航（1999—），女，河北衡水人，西华大学美术与设计学院 2024 届研究生，硕士，研究方向为产品设计、文创设计。

1 研究概述

1.1 马布乐器传承现状

从整体而言，马布乐器目前仅在四川省凉山彝族自治州的越西、甘洛、昭觉等部分县域传播，且会制作并吹奏的传承人并不多。经过实地调研发现，彝族马布传承困境包含以下三个方面。

首先是非遗传承人断代。马布乐器的传承者老龄化严重，部分技艺和技巧随着老一辈活态传承人的去世而丢失。同时年轻一辈大多外出求学，去往其他城市工作和生活，很难回到家乡学习马布乐器[2]。在各种新潮文化娱乐方式的影响下，很少有年轻人潜心钻研和传承民族乐器，这就造成了现有传承人愈发减少而鲜有新鲜血脉注入的断代现象。

其次是资料保存不完善。早年间当地有关部门和民众对非遗活态传承的保护意识不足，缺乏及时有效的保护措施和政策。由于过去时局动荡，大量马布乐器被毁、乐手去世、曲调丢失。马布乐器曲调并不像钢琴、吉他等乐器有规范的、可记载的曲谱，大多为即兴发挥，并配合少量的传统曲目，如《猛虎出洞》《布谷过山》《晨风摇竹》《万马奔滩》等[3]。

最后是乐器传播范围窄。目前马布乐器的教学仍延续传统心口相传的方式，且很多非遗传承人不会说汉语，这就导致了马布的传承受到少数民族语言和文化的限制，难以实现大范围传播和提高知名度。虽然目前非遗传承人会进行一些小型演出和授课，但受众大多为彝族当地人民。

1.2 数字化赋能马布保护与传承的价值

数字化技术的高速发展为马布乐器的保护与传承提供了新的契机与可能性。一方面，数字化平台能够提高马布非遗的可访问性，打破时间和空间的限制，扩展马布乐器的传播范围和途径，让其他民族和地域的人也能够接触、了解到这门乐器，吸引更多对马布传承感兴趣的年轻人，促进文化的交流融合。另一方面，当下马布乐器的活态传承主要依赖于非遗传承人的个人记忆和经验传授，且内容接收者的学习效果因人而异，容易造成部分技巧失传。而数字库储存相对于传统方式来说更加完善和持久，能够为马布器乐遗产的传承提供坚实保障。除此之外，数字技术为马布乐器的展示方式提供新的可能，融合多元艺术手段和表现手法，再现马布演奏环境和彝族传统文化氛围，丰富观众体验感。

2 马布传承的主要内容

2.1 马布乐器的制作技艺

目前，马布非遗传承人使用的马布多为自制。制作过程主要分为备料、制作和组装三个步骤。马布通常采用空心竹和牛角作为原材料，选用拇指粗细的长直竹管作为管身，筷子粗细的空心竹管作为簧片，整体形态如图1所示。

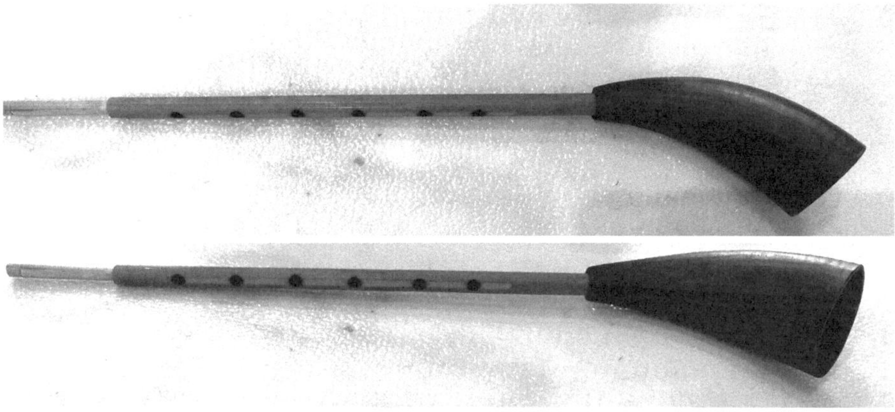

图1 马布外观图

第一步为备料，将砍好的竹子去掉叶子并晾干；牛角洗净去掉内芯，切掉多余部分作为备用。部分地区的制作者为了使马布更耐用，会反复将竹子浸泡冷水后用灶灰烘干，再在太阳下晾晒，防止开裂。

第二步为制作，分为管身制作、簧片制作和牛角喇叭制作三部分。首先是管身制作，挑选晾干后的竹子，切割出20cm左右的管身，并用刀把竹条的一侧刮平。用一根小竹条丈量孔的间距，后用小刀沿着刮平的直线浅开六个孔位。将铁丝用火烧红后，把孔位打穿并烙圆。在竹管底部削薄外壁，方便插入牛角喇叭。其次是簧片制作，选取一节较细的竹管，切割2～3cm的长度，后从竹节口一侧向内壁开口，用刀片轻轻外翻至切割口翘起，并沿竹管方向横切拓展哨片长度[4]。将哨片插入管身试吹，并不断用小刀削刮哨片调整，直到音准精确。最后是牛角喇叭制作，按照竹管粗度切掉牛角尖，打磨后保证竹管能够顺利插入。部分制作者会在角上打2～3个孔，外壁用刀和石头打磨光滑。

第三步为组装，乐手吹奏前将三个部分用插接的方式组装在一起，挑选合适的簧片通过试吹判断音准，若音准不对可以更换簧片或用小刀切削簧片进行调整。乐手使用完毕后可以将马布的各部分拆开以便于存放。为了让马布更加美观，传承人有时在外壁上绘制彝族传统花纹，适合庆典时使用，少数传承人会制作双管马布[5]，如图2所示。

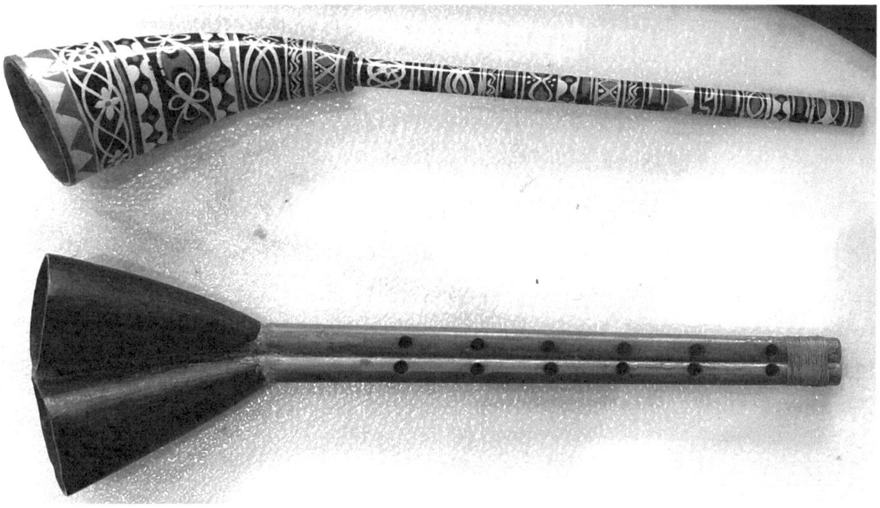

图2 其他马布样式图

2.2 马布乐器的吹奏技巧

马布乐器的吹奏技巧主要包括呼吸和演奏技巧，目前的授课方式主要为言传身教，学生通过观察传承人的吹奏方式进行学习。目前被公认为最科学的方法是混合式呼吸法，可以通过吹长音或者对着手背进行呼气练习 [6]。演奏技巧包括单吐音、短吐音、连吐音、双吐音、三吐音、连音、滑音、震音、波音、颤音、倚音、叠音、打音等。这些技巧涉及舌头的摆放位置和发力方式、气流控制、手指动作等，如吐音的重点是舌尖顶住上颚截断气流后迅速放开，获得断续的吹奏效果；滑音的重点是手指抬起和滑动的动作，可以从低音抹至高音或从高音抹至低音，配合气流的控制，奏出华丽效果；气震音的重点是气流控制，通过气流的强弱变化造成音效的变化，以表达乐手的情绪变化。

2.3 马布乐器的曲调规律

除部分传统曲目外，各个地区还有一些流行的马布曲目，如《欢乐调》《丰收调》《放羊调》等，马布传承者需要学习并记忆这些曲调，将其代代传承下去。在此基础上，好的乐手会自编曲目，表达自己的感受和心情。这些曲调规律与演奏技巧关系密切，如震音有近似歌曲中怒音的效果，可以表达乐手强烈的情绪和情感；倚音可以修饰旋律，表现不同风格，表达不同情绪；叠音和打音可以丰富旋律，使其更具表现力等。乐手在演奏过程中可以根据当下演奏心境自由选择各种技法，配合一定旋律进行演奏，也可以选择传统歌曲中的一段旋律作为基调，加入个人创作，形成一个新的曲调。

3 数字化赋能马布保护与传承策略

传统面对面教学的活态传承模式已经不能满足马布乐器亟待扩大传承的迫切需求，数字化技术为其带来一系列传播新媒介，使得非遗的传播不仅限于过去面对面、纸媒、电视媒体的限制，用户使用移动媒介即可随时随地浏览信息、查看非遗内容，实现更广泛受众参与的大众传播 [7]。但在由物理资料向数字转化的过程中，若直接采用普遍手段而没有针对性措施，容易造成不能完全满足传承需求、无法充分传达内容以及非遗技艺失真等问题，故根据马布乐器的传承特点，用形式创新、内容留存和场景再现的方式构建数字化传承策略，如图 3 所示。

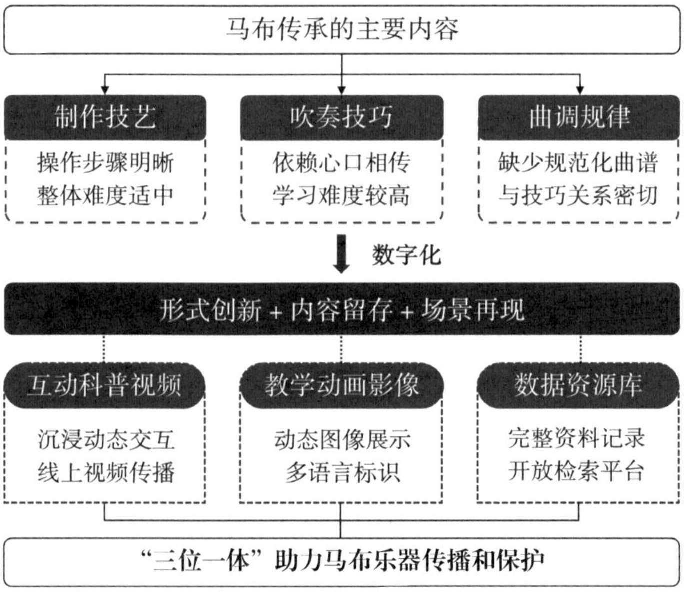

图 3　数字化赋能马布传承策略图

3.1 规范记录曲谱资料，建立完善数据库

目前马布缺乏书面记录的规范性曲谱，文字资料记载不全，应首先将古籍记载、口授内容、乐器特征、传统技艺等资料通过文字、照片、录音、视频录像等方式进行记录，后按照分类归纳整理。将马布的传统旋律按照目前的曲谱规范进行记录，部分没有规范的马布专属吹奏技法可以使用专用特殊记号进行标注。目前已有部分音乐专业相关学者对马布乐器的声学原理、音阶频率和传统曲谱等进行研究和记录，但相对零散，并未汇总成册。建立马布线上数字博物馆，不但能够实现乐器传承资料的永久性保存，方便学者和相关研究人员后续查阅，还能为公众提供一个系统、全面、权威的马布乐器了解渠道，获取相关知识。

在建设数据库的过程中，需要注意资料的真实性、可靠性、系统性和完整性，尽可能采用最贴切的语言文字和最还原的数字技术手段进行记录。由于马布乐器资料在过去时局动荡时多有损毁，且部分技艺随着老一辈传承人的去世而丢失，故挖掘马布乐器的历史渊源、传承故事和演变存在一定的困难。对于马布乐器现存资料的收集，由于部分非遗传承人不懂汉语，且乐器的演奏曲目和场景与彝族文化背景密切相关，资料收集者最好在彝族本地相关研究者的协同下，结合彝族传统文化背景对马布乐器的特色进行深入解读，对彝文内容进行原版记录和汉化翻译，以保证材料的可读性，减少不同民族风俗习惯导致的理解误差。同时传统马布演奏曲调与表演环境、演奏目的、事件背景等有密切关联，应更全面地记录并传达，而非单纯地录音或录像。将所有采集的信息进行数字化处理，可以尝试搭建马布乐器官方网站，由专人维护、及时更新，保证数字平台运行的稳定性，防止材料丢失。

3.2 动态演示吹奏技巧，探索线上教学模式

对于专业学习者，现代数字技术的介入能够突破传统现场教学的传承模式，将授课场景转移到线上，以视频或直播的方式实现线上线下协同教学，解决当地年轻人因外出而难以学习马布乐器的问题。为了拓展线上教育模式的丰富度，可以尝试与马布非遗传承人、非遗数字化专家及音乐教育专家合作，成立专门的马布数字化教学项目组，归纳出科学简明、易于理解的马布教学课程体系，将各种技巧练习动作分解，利用高清、动态捕捉技术和动画制作技术，以多角度拍摄和细节动画演示的方式进行讲解教学，配合彝语和汉语的双语语音或字幕，系统整理为云课程，打破传统教学时间和空间的限制，马布学员可以跟随视频讲解进行练习。注意做好非遗传承人的权益和报酬划分，维护其主体地位和文化权利。此外，系列视频可以在博物馆展厅内作为科普和演示视频播放，直观展现马布乐器非遗技艺，让观众深入感受其独特性。

对于公众和马布爱好者，可以使用短视频、直播和社交媒体等方式呈现马布乐器的演奏风格和特色、科普马布非遗传承知识、演示各种技巧效果，增加大众对于马布非遗的认识和

兴趣，实现公众教育和宣传的目的，增加受众的覆盖面，构建更广泛的社会支持网络[8]，挖掘更多的马布爱好者和传承者，让接触民族非遗乐器“日常化”。在制作和传播的过程中，需要警惕“碎片化”的传播方式和“快餐式”的叙事语境可能导致的受众对非遗的浅显认知和歪曲理解[7]，可以采用专栏、合集等方式加强各视频内容的关联性和系统性，最大程度保证马布传承内容的完整性。

3.3 趣味展示制作过程，增添互动体验感

将制作步骤进行梳理和整合，通过拍摄或动画绘制的方式进行数字化转换，制作成游戏或互动视频让用户参与其中，丰富用户的体验感。此类手法适用于线上社交媒体、官方网站和线下博物馆、非遗馆等多个应用场景，用更生动、有趣的手法展现马布乐器的制作过程，吸引年轻人了解非遗知识，增加彝族马布的曝光度和知名度。例如，在视频的每个制作步骤前加入对应手势滑动的开启播放方式，让用户点击并完成指示动作来帮助非遗传承人制作马布、利用红外动捕技术来让用户跟随模仿画面动作等。在资金支持充足的情况下，可以利用虚拟现实技术开发全景浏览模式，用户可以通过 VR 设备身临其境地观看马布乐器制作过程和演出现场，沉浸式体验非遗原始场景，从不同视角观摩学习，还可以与虚拟建模实时互动，结合视觉动画、震动反馈、乐器音效、人声和环境背景音等感官元素增加互动丰富度。除此之外，还可以借助机器算法和增强现实技术，搭建马布音乐平台或非遗乐器类音游，录入乐器声音和旋律库，让用户与音乐演奏过程互动，并衍生出定制化、个性化、多元化的服务内容。

4 结论

综上所述，为了有效传承和推广彝族马布乐器，我们需要采取多种措施，确保其传统技艺和文化得以保存和传播。首先，建立一个规范的马布乐器数据库，将马布乐器的曲谱、演奏技巧和相关资料进行系统整理和数字化处理，建立线上数字博物馆，方便学者和公众查阅和了解。其次，利用现代数字技术，探索线上教学模式，通过视频、直播等方式进行教学，突破时间和空间的限制，让更多年轻人有机会了解和学习马布乐器。再次，通过趣味展示制作过程和增添互动体验感，吸引年轻人参与和了解马布乐器的制作过程，增加其曝光度和知名度。最后，在推进马布乐器数字化保护与传承的过程中，必须始终把握好传承与创新之间的平衡。不但要忠实记录并保存马布乐器的传统技艺、历史渊源和文化内涵，确保非遗项目的原汁原味，还要勇于探索新的传播方式、教学手段和技术应用，让传统非遗乐器焕发新的生机与活力。

参考文献

[1] 赵若希 . 四川彝族传统乐器马布的“乐器学”与“非遗”文化语境研究 [J]. 北方音乐，2020（5）：213-215，241.

[2] 孙建生 . 抢救彝族民间乐器“马布”之谈 [J]. 四川戏剧，2012（4）：87-88.

[3] 袁丙昌 . 彝族乐器 [J]. 乐器，1982（3）：10-12.

[4] 戚金惠，杨琛 . 川滇交界彝族马布的考察与辨析研究 [J]. 武汉音乐学院学报，2023（2）：69-75，167.

[5] 彭蓉，李茜 . 四川彝族民间器乐艺术探究 [J]. 四川戏剧，2020（10）：131-133.

[6] 赵泽华，卢志发 . 浅释小凉山彝族民间乐器马布制作与演奏技巧 [J]. 民族音乐，2015（5）：42-44.

[7] 高文谦 . 非遗数字化传播的文化缺失与优化策略 [J]. 传媒，2024（11）：67-69.

[8] 曲贵圆 . 数字赋能非遗音乐迸发新活力 [J]. 云端，2024（31）：36-38.

设计介入视角下坐具设计的舒适与健康研究

李丹妮，孙虎

（西华大学 美术与设计学院，四川 成都 610039）

摘要：通过分析研究坐具的舒适性与人体健康相悖的理论，提供可用于指导设计师完成以人体健康为目标的坐具设计研究。运用文献研究法、实地观察法，将使用者的行为模式与舒适度相联系，互通视角，辩证地看待舒适坐姿对人体健康的影响，而后按照设计介入生理、设计介入心理、设计介入环境的分类分别研究。以设计介入产品的方式去思考和改善坐具，使用户通过自主意识发现长时间坐在舒适度较高的座椅上会对身体健康有负面影响，从而构建用户和产品与环境之间明确清晰的关系。

关键词：坐具设计；舒适性；健康；设计介入；自主意识

现代社会，人们在工作、学习和生活中大部分时间都是呈现坐的状态，使得坐具的舒适性和健康性显得尤为重要。尽管现代座椅在设计和制造过程中考虑了诸多因素，在座椅乘坐的舒适度、人体姿势的适配性以及座椅的安全性上做了很多设计研究，但仍然存在一些舒适和健康相悖的问题。研究指出，长时间保持一种坐姿会带来不适感[1]和健康风险[2]。而舒适度作为一种主观的概念很难测量，像个人注意力等软因素也会影响舒适度[3]。为了改善这些问题，需要进一步综合考虑"人—椅—环境"之间等多个方面的因素。本文研究的主要内容

基金项目：2022 教育部人文社会科学艺术学青年基金项目阶段性成果（项目编号：22YJC760083）。

第一作者简介：李丹妮（1999—），女，四川成都人，西华大学美术与设计学院在读研究生，研究方向为工业设计。

通信作者简介：孙虎（1982—），男，安徽淮北人，教授，硕士，研究方向为工业设计、设计管理及信息设计。

是基于座椅舒适性的角度，分析现有研究，探讨长时间坐在舒适度高的座椅上会导致健康状况呈负面状态的设计问题。

1 相关研究综述

1.1 舒适与不舒适的定义

关于“舒适性”的领域，国内外进行了大量的研究，但对于舒适与不舒适的概念没有形成统一意见。有人认为不适与舒适是对立的，Vink 等 [3] 提出舒适被视为人类对环境的愉快状态或放松的感觉，不适被视为人体对物理环境的不愉快状态；Shen 等 [4] 认为舒适与不舒适是个体间两种对立的知觉，是个体的生理与心理受不良因素影响时产生的主观感受。也有人将舒适与不适的划分模糊化，Ahmadpour 等 [5] 发现舒适和不适的潜在主题之间没有差异，这意味着二者都可以用同一组主题来描述。由于舒适和不适是主观的，在不同情况下，舒适度可以得到用户不同的评价，给予产品的预期价值也不同，因此，需要将“人—椅—环境”联系起来研究。

1.2 研究现状

座椅设计的市场如今愈发激烈，很多设计师开始由产品款式、功能、质量等方面的竞争转向对用户需求满足及健康度方面的竞争。研究人员常常借鉴人体工程学的原理，考虑到用户的生理特征和行为习惯，还会考虑座椅的可调性等功能，以满足不同用户的个体差异。韦联锋和刘娟娟 [6] 通过使用 CONFORMat 座椅测试设备，对座椅体压分布数据与人的主观感受对比分析，形成各个测试项的推荐范围。吴双双等 [7] 针对健康人体脊柱曲线在家具领域人体工程学中的模糊定义问题，提出了人体坐姿脊柱曲线测试座椅的设计方案。宫艺兵和王明 [8] 以干预老年人久坐行为为切入点，通过座椅设计来改善老年人在户外久坐并起立困难的状况，以理论结合设计实践为依据，关爱老年人群的身心健康。杨宛萤和张福昌 [9] 以人体工程学原理和方法为依据，提出了基于坐姿变化的人体工程学办公座椅设计原则，为办公座椅设计的结构形式和功能尺寸提供相应的科学依据。杨钟亮和孙守迁 [10] 针对座椅设计及舒适性主客观测试中缺少系统化的计算机辅助分析工具的问题，开发了一个人机工程仿真系统，对坐姿人机工程测试过程进行仿真，为座椅舒适性设计提供依据。

综上所述，目前座椅舒适度的研究日益深入，综合运用了人体工程学、虚拟仿真系统以及场景模拟等多种方法。这些研究为本文探讨座椅的舒适与健康之间的关系提供了参考依据。然而，研究不舒适的座椅设计案例相对较少，因此，本文从设计介入的视角来研究令人感到“不舒适”的座椅，着重分析舒适与不舒适的座椅对人体健康的影响。

1.3 久坐对人体健康的影响研究

随着市场上舒适座椅的大量涌现，过度追求舒适可能带来的潜在健康风险逐渐受到重视。许多使用者也许没有意识到，过于舒适的座椅可能诱发不良的坐姿习惯，进而影响到身体健康。越舒服的椅子对人的动态健康越大 [11]，久坐办公行为会影响人们生理和心理健康，是引起慢性或急性腰痛的主要诱因 [12]。

当前椅子的设计主要集中在研究人体工程学、骨骼形状和座椅结构的匹配等方面，以提供长时间更加舒适的座椅体验。然而，这些研究忽略了一个重要的方面，即使用者在久坐时可能忽视了自己的身体需求。过于柔软或过于舒适的座椅会使用户陷入过于被动的状态，导致缺乏主动调整体位的动机。在这方面，设计师需要关注使用者的主动意识和主观感受。有必要深入研究用户在使用座椅时的自我感知和自发行为。一般可以采用分级量化表或问卷的方式来记录测试用户舒适性的主观感受，并通过主观评价法让测试者对预设的舒适度分值进行打分。例如，王昊 [13] 采用区间评价法将测试者背部分为九个区域，臀部分为六个区域进行综合评价打分，建立了舒适性主客观数据的区间关系。徐伟等 [14] 运用层次分析法，将主观评价分为三个准则层，再将准则层细分为六个指标层进行打分，结合主观评价结果提出座椅舒适性的改进方案。

1.4 久坐舒适与不舒适程度的指标

2017 年，久坐行为研究网络（SBRN）给出了久坐的权威定义，即为清醒状态下长时间坐着或倚靠着时能量消耗 1.5 代谢量的行为 [15]。因“久坐”而造成的体力活动减少和身体不适已成为流行率唯一超过 50% 的不健康行为 [16]。影响人们坐姿舒适性的主要因素有人、座、时间和环境，时间是一个重要的变量 [17]。Helander 等 [18] 于 1997 年提出了舒适与不舒适概念模型如图 1 所示，模型中的舒适定义为愉悦与舒服，不舒适则为低劣的生物力学和疲劳，并指出座椅舒适与不舒适的变化是连续进行的，两者之间没有确切的变量关系。不管座椅设计得多么符合人体结构，坐的时间越长，越不利于健康，舒适的座椅依然改变不了久坐和缺乏运动的状况，肥胖、高血压、糖尿病的风险依然持续增加，甚至出现焦虑等心理健康问题 [11]。

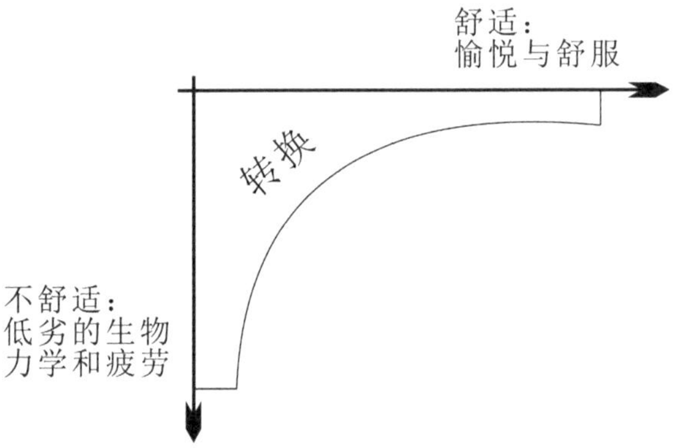

图 1　坐姿舒适与不舒适概念模型

2 舒适与健康的关系

舒适与健康之间存在着密切的关系，二者可以是相互一致的，也可以是背离的。从生理和心理角度感觉的舒适，对人体健康未必有益；对人体有益的健康，生理和心理的感受也未必舒适。于德华[17]提出，健康的未必舒适，舒适的未必健康。他还阐述了舒适与健康之间存在四种关系，即不健康也不舒适、健康而不舒适、舒适而不健康、健康又舒适。

2.1 不健康也不舒适

不健康与不舒适的观点表明了在生理和心理层面上都处于最差的状态，既包括客观的生理和心理健康问题，也涉及主观上的不适感受。这意味着个体可能面临身体上的疾病或不适，同时心理上也可能受到压力、焦虑或抑郁的困扰。这种状态不仅在物质层面上贫乏，也在精神层面上缺乏满足，个体更容易为了基本的生存而艰难维持，无法考虑到健康和舒适的问题，使得健康并舒适成为奢侈的远景。

座椅设计中若缺乏对人体工程学、调整功能、材料选择等方面的充分考虑，也许会导致使用者在久坐时既感到不舒适，生理认知上也认为不健康。不良的人体工程学设计可能引发腰痛和颈椎等问题。例如，座椅过硬或过软可能导致肌肉疲劳和不适感；缺乏调整功能可能使用户难以找到适合自己的坐姿，影响舒适度；座椅高度不当可能对身体姿势和脊椎健康产生负面影响。

2.2 健康而不舒适

健康而不舒适的状态指的是在生理和心理上相对健康的情况下，个体在特定环境或体验中感到身体或心理上的不适。这种状态可能由于环境、活动或个体健康状况的特定因素引起。这是健康与舒适相悖的情况。

人的坐姿大致有前倾、直立、后仰等。在不同的坐姿状态下，人体脊柱的生理曲线也会有所不同，其中直立式坐姿被认为是最接近脊柱自然状态的合理坐姿[9]。直立式坐姿如图2所示，有助于保持脊椎的自然曲线，减轻骨骼的压力。虽然从脊椎健康的角度来看，这样的坐姿是比较理想的，但从舒适度的角度来看，在直立式坐姿状态下，腰椎得不到有效支撑，因而腰部肌肉需要增加活动力度，容易造成腰肌劳损；同时，脊椎呈紧绷状态，连带脊椎周围的肌肉和韧带也会被拉紧，长时间会引起背部不适[19]，甚至可能引发肌肉劳损。因此，时间是决定健康与不健康、舒适与不舒适之间变化的关键因素。

图2　直立式坐姿

2.3 舒适而不健康

舒适而不健康，是健康与舒适相悖的另一种情况。舒适而不健康意味着在生理和心理上感到舒适，但却可能在这两个方面引发不健康的情况。

很多人在办公时倾向于前倾坐姿，因为人在工作时通常会将手臂放在办公桌上，导致身体形成前倾坐姿，如图 3 所示。但这种前倾坐姿不利于腰部健康，容易引发腰部疼痛。周成帅 [20] 研究了坐姿的不同倾角对身体的损害程度的关系，结果表明前倾对身体的损害最大。李文昊 [21] 对不同坐姿腰部的受力情况进行了研究，发现前倾坐姿腰部的受力最大。而在久坐疲劳后，多数人又会将坐姿变换为后仰式。后仰式状态下坐姿如图 4 所示，椅背能够有效地分散身体的一部分重量，有助于减轻脊椎的负担，大多数人在沙发上呈现的就是后仰式坐姿。沙发以其高度的舒适性而闻名，由于人在沙发上坐下时接触面积较大，加上柔软的垫料，使得短时间内坐在沙发上感到极为舒适和放松。但过分柔软的材料可能阻碍脊柱保持正常的生理曲度，久坐在过于柔软的坐具上可能导致脊柱周围肌肉的形变，引起局部肌肉的过度紧张，并可能对血管施加压力，从而导致腰肌劳损、腰椎间盘突出等疾病。这也是舒适与健康相悖的现象。

图 3　前倾式坐姿

图 4　后仰式坐姿

2.4 健康又舒适

健康又舒适是最理想的一种情况，指的是座椅使人们的生理和心理两个方面同时实现健康和舒适的理想状态。在这种座椅设计中，不仅提供了对脊柱和身体其他部位的良好支持，确保了生理健康，同时也考虑到了用户的心理感受，使坐姿体验更为愉悦。健康又舒适的座椅可能采用符合人体工程学的设计，确保坐姿对脊椎的压力均匀分布，避免引起不适或劳损。此外，合适的座椅硬度、高度和材料选择也是重要的考虑因素，以在提供支持的同时确保舒适性。在心理层面，座椅的设计可能充分考虑用户的偏好，创造出令人愉悦的坐姿体验，有助于提升心理舒适感。因此，健康又舒适的座椅不仅关注生理健康需求，还充分考虑用户的心理感受，达到了综合满足健康和舒适的最佳状态。

3 设计介入视角下的座椅舒适度与健康的问题

3.1 设计介入生理

日本著名人体工程学家小原二郎曾提出一把好的座椅应具备的三个条件：合理的高度与宽度；体压分布合理，感觉舒适；姿势变换自由，不易疲劳。在座椅的设计中，人体生理结构与座椅设计的关系至关重要。为了确保座椅在使用中既能提供舒适的体验又有助于健康，必须充分考虑人体生理结构的特点。有效的座椅设计需综合考虑脊椎、坐骨、头颈等部位的支持需求，以促进自然生理姿势的维持，减轻脊椎的负担，并确保血液循环的顺畅。此外，座椅硬度、弹性和通风性等因素也需要谨慎考虑，以在提供支持的同时保障个体舒适感。通过设计介入座椅的生理舒适性结构，可以从人体工程学和座椅调节功能等方面进行改善。设定一个特定时间点作为起点，在一定时间内，座椅的设计旨在最大限度地提供舒适性，以帮助人们集中精力进行工作或其他活动。然而，一旦超过特定时间点，座椅将自动调整为反人体工程学的不舒适状态。这样的设计目的在于避免在过于舒适的座椅上久坐，从而危害身体健康。在李斯凝[22]的《基于健康办公的久坐安全研究》中，根据问卷调查结果发现，超过七成的人在久坐一小时内会有意识地起身活动；然而，仍有相当一部分人没有主动活动，或在长时间保持坐姿后才会主动站起。因此，从生理结构的角度来看，通过设计不舒适的座椅，可以刺激人体，纠正坐姿或提醒使用者需要进行站立和运动。

3.2 设计介入心理

座椅的舒适性与心理感受紧密相连，一个舒适的座椅设计能够积极影响使用者的情绪状态，减轻压力和焦虑感，创造出更愉悦的体验。研究表明，不舒适感与疼痛、酸痛、麻木和僵硬的感觉有关，而舒适感则与放松感和幸福感相关联[22]。舒适未必健康，但健康一定会滋生舒适、愉悦[23]。不适的座椅可能引起身体的不适感，进而影响使用者的情感体验。合理的设计能够提高身体的放松感，有助于舒缓情绪，形成积极的心理状态。柔软的座椅材料、良好的支撑设计有时可以发挥心理安抚和舒缓的作用。这种设计能够为使用者提供温暖、安心的感觉，从而降低焦虑感和紧张感。良好的设计不仅提高了用户对产品的满意度，还促进了积极的心理体验，提高了整体使用体验的愉悦感和舒适感。

心理因素包括人的心理感觉与身体感觉，通过人的主观感受来进行判断的主观因素。通过巧妙的设计介入座椅，可以有意地塑造人们的心理变化，提升使用者的心理状态和体验感。

在座椅颜色和材料选择方面，座椅的颜色和质地可以激发积极、舒适的感觉，形状和曲线美学的设计提升了座椅的观赏性，情景联想设计通过与特定元素的融合引发使用者对情境的情感联想。交互设计与反馈引入智能感知技术，为个性化提供反馈，而引导行为设计通过座椅结构和形状引导使用者采取特定坐姿，从而增强自信和积极性。这些手段的综合运用不仅使座椅提供舒适感，还创造了一种能够引导情感共鸣和积极心理变化的座椅产品，将功能性与情感性相融合，提升整体使用体验。

3.3 设计介入环境

座椅的设计和布置直接影响着周围空间的格局，这导致座椅与环境因素也息息相关。合理的座椅摆放不仅提高空间的利用效率，也创造出更宜人、和谐的环境氛围。座椅的设计风格、颜色和功能性需求应与整体环境相协调，以确保整个空间呈现出一致的主题。此外，座椅的摆放位置需要考虑光照和视野，充足的自然光和良好的视野能够提高座椅使用者的舒适感。座椅通过设计和布置，不仅满足功能性需求，还能为环境注入情感和氛围，影响人们的心理状态。总体而言，座椅与环境的互动是相互塑造、相互适应的关系，为整个空间带来更丰富的体验。

设计也能有效介入座椅与环境之间的关系，实现更加协调和舒适的空间布局。首先，座椅的色彩和材质应与周围环境协调，以确保一致的调性。其次，座椅的形状和风格应与整体环境一致，创造出统一的设计语言。此外，座椅的布局需考虑整体空间的功能性需求，合理安排不同类型座椅，以实现最佳使用效果。座椅设计还可以关联环境的主题或理念，共同打造独特的氛围。灯光的巧妙运用能够强化座椅在环境中的存在感。设计可移动性和多功能性的座椅，以适应不同环境需求，增加其融入性。引入自然元素如植物或木质材料，有助于创造更加自然宜人的环境。通过这些综合考虑的设计介入方式，座椅与环境形成有机统一，提升整体空间的美感和实用性。这种注重协调与功能性的设计方法有助于打破单一感，创造出更具品位的空间。

4 结语

文章围绕健康与舒适的四种关系来论述座椅的舒适性与人体健康相悖理论。综合人体工程学的角度，多维度地研究了舒适与不舒适之间的界定关系，包括其产生原因、指标程度与创新思路在坐具设计中的体现方式。研究结果表明：舒适与健康之间存在着密切的关系，并且舒适与健康并非单向的关系。从生理和心理角度感觉的舒适，对人体的健康未必有益；对人体有益的健康，在生理和心理的感受上也未必舒适。因此，一个设计合理的座椅应当充分考虑人体的生理结构、心理变化与环境因素的影响，将座椅的舒适性、实用性、健康和个性化融入设计中，从而带来更优质的使用体验。文章的探讨希望为以后的坐具设计提供理论上的借鉴，为人们在追求舒适度的同时保护身体健康提供有益的参考。

参考文献

[1] Sammonds G，Fray M，Mansfield N. Effect of long term driving on driver discomfort and it' s relationship with seat fidgets and movements（SFMs）[J]. Applied Ergonomics，2017，58：119-127.

[2] Allings L，Blom V，Ekblom B，et al. Workplace sitting is associated with self-reported general health and back/neck pain：a cross-sectional analysis in 44，978 employees[J]. BMC Public Health，2021，21（1）：875.

[3] Vink P，Hallbeck S. Comfort and discomfort studies demonstrate the need for a new model[J]. Applied Ergonomics，2012，43（2）：271-276.

[4] Shen W，Parsons K. Validity and reliability of rating scales for seated pressure discomfort[J]. International Journal of Industrial Ergonomics，1997，20（6）：441-461.

[5] Ahmadpour N，Lindgaard G，Robert J，et al. The thematic structure of passenger comfort experience and it's relationship to the context features in the aircraft cabin[J]. Ergonomics，2014，57（6）：801-815.

[6] 韦联锋，刘娟娟 . 汽车座椅舒适性测试方法分析及应用 [J]. 时代汽车，2023（11）：126-128.

[7] 吴双双，徐伟，詹先旭 . 人体坐姿脊柱曲线测试座椅设计 [J]. 林产工业，2020，57（9）：60-63.

[8] 宫艺兵，王明 . 基于老年人户外久坐行为的座椅设计研究 [J]. 家具与室内装饰，2022，29（06）：18-21.

[9] 杨宛萤，张福昌 . 基于人机工程学的办公座椅舒适性设计研究 [J]. 包装工程，2017，38（12）：187-191.

[10] 杨钟亮，孙守迁 . 面向坐姿舒适性测试的人机工程仿真系统 [J]. 计算机辅助设计与图形学学报，2010，22（12）：2192-2196.

[11] 陈悦，邓嵘 . 基于健康信念理论的白领久坐设计策略 [J]. 包装工程，2018，39（2）：209-213.

[12] 赵俊学，宋阔，戴孜函，等 . 办公家具人体工程学研究综述 [J]. 家具与室内装饰，2020（12）：38-39.

[13] 王昊 . 汽车座椅舒适性区间评价方法 [J]. 时代汽车，2020（9）：115-117.

[14] 徐伟，刘伟，冯钊，等 . 层次分析法在汽车座椅静态舒适性主观评价中的应用 [J]. 汽车零部件，2020（9）：16-20.

[15] Tremblay M，Aubert S，Barnes J，et al. Sedentary behavior research network（SBRN）–

terminology consensus project process and outcome[J]. International Journal of Behavioral Nutrition and Physical Activity，2017，14：1-17.

[16] 王丽君 . 基于生理与心理反应的办公桌椅舒适度研究 [D]. 北京：北京林业大学，2013.

[17] 于德华 . 明式家具艺术风格研究 [D]. 北京：北京理工大学，2018.

[18] Helander M，Zhang L. Field studies of comfort and discomfort in sitting[J]. Ergonomics，1997，40（9）：895-915.

[19] 陆瀚 . 基于模糊理论的公务机客舱座椅人机工效评价研究 [J]. 机械设计，2016（1）：111-115.

[20] 周成帅 . 腰椎前倾角度对腰椎间盘影响的生物力学分析 [J]. 中国中医骨伤科杂志，2003（5）：58-59.

[21] 李文昊 . 基于 AnyBody 的汽车驾驶员坐姿生物力学特性分析及舒适性设计 [D]. 济南：山东大学，2015.

[22] 李斯凝 . 基于健康办公的久坐安全研究 [D]. 北京：首都经济贸易大学，2021.

[23] 孙达焱 . 基于体压分高速列车座椅舒适性评估和优化研究 [D]. 长沙：中南大学，2022.

虚拟偶像介入戏曲艺术数字化传承研究

谢陈非儿，赵春

（西华大学 美术与设计学院，四川 成都 610039）

摘要：在数字技术时代，传统戏曲需要顺应时代的发展趋势，同时实现自身的保护和传承。面对如今传统文化与现代大众文化的错位、网络生存空间的狭小以及观众群体的减少等传承和传播困境，传统戏曲应与虚拟偶像融合发展，重新进行自身评估和定位。从传播渠道和传播模式等多个方面探索解困之道。在利用虚拟偶像提供的个性化服务时，也要关注传统戏曲创作的本质，与虚拟偶像协同发展，合理探索虚拟偶像介入传统戏曲的发展路径，规避传承和传播过程中的潜在危机，使传统戏曲在现代文化中获得一席之地，焕发新的活力。

关键词：虚拟偶像；戏曲艺术；融合共创；应用前景

在多项基础技术的快速发展时代，元宇宙本质上是一个在数字化转型浪潮下的新兴产业集群的概念，是人类未来的数字化生存空间，是整合多种新技术而产生的新型虚实相融的数字文明[1]。当人类文明发展到一定阶段时，必将与时代的先进技术相融合。由于现实中的接受能力和应用范围有限，为了实现更大的影响力并避免文明的流失，传统文明需要借助先进技术来突破物理空间的限制。目前，最引人注目的无疑是“元宇宙”概念及其相关技术。在这一领域中，虚拟偶像尤为突出，成为元宇宙在数字媒介中的一种重要应用形式。虚拟偶像自身具备跨界融合和打破圈层壁垒的能力，这为处于困境中的戏曲艺术提供了新的发展机遇

基金项目：四川音乐学院数字媒体艺术四川省重点实验室资助项目“非遗数字化传承：戏曲艺术与虚拟偶像的共生路径研究”（项目编号：23DMAKL05）的阶段性研究成果。

第一作者简介：谢陈非儿（2000—）女，四川资阳人，设计学硕士研究生在读，研究方向为动画与数字媒体艺术。

通信作者简介：赵春（ 1987— ），女，山东成武人，西华大学美术与设计学院讲师，硕士，研究方向为动画及影视理论。

和多元化的可能性。元宇宙的虚拟偶像不仅能够吸引年轻一代的关注，还能通过数字技术与传统戏曲相结合，创造出新的艺术表现形式。然而，如何实现虚拟偶像与传统戏曲的有效融合仍是一个需要深入探讨的领域。

1 虚拟偶像的演变路径和发展关键

1.1 虚拟偶像的演变路径

数字媒介的全国性普及以及科学技术的高速发展，使得个体与媒介的联系越来越紧密，媒介人物对个体的影响越来越大。其中，偶像崇拜被视为媒介人物卷入最深的类型 [2]。虚拟偶像作为元宇宙概念中“虚实整合”的重要数字技术载体，是连接和协同现实与虚拟世界的重要桥梁。最初，虚拟偶像是指二维影视、漫画绘本、二维游戏中的虚拟角色，并象征着某种文化符号，如在动画领域，黑猫警长、哪吒、舒克和贝塔等虚拟角色，满足了一代人的情感需求。随着元宇宙产业的不断发展，虚拟偶像在元宇宙数字科技视域下诞生了新的内涵。虚拟偶像的概念不断地延伸，逐渐演变成基于虚拟现实（VR）技术、人工智能（AI）技术、动作捕捉技术、交互技术、计算机渲染技术等形成的数字产物 [3]。特别是对虚拟偶像系统赋予了人工智能，增强了虚拟偶像的“智能化”与“人格化”属性，使其与受众进行无障碍的智能互动、情感交流与陪伴 [4]。虚拟偶像的本身是技术创造的数字人，如今虚拟偶像除了具备才貌超群、文艺双全、涉及互联网中唱歌、跳舞、影视表演、直播带货等产业，还提供了更多与观众情感化交流、沉浸式陪伴、情绪映射等各种体验，为此虚拟偶像在 Z 世代的粉丝群体中获得关注和追捧，成为新受众推崇的对象。

在数字技术浪潮的发展下，虚拟偶像演变可分为三个阶段：第一阶段是在 1982 年，如图 1 所示，日本将动画 IP“林明美”包装成虚拟歌姬并推出音乐专辑，开启了虚拟偶像 1.0 时期并奠定了“IP+ 技术”的发展模式 [5]。同年，英国采用真人演员出镜结合特效化妆技术的方式创造了虚拟演员 Max Headroom[6]。第二阶段是千禧年后，3D 打印和全息投影技术的巨大进步推动虚拟偶像进入 2.0 时代 [7]，如图 2、图 3 所示，初音未来和洛天依等。当前是第三阶段，虚拟偶像已进入繁荣发展的 3.0 时代，虚拟偶像从“模拟特征”发展为全向模拟 [8]。在每个时期，虚拟偶像与粉丝的关系也有所不同。在 1.0 时期，虚拟偶像主要是内容驱动型，这一阶段的虚拟偶像缺乏交互体验系统的设计，主要依靠官方的主动输出，因此虚拟偶像与粉丝之间的关系呈现出粉丝单向崇拜的特点；在 2.0 时期，虚拟偶像的制作开始依托 VOCALOID 技术、AR/ VR 技术、全息投影技术、动作表情实时捕捉技术等一项或多项（非 AI 主导与链接）新技术驱动生产的虚拟偶像；在 3.0 时期，随着数字技术的日益成熟，虚拟偶像逐渐具备了感官交互等“智能化”和“人格化”特征，开始渗透并参与到现实生活中。粉丝与虚拟偶像之间的双向互动机会显著增加。同时，虚拟偶像在专业技术应用、产业品牌代言、主流文化价值观输出以及半实体化的专业团队运营模式等方面的“破圈”行为，表现出更强的深度融合性和贴合度。这一阶段实现了产业形态、产业布局和粉丝交互关系的全方位优化，进而推动了虚拟偶像新业态的变革。

图 1 《超时空要塞》的林明美图

图 2 初音未来演唱会图

图 3 洛天依日语演唱会图

由此，虚拟偶像通过从二维到三维、从单纯观看到互动参与的“拟人化”多元模式，持续突破传播媒介的界限，并尝试与不同的娱乐艺术形式融合，吸引了不同粉丝群体的关注。这些尝试和创新推动了虚拟偶像产业链的扩展和革新，提供了强大的催生力量。

1.2 虚拟偶像发展的关键要素

虚拟偶像这几年在我国发展迅速，其产业发展离不开政策、市场、粉丝用户、技术这四类。

第一，拥有有利的政策是虚拟偶像发展的保障。2023 年，国家不断加强对元宇宙产业的政策扶持力度，全方面推动元宇宙的可持续发展，不仅为元宇宙行业提供了保障，而且为虚拟偶像的发展指明了方向。据统计，截止到 2023 年底，浙江省、四川省、山东省、江苏省、北京市、重庆市等均发布元宇宙产业发展行动计划，明确元宇宙产业发展的重点方向和主要任务，探索元宇宙产业创新发展的新路径。且其中重庆、海南、湖南等地区均将元宇宙产业的发展聚焦到虚拟数字人行业[9]。

第二，市场作为虚拟偶像产业的催化剂。随着泛娱乐生态的繁荣发展，虚拟偶像在游戏、直播等更多线上应用场景涌现。据艾媒产业研究中心发布的报告显示，2023 年中国虚拟人带动产业市场规模和核心市场规模分别为 3334.7 亿元和 205.2 亿元，预计 2025 年分别达到 6402.7 亿元和 480.6 亿元，呈现强劲的增长态势[10]。虽然不少数字人有关的公司在 2023 年实现了收入增长，但是虚拟数字人的市场面临可持续发展的问题，如对 C 端的盈利模式依旧需要探索、监管市场和法律不完善、人才的缺失、资金的空缺和社会共识未达成等难题。

第三，虚拟偶像的粉丝用户是根基。2023 年中国游戏产业年会上中国音数协游戏工委发布的《2023 年中国游戏产业报告》数据显示：2023 年中国游戏市场实际销售收入 3029.64 亿元，同比增长 13.95%，首次突破 3000 亿元；游戏用户规模达 6.68 亿，同比增长 0.61%，成为历史新高。

第四，技术作为虚拟偶像产业驱动力。虚拟偶像基础技术架构人物生成、人物表达、合成显示、识别感知、分析决策等模块。其中，人物生成，即人物建模方面 2D 数字人较为简单，3D 数字人需要额外使用三维建模技术。人物表达包括语音生成和动画生成。动画生成则包含驱动和渲染两大部分。2D 数字人和 3D 数字人在技术架构方面基本一致。目前，随着 AI 技术和虚拟数字人技术的发展，虚拟偶像屹立于元宇宙和和 AIGC 的路口前，使虚拟数字人成为发展的焦点。AIGC 为虚拟数字人带来的价值不言而喻，为行业带来了深度洗牌，提升了交互体验。

2 戏曲与虚拟偶像的融合共塑

2.1 虚拟偶像是传统戏曲发展的必然选择

虚拟偶像是元宇宙概念中的核心要素，二者之间有着直接的联系——虚拟偶像是元宇宙视角下技术、经济和文化相结合的集成体。实际上，戏曲元宇宙化是未来发展的必然趋势。早在摄影、录音、影视、游戏等技术开发的初期，戏曲就已经开始与这些数字科技融合。戏曲与虚拟偶像的结合构想因目前的虚拟人的个性、世界观设计、服务和颜值等因素的兴起而走红。然而，从更加长远的发展角度而言，当下的泛娱乐化的应用领域都尚属于浅层次范畴。“戏曲 + 虚拟偶像”最重要的潜在价值在于它能够成为现实传播资源，从而推动相关行业的发展。换句话说，发展戏曲与虚拟偶像结合的根本目的是希望通过跨界整合技术、文化和创作等方面的力量，促进人类发展的进步。因此，其未来的应用场景和前景将围绕这一根本目的展开。

在人类发展的历史进程中，跨领域调动各界多种资源，以创造与时俱进的新文明是一项非常有价值的研究内容。从长远来看，人们不仅在不断扩展和构建生存空间，还在丰富和升级相关的社会资源。人们一直尝试将不同领域结合起来，从而激发出新的文明。传统戏曲的发展也是如此。从宫廷雅乐到杂剧，再到昆曲和京剧，每个时代的戏曲都是历代艺术家根据现实需求对内容进行创作和调整的结果。21 世纪构建的“元宇宙”这种信息数字平台，本身是一个数字化转型浪潮下的新兴产业集合的概念，是需要整合多种新技术而产生的新型虚实相交的数字文明[1]。目前，虚拟数字化整体平台的构建尚未完善，但在大趋势下，未来社会必然会逐渐展现其全貌，且跨界整合对许多行业带来的帮助是不可忽视的。

2.2 戏曲与虚拟偶像的粉丝圈层延伸

“圈层”是指拥有相似或相同社会联系和社会属性的人群聚集体。这些圈层内部的个体通过相似的兴趣、利益和情感等进行联系，形成较强的凝聚力[3]。虚拟偶像既是圈层内部个人情感归属的载体，也是圈层之间跨界交流的媒介。不同类型的虚拟偶像吸引着各类粉丝群体。在 1.0 和 2.0 阶段，粉丝圈层主要由喜爱二次元的青少年组成，而在当前的 3.0 阶段，虚拟偶像应用于虚拟剧场、影视节目、游戏、短视频平台等各种渠道，虚拟偶像的影响力和粉丝基础正在不断扩展，涵盖更多样化的受众。

虚拟偶像自带的多种交互功能，如文本交互、体感交互、眼动交互和智能交互等，为观众带来了不同层次的体验感。这些功能增强了戏曲艺术与新老粉丝之间的联系，使得粉丝不仅仅是被动的欣赏者，而是可以积极参与到互动中来。如今，越来越多的戏曲粉丝可以根据自身的需求创造属于自己的戏曲虚拟偶像，这种自主性改变了以往偶像与粉丝之间的单向关系。例如，戏曲粉丝在构建虚拟偶像形象后，除了在游戏和影视作品中进行角色扮演，还可以通过 AI 软件设计出一个与自己数字孪生的戏曲虚拟角色。这种技术赋予了戏曲粉丝更多的满足感和交互体验。通过这些戏曲粉丝在虚拟偶像媒介中的互动，粉丝们能够在其中体验到前所未有的沉浸感和互动性，增强了他们与戏曲艺术之间的凝聚力。这种双向互动和个性化设计，使得每个粉丝都能在虚拟世界中找到自己的独特位置，满足了他们对戏曲艺术的深层次需求。同时，戏曲虚拟偶像不仅满足了粉丝对偶像的理想型形象和人格魅力的追求，还逐渐成为粉丝情感投射的对象。戏曲虚拟偶像的稳定性和持久性能够缓解人们对真实戏曲偶像人设“塌方”和离世等悲伤情感的担忧。相比之下，戏曲虚拟偶像不会因为个人生活问题或其他原因而影响其形象和表现，这为粉丝提供了一种更为稳定和持久的情感依托。

总的来说，虚拟偶像的参与能够打破传统戏曲与粉丝圈层之间的互动模式，使得观众能够突破时空限制，自由且自主地欣赏戏曲艺术。这种新形式为许多老粉丝提供了更多的选择，使他们能够在任何时间和地点享受戏曲的魅力。虚拟偶像也通过技术的不断创新和粉丝的积极参与，极大提升了观众的参与感和沉浸感，使得戏曲艺术变得更加生动和贴近人心，为彼此的粉丝开创了一个全新的文化和情感交流空间。

3 戏曲与虚拟偶像结合的应用场景和发展前景

3.1 戏曲与虚拟偶像的应用场景

游戏产业让戏曲与虚拟偶像得以“再生”，游戏产业的融合为戏曲艺术带来了新的生机，同时也促进了戏曲数字化传播方式的创新。在游戏网络平台中以腾讯游戏为首，如图 4 所示，2019 年《王者荣耀》与浙江小百花越剧合作，推出了上官婉儿的越剧皮肤，一上线就获得大量粉丝关注，不仅如此，腾讯游戏还邀请越剧表演者茅威涛为上官婉儿配音，由浙江百花越剧团一级演员魏春芳进行角色动画制作的动作捕捉。正如一位网友留言：“当初正是因为这皮肤，激起我对越剧的兴趣，第一次完整地观看了一部戏曲作品，一改我往日对戏曲的认知。”[11] 同样，如图 5 所示，《原神》推出剧情版《神女劈观》的 PV 动画由上海京剧院国家一级演员杨杨演唱京剧曲目。截至 2024 年 8 月，《神女劈观》在国内影视平台哔哩哔哩的播放量已突破 3500 万，收获了 20.7 万条评论。另外，腾讯游戏《魂斗罗：归来》在开发英雄“瑾”的过程中专门邀请了川剧演员冯武为角色设计花旦形象，并进行动作捕捉和配音；《QQ 飞车》游戏也运用了大量的川剧元素，并开发川剧主题“断桥遗梦”动作套装[12]。《王者荣耀》推出的虚拟男团“无限王者团”不仅登上了杂志封面，还演唱了电影的片尾曲，并发布了新专辑。《QQ 炫舞》的虚拟偶像“星瞳”不仅拍摄了运动品牌的广告，还与杨丽萍跨界合作表演了孔雀舞。在国内移动游戏市场中，角色扮演类游戏的需求非常旺盛，角色的捏脸技术已经被广泛应用。《天涯明月刀》和《逆水寒》等游戏中，玩家可以根据自己的喜好和需求，自由捏造出各种戏曲角色。

图 4　上官婉儿图

图 5　神女劈观图

在影视平台中，有经典戏曲动漫《京剧猫》《朝阳沟》《墙头记》，以及将戏曲元素用到极致的动画片《骄傲的将军》《大闹天宫》《天书奇谭》等。这些动画作品不仅展示了戏曲的独特魅力，还通过动画的形式，使传统戏曲文化以更加生动和形象的方式呈现在观众面前。如图 6 所示，璀璨星空文化制作的《京剧猫》成功将京剧元素融入动画中，短片中仅单季就有一百多个角色，每个角色的服饰都借鉴了很多京剧中的经典形象、剧情中的身段动作和武打场面；在配乐中，也运用了京胡、锣鼓等传统乐器。截至目前，该作品的累计点击量已达 15

亿次。《朝阳沟》是通过动画的形式，将戏曲中的故事和人物形象展现出来。如剧中的角色通过唱腔表达情感和故事，剧中的念白也借鉴了豫剧中念白的形式、韵律、语言等，甚至动画的调度也借鉴了戏曲的经典手势、步伐、眼神等。如图7所示，1983年中国上海美术电影制片厂出品的动画长片《天书奇谭》中，许多角色的造型都借鉴了戏曲艺术，涵盖了生旦净末丑各个类型。例如，狐女的丹凤眼和樱桃嘴参考了京剧花旦的形象；袁公的络腮胡子则融入了戏曲中关公脸谱的元素；狐狸老妖突出的嘴巴和大黑眼圈的“八”字形象，也借鉴了京剧老旦的特点。这类戏曲相关的动画，不仅让动画具有观赏性，还保留了戏曲的韵味。这些影视作品通过不同的方式将戏曲元素融入动画中，使得传统戏曲文化以一种全新的、更加生动的方式呈现给观众，特别是激发了许多年轻观众对京剧的兴趣和喜爱。

图6　京剧猫图

图7　天书奇谭图

如今的新媒体传播渠道可能更贴近大众观众。戏曲艺术通过短视频、在线视频网站、贴吧、公众号等互联网平台得到了广泛传播，实现了互联网演出的新形式。互联网传播主要突破了传统戏曲的时间和空间的局限性，可以选择任意时间和地点进行观看，让观众和戏曲之间建立起互动关系。同时也促使冷门剧种发生转变。当今的“数字人”不再依赖真人构建，像“柳夜熙”这样的虚拟偶像是设计师根据主题进行自由创作的角色形象。近年来，受“亚文化”影响，涌现出许多虚拟偶像。如图8所示，在《上线吧！华彩少年》节目上演绎京剧经典《天女散花》的“翎-Ling”。在表演中，导演用翎的手部特写，向观众展示了传统京剧旦角的经典手势，提高了审美意味，同时也打破了以往观众看戏的单一视角，突破了老师教戏、演员演戏、观众看戏的三个维度，以“全悬浮”式的表演，拓宽了京剧舞台的表现力，让观众从多方位感受到京剧的魅力所在[13]。又如图9所示，在《经典咏流传》舞台上，虚拟偶像“洛天依”与京剧名家王珮瑜共同演唱的《但愿人长久》。虚拟偶像楚瓷和主唱九渊的翻唱作品《粉墨棋局》也大胆结合了戏曲与嘻哈元素。这些作品通过虚实结合，打破了次元壁，使传统艺术焕发出新的活力。尽管目前仍然存在如何平衡数字技术与戏曲叙事情感的逻辑表达、戏曲老粉丝与新型剧院的适应关系以及网络剧场空间规范等问题，但这些并没有改变传统戏曲艺术的本质。数字技术在一定程度上促进了戏曲的传播，激发了戏曲创作的活力，因此戏曲在当代依然具有重要意义。

图 8　演绎《天女散花》翎 -Ling 图

图 9　洛天依与王珮瑜演唱的《但愿人长久》图

照此趋势，在社交媒体普及的背景下，人们接触戏曲的方式变得多样化，包括通过影视平台、直播、线下剧场演出等多种途径。未来可能会有更多传统艺术设计出独具特色的虚拟偶像，借助 AR 眼镜等设备，实现视觉上的多层叠加效果。总的来说，这一趋势反映了信息技术对传统艺术的影响逐渐加深。尽管目前许多戏曲虚拟偶像缺乏智能化驱动，但它们正使戏曲这一传统艺术文化逐渐成为网络热词，帮助一些不了解或不感兴趣的受众发现戏曲的艺术魅力，推动戏曲的高质量传播。

3.2　戏曲与虚拟偶像在媒介结合中的发展前景

虚拟偶像的产业链包括了技术层、平台层和应用层三个层面。其中技术层分为硬件和软件，硬件包括显示硬件（显示屏、AR 硬件、VR 硬件等）、光学器件、传感器和芯片，软件则包括建模软件、驱动软件、渲染引擎等；平台层包括软硬件系统（建模系统、动作捕捉系统）、生产技术服务平台（渲染平台、解决方案平台）、AI 能力平台（计算机视觉、智能语音、NLP）[14]；应用层则包括虚拟身份（虚拟教师、虚拟导游、虚拟医生等），虚拟仿象、虚拟化身等。

对于戏曲本身而言，虚拟偶像利用自身具有亲和力的外貌在戏曲的社交和展演类领域提供服务。受近几年 AI 的迅速发展，人们情感依托的转移，产生了“虚拟偶像教师”等形式逐渐融入人们的日常生活。类似于私人教师的一对一辅导，未来人们可能会在虚拟偶像的帮助下学习戏曲的基本功、唱腔和表演技巧等。此外，人们还可以通过智能程序与戏曲虚拟偶像进行互动，增加学习戏曲的趣味性和参与感。“虚拟教师”的具体身份可以根据不同场景（如剧院、艺术馆等）进行调整和改变。例如，日后每一个戏曲展馆等都可以设用一个虚拟导游或虚拟解说员，为到来的人们提供讲解、翻译等导览服务，并借助 AR 眼镜和人工智能等科技设备，满足不同用户个性化的服务需求。

当下的表演方面，虚拟偶像还可以助力戏曲相关的文化产业表演。虚拟偶像中“虚拟仿象”是一种特殊的形式，与之前的不以现实中的人物为基础，全新创造出新的人物角色相比截然不同，“虚拟仿象”是根据已经存在的人构建“仿象”[15]。如图 10 所示，全国首部以青少年梅兰芳为主题的微电影《少年梅兰芳之登台》在“AIGC+XR 技术”的支持下正式上映。该影片通过全方位的数字化和可视化技术，生动再现了梅兰芳的面容、体态、语音语调、着装以及道具等细节，成功将少年梅兰芳“复活”，呈现了他在真实生活中的生动形象；以及在 2022 年江苏卫视的跨年演唱会上，使用了“AI 换脸”技术，呈现了“数字邓丽君”的精彩表现。各种“虚拟仿象”的逐步出现，除了能够保护戏曲剧种的各类数据，还可以在获得相应版权的前提下，保护戏曲界的著名艺术家，实现他们的数字永生。在虚拟剧场中推广“戏曲 + 虚拟仿象”的传播方式，即使这些艺术家已不在人世，他们仍然能够唤起原始受众的经典回忆，从而防止受众群体的流失。

图 10 数字梅兰芳与少年梅兰芳对照图

戏曲与虚拟偶像的结合，不仅赋予了传统戏曲艺术新的活力和更广泛的影响力，实现了传统文化与现代科技的完美融合，还使虚拟偶像具备了独特的内涵和外观，区别于以往那些以娱乐化和二次元风格为主、功能单一的虚拟偶像。这种结合在内涵和审美上都进行了显著的升级和优化。如果戏曲与虚拟偶像的结合从一开始就以面向大众用户和提供情感陪伴的小助手为设计目标，旨在满足用户多方面和智能化的功能需求，那么它们融合发展到下一个阶段只是时间问题。

4 结语

传统戏曲艺术的发展离不开传承和传播，而虚拟偶像的介入能够有效满足这一需求。一方面，虚拟偶像可以吸引戏曲爱好者、培养新一代的戏曲学者，降低传统戏曲的成本和风险，提升大众对戏曲的喜爱度，并保护历代戏曲数据。另一方面，虚拟偶像为传统戏曲的传承者、传播者、创新者、研究者、受众和粉丝群体提供了一个完整的窗口和空间。这不仅有助于戏曲艺术的传承和传播，还能促进其不断完善。通过虚拟偶像的参与，传统戏曲可以更好地适应现代社会的需求，获得新的生命力和发展机遇。

参考文献

[1] 陶大程 . 产业元宇宙 [M]. 北京：人民出版社，2022.

[2] Stever G S. Parasocial and Social Interaction with Celebrities : Classification of Media Fans，[J]. Journal of Media Psychology，2009，3（10）: 1-39.

[3] 陈晓伟，丁正凯 . 虚拟偶像：媒介与粉丝的二元共塑 [J]. 青年记者，2022（8）：59-61.
[4] 许志强 . 元宇宙视域下的人工智能虚拟偶像 [J]. 青年记者，2022（10）：55-57.
[5] 宋雷雨 . 虚拟偶像粉丝参与式文化的特征与意义 [J]. 现代传播（中国传媒大学学报），2019，41（12）：26-29.
[6] 喻国明，耿晓梦 . 试论人工智能时代虚拟偶像的技术赋能与拟象解构 [J]. 上海交通大学学报（哲学社会科学版），2020，28（1）：23-30.
[7] 谭丁元，陈功 . 从单向模拟到全向延伸：补偿性媒介视角下虚拟偶像的来去之思 [J]. 新闻知识，2022（6）：23-27.
[8] 解学芳，贺雪玲 . 元宇宙视域下 AI 虚拟偶像产业的技术可供性演变机理与革新路径 [J]. 艺术百家，2023，39（1）：41-51，100.
[9] 先导研报. 中国传媒大学：2024 中国虚拟数字人影响力指数报告 [EB/OL].（2024-04-02）[2024-06-22].https：//www.xdyanbao.com/doc/7l5w0s0oqq?bd_vid=11761970922075424485.
[10] 艾媒产业升级研究中心：《艾媒咨询丨 2024 年中国虚拟数字人产业发展白皮书》[EB/OL].（2024-04-19）[2024-06-22]. https：//www.iimedia.cn/c400/99947.html.
[11] 刘江红，黄源源 .《荣耀越剧，百年戏曲迎来数字蝶变》[EB/OL].（2022-05-30）[2024-06-22].https：//pvp.qq.com/web201605/newsDetail.shtml?tid=567432.
[12] 马潇婧 . 破局之路或数字陷阱：重思数字媒体时代浙川地方戏曲创作的跨界与破圈 [J]. 四川戏剧，2024（4）：46-51.
[13] 北青网 .“上线吧！华彩少年”迎国风虚拟 KOL 京剧舞台秀惊艳全场 . [EB/OL].（2021-01-20）[2024-06-22].https：//m.gmw.cn/baijia/2021-01/20/34557972.html.
[14] 郭全中 . 虚拟数字人发展的现状、关键与未来 [J]. 新闻与写作，2022（7）：56-64.
[15] 简圣宇 .“虚拟数字人”概念：内涵、前景及技术瓶颈 [J]. 上海师范大学学报（哲学社会科学版），2023，52（4）：45-57.

基于 KANO-AHP 的家用老年健康检测设备设计研究

彭意雯，孙虎

（西华大学 美术与设计学院 四川成都 610039）

摘要：为科学合理地管理老年人健康生活，帮助老年人实现居家健康自测。从用户需求出发，探讨老年居家健康检测设备产品设计。在用户调研基础上，通过 KANO 模型得到用户需求层次化结构，再运用（AHP 层次分析法）计算出各层需求的权重值，最后将用户各项需求转化为适老化健康检测设备设计特征。依据设计特征转换为设计要素，最终得到一款最为符合老年人需求的适老化健康检测设备设计方案。从分析老龄人群特征和实地访谈结果入手，得到了需求层次结构，计算了各项权重并转化成设计特征，通过 KANO 模型和 AHP 进行验证，确保了设计的可行性，为未来开发适老化健康检测设备提供了研究思路。

关键词：KANO 模型；AHP ；智慧养老；健康检测设备；适老化设计

伴随着我国进入人口老龄化社会[1]，居家养老成为各领域的研究热点。国内众多学者聚焦“智慧养老”[2]，研究涵盖平台、机制、法理依据、远程医疗、新一代信息技术产品、远程健康监护系统、无线传感系统及虚拟养老院建设等方面。其中“健康检测设备”既要符合家用的定位、又要满足老年人的使用，是智慧养老信息交换的重要介质[3]。通过用户调研和分析市场上现有家用健康检测设备，初步分析用户需求，构建 KANO 模型，并形成用户需求层次，再使用 AHP 层次分析法将用户需求分类转化为设计特征，最终设计一款符合老年人需

基金项目：2022 教育部人文社会科学研究项目（项目编号：22YJC760083）；四川省哲学社会科学重点研究基地多元文化研究中心资助项目（项目编号：DYWH2304）；四川省工业设计产业研究中心重点资助项目（项目编号：GYSJ2023-03）。

第一作者简介：彭意雯（2001—）女，四川人，硕士研究生，主要研究方向为工业设计。

通信作者简介：孙虎（1982—），男，安徽人，西华大学教授，主要研究方向为工业设计、产品创新系统设计。

求的健康检测设备，为相关产品的设计提供有效的参考依据。

1 特征分析

健康检测设备主要针对的目标用户群体为年龄在 60 岁及以上的老年人群体[4]。随着年龄的增长，该群体生理特征和心理特征都有一定的变化，因此在调研初期应该充分分析其生理及心理特征。

1.1 目标用户生理特征

伴随着老年群体年龄的增长，其生理机能会随之发生相应的变化，尤其是在身体感官、关节骨骼、行为意识等方面会出现一定程度的退化。生理机能的变化会导致老年群体与年轻群体的多方面产生差异，感官能力的下降会导致老年人听不清声音、看远不看近等。此外还会出现骨骼功能下降、抵抗力下降、意识能力减弱等情况，从而导致老年人“拿不稳”“抓不住”。以认知障碍、冠心病、骨关节炎和糖尿病等老年人高发慢性病为例，这类疾病对相应药品的服用有着长期的需求[5]，并需要每天对相应指标进行监测。

1.2 目标用户心理特征

老年人生理特征所带来的变化，也会对其心理产生影响。随着社会快速发展，给老年人带来了新的挑战，老年人无法跨越数字鸿沟，无法快速适应生活节奏的变化，这些都会导致其心理特征发生一定程度的变化，容易产生对新事物的排斥情绪，即“被抛弃感”，久而久之就会产生强烈的抑郁、焦虑等负面情绪。此外，老年人的生活习惯导致老年人社交简化，老年人更容易产生孤独感和落差感[6]。

1.3 现有家用健康检测产品特征分析

为确保老年群体的身心健康，有效提高其预防突发疾病的能力，家用健康检测设备越来越被人重视。家用健康检测设备主要以市面上常见的血压仪、血氧仪和血糖仪为主，如图 1 所示。

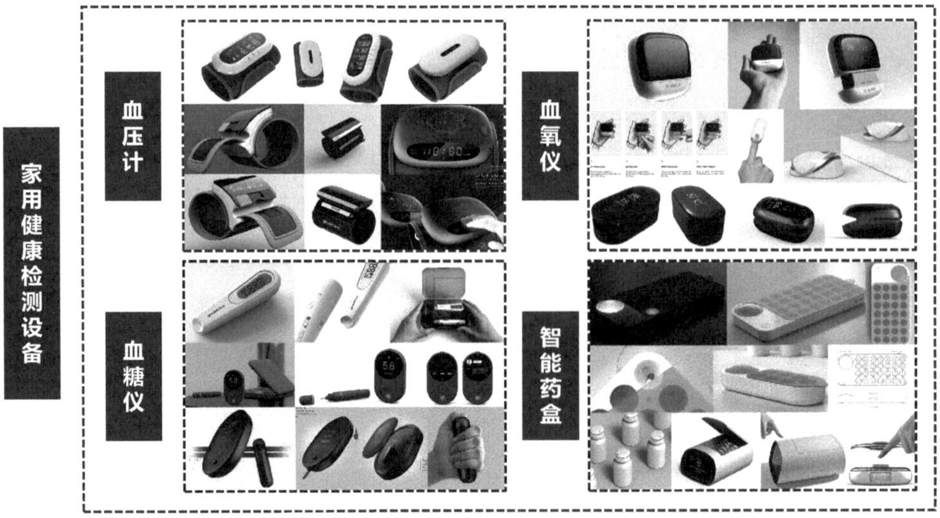

图 1　家用健康产品图

市场上现有的家用健康检测设备种类颇多，而为老年人群设计的健康检测设备常处于争议状态。大多数产品功能单一、使用烦琐，并未真正考虑老年群体的实际需求。结合前期对老年群体特征分析，以图 1 所示的四类产品为例，现有的健康检测设备仍无法满足不同年龄层老人多元化的需求，尤其是针对基础病复杂的老年人，产品的功能并不完善[7]。老年人的健康检测设备需根据合适的方法获取用户需求，在得到准确的需求后再针对性地进行产品设计。

2 基于 KANO 模型和 AHP 的健康检测设备设计策略建构

KANO 模型是东京理工大学教授狩野纪昭基于用户访谈、设计问卷等方式进行多方面的综合调研，进而获取全面的用户需求属性的工具[8]。使用 KANO 模型可以较为准确提取用户需求。

层次分析法（AHP）是一种定量研究与定性研究相结合的需求权重研究方法，用于辅助决策者判断[9]。使用层次分析法需先将决策问题分为目标层、准则层、子准则层三个层级进行分析，再通过计算特征向量、一致性检验等方法得到各层需求的权重值，从中筛选出高权重值项，即为最有价值的改进目标。

通过前期用户调研分析结果可得，家用老年健康检测设备的目标用户需求复杂，采用 KANO 模型可综合分析并相对准确地获取用户真实需求，再通过 AHP 对不同需求进行分类分析，最终可转换为不同设计特征，为设计家用老年健康检测设备提供参考。基于 KANO 模型和 AHP 法的设计流程图如图 2 所示。

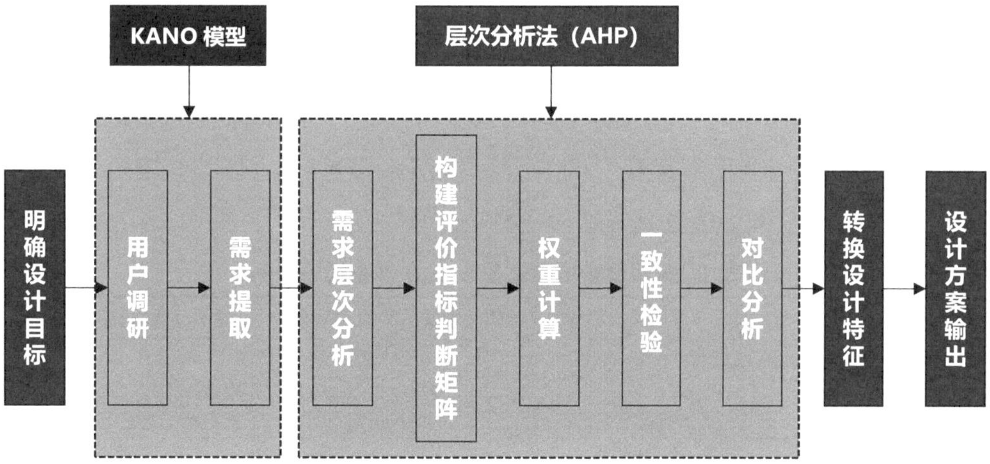

图 2　基于 KANO 模型和 AHP 法的设计流程图

2.1 初步分析用户需求

结合前期初步调研和对现有家用检测设备的分析初步得出老年人群的需求，通过用户访谈和前期老年人特征分析，得出造型和功能两类需求元素，在此基础上细分为一级需求和二级需求，如表 1 所示。

表 1　家用健康检测设备初始用户需求分类

需求元素	一级需求	二级需求
造型	结构	易收纳、模块化设计、方便抓握、符合人机工学、结构简单
	材料	坚固耐摔、防水、配色合理、重要按钮颜色突出、大容量电池、性价比高、
功能	功能	测量血压、测量血氧、测量血糖、数据同步、健康报告、提醒用药、提醒喝水、使用简便、语音识别、显示时间、健康关怀、远程监护、异常情况报警，以及与社区、医院互联

得出二次需求后，为更进一步确定调查问卷中的需求项，在已有家用健康检测产品研究和大量网络与实地调研的基础上，通过分析最终总结归纳出构建出用户需求要素细化体系，如图 3 所示。

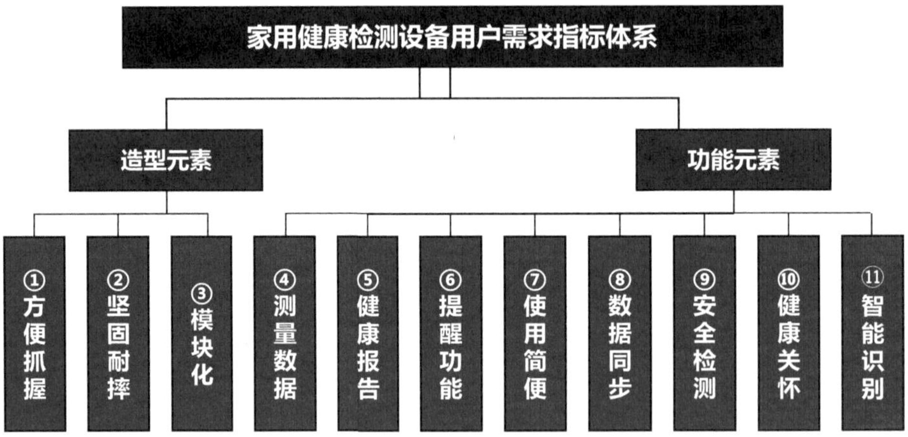

图 3　家用健康检测设备初始用户需求要素细化体系图

2.2 问卷设计与调查

根据 KANO 模型的特点，针对用户需求正反两方面，“我很惊喜”“理应如此”“可有可无”“我不喜欢但能接受”“我不喜欢”的 5 分标度法来设计针对家用健康检测设备功能需求的调查问卷。调查问卷示例如表 2 所示。

表 2　家用健康检测设备 KANO 调查问卷示例

编号	问题	我很喜欢	理应如此	可有可无	我不喜欢但能接受	我不喜欢
①	您对健康检测设备具备测量功能感觉如何？					
	您对健康检测设备不具备测量功能感觉如何？					
②	您对健康检测设备具备健康报告感觉如何？					
	您对健康检测设备不具备健康报告感觉如何？					
……	……					

运用 SPSS 统计软件对问卷所得到的数据进行处理，进行 KANO 模型分类评价，形成评价结果分类对照表，通过得到具体分值来衡量不同需求项对老年用户满意程度的影响，如表 3 所示。其中 *M* 为基本型质量（Must-be Quality），即必要属性；*A* 为魅力型质量（Attractive Quality），即魅力属性；*O* 为期望型质量（One-dimensional Quality），即期望属性；*I* 为无差异型质量（Indifferent Quality），即无差异属性；*R* 为反向型质量（Reverse Quality），即反向属性；*Q* 为可疑质量（Question Quality），即可疑属性 [10]。

表 3　KANO 模型评价结果分类对照表

用户需求		不提供该需求（负向） 我很喜欢（5 分）	理应如此（4 分）	可有可无（3 分）	我不喜欢但能接受（2 分）	我不喜欢（1 分）
提供该需求（正向）	我很喜欢（5 分）	*Q*	*A*	*A*	*A*	*O*
	理应如此（4 分）	*R*	*I*	*I*	*I*	*M*
	可有可无（3 分）	*R*	*I*	*I*	*I*	*M*
	我不喜欢但能接受（2 分）	*R*	*I*	*I*	*I*	*M*
	我不喜欢（1 分）	*R*	*R*	*R*	*R*	*Q*

2.3 计算 Better-Worse 系数值

根据用户的选择结果，将每个功能需求进行统计，对功能属性归类后计算出 Better-Worse 系数，若该产品某功能实现后可增加用户满意度，则该系数标识为 *B*；反之，消除该功能后用户的需求若得不到满足，则用户满意度的减量用 *W* 表示。

其中，Better 系数为增加功能后的满意系数，见式（1）。若该系数越接近于 1，则表示为对用户满意度上升的影响越明显；Worse 系数表示为消除该功能后的不满意系数，见式（2）。若该系数越接近于 -1，则表示为对用户满意度下降的影响越大 [11]。

$$B=\frac{A+O}{A+O+M+I} \tag{1}$$

$$W=-1\times\frac{O+M}{A+O+M+I} \tag{2}$$

用户调研共发出问卷 153 份，共收回有效问卷 130 份。根据每项需求中各个质量的结果数值大小判断该需求所属属性，其中哪一项为最大值，即归纳为该属性。

以方便抓握需求项为例，计算其 Better-Worse 系数，得出 B=0.538，W=−0.685。计算得出的家用健康检测设备各需求的 Better-Worse 系数，如表 4 所示。其中 ① 是方便抓握、② 是坚固耐摔、③ 是模块化、④ 是测量数据、⑤ 是健康报告、⑥ 是提醒功能、⑦ 是使用简便、⑧ 是数据同步、⑨ 是安全监测、⑩ 是健康关怀、⑪ 是智能识别。

表 4　家用健康检测设备 KANO 模型分析结果汇总

需求	*M*	*O*	*A*	*I*	*R*	属性	Better 系数	Worse 系数
①	42	47	23	18	0	*O*	0.538	-0.685
②	31	48	37	14	0	*O*	0.654	-0.608
③	23	20	59	26	2	*A*	0.617	-0.336
④	58	22	32	18	0	*M*	0.415	-0.615
⑤	29	24	49	27	1	*A*	0.566	-0.411
⑥	13	13	82	21	1	*A*	0.736	-0.202
⑦	51	26	23	30	0	*M*	0.377	-0.592
⑧	17	21	68	22	2	*A*	0.695	-0.297
⑨	17	52	31	28	2	*O*	0.684	-0.539
⑩	12	14	35	68	1	*I*	0.380	-0.202
⑪	57	21	27	23	2	*M*	0.375	-0.609

通过对表 4 中数据的处理，绘制了 11 项需求指标的 Better-Worse 象限图，如图 4 所示。其中不满意度系数作为 *X* 轴，满意度系数以数据的绝对值作为 *Y* 轴，满意度系数平均值作为 *X* 轴的中心线，不满意度系数平均值则为 *Y* 轴的中心线。

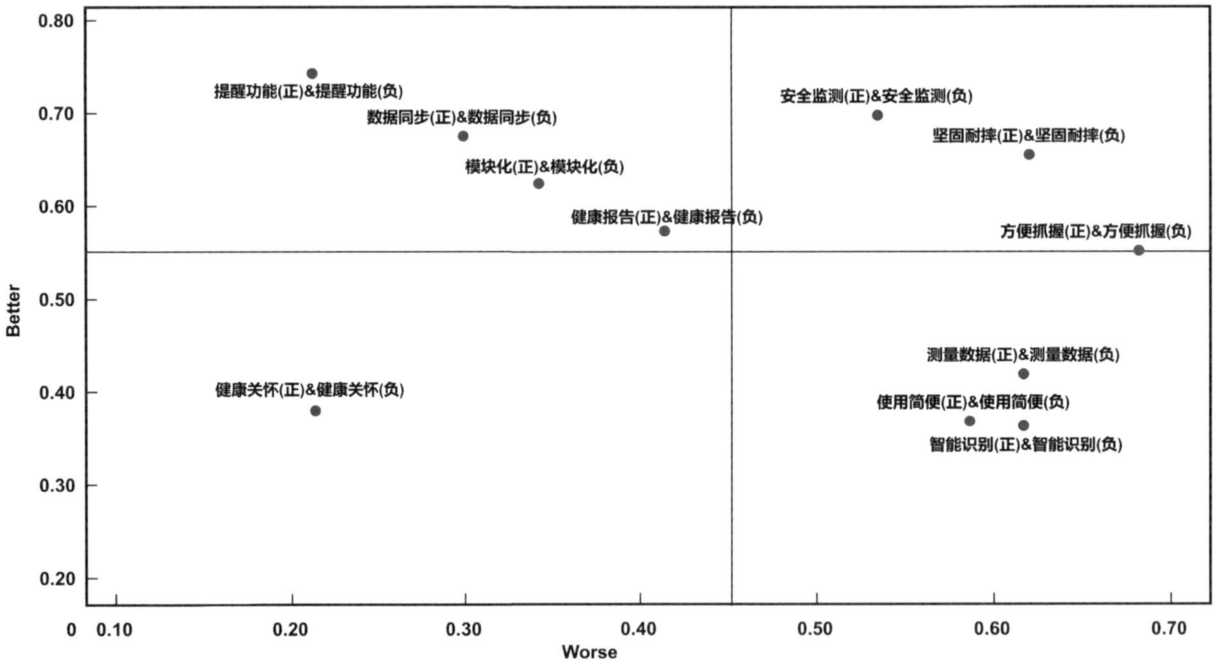

图 4　Better-Worse 象限图

2.4　需求提取

图 4 中第一象限的需求指标为期望型需求（*O*），即 Better 系数和 Worse 系数的绝对值都很高。期望需求应该在后续设计中优先满足，有助于提高用户满意度。主要包含方便抓握、坚固耐摔、安全监测三方面。

第二象限需求指标为魅力型需求（*A*），即 Better 系数绝对值高，Worse 系数的绝对值低。

若不满足这些需求，用户满意度不会降低。若满足这些需求，用户满意度会显著提升。主要包含模块化、健康报告、提醒功能、数据同步四个方面。

第三象限需求指标为无差异型需求（*I*），即 Better 系数和 Worse 系数的绝对值都很低。用户对这类需求持可有可无的态度，故这类需求通常不满足。包含健康关怀。

第四象限需求指标为基本型需求（*M*），即 Better 系数绝对值低，Worse 系数的绝对值高。这类需求被认为是必备需求，不满足这类需求时，用户满意度会显著降低，故在设计中一定要满足这类需求。包含智能识别、使用简便、测量数据三方面。

因此在后续家用老年健康检测设备的设计中，需要在满足基本型需求的基础上，优先满足期望型需求和魅力型需求。

3 基于 KANO 模型和 AHP 的健康检测设备设计策略转化

3.1 需求层次分析

根据 KANO 模型对家用健康检测设备需求分析，得出需求结构层次。结合 AHP 法构建出层次分析模型，删除 1 个无差异型需求指标，将剩下的 10 个需求指标按照层次分析法中的目标层、准则层和子准则层的结构进行整理 [12]，其中目标层为家用健康检测设备的总需求，准则层为设计中需要重点考虑的基本型需求、期望型需求、魅力型需求进行分类标记，子准则层则为上述 10 个需求指标，并重新编号为 1 ～ 10，构成家用健康检测设备需求层次结构图，如图 5 所 示。

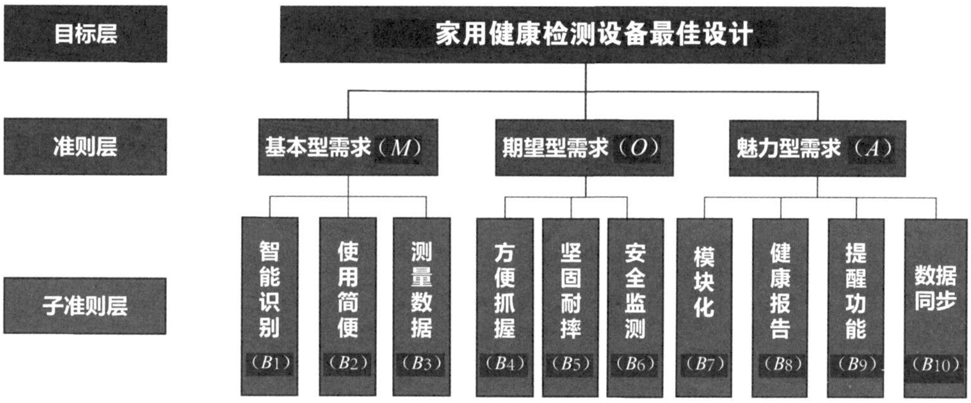

图 5　家用健康检测设备需求层次结构图

3.2 构建评价指标判断矩阵

为确保权重的准确性，邀请包括医疗健康产品设计师 2 人、产品设计师 10 人等 37 人组成评价对象，进行评分。结合线上线下评分数据与专家意见，对表格中两两因素的相对重要程度进行比较。采用数字 1 ～ 9 及倒数表示标度值，以此来对两两指标重要性进行判断，如

表 5 所示[14]。根据打分结果构造出判断矩阵 B、M、O、A。

表 5　1-9 标度法说明

标度	重要性程度区分	含义
1	同样重要	表示两要素相比，具有同等的重要性
3	稍微重要	表示两要素相比，前者比后者稍微重要
5	明显重要	表示两要素相比，前者比后者明显重要
7	强烈重要	表示两要素相比，前者比后者强烈重要
9	极端重要	表示两要素相比，前者比后者极端重要
2、4、6、8	上述两相邻判断的中值	上述两相邻判断的中值
倒数	中间值反比较	因素 i 与 j 比较的判断 B_{ij}，则因素 j 与 i 比较的判断 $B_{ji}=1/B_{ij}$

3.3 权重计算

分别对上述判断矩阵 B、M、O、A 采用几何平均法计算得到判断矩阵的特征向量 $\overline{W_i}$，对该特征向量进行处理可得到相应的指标权重 W_i，见式（3）。

$$W_i = \frac{\overline{W_i}}{\sum_{n=0}^{n}\overline{W_i}} \tag{3}$$

通过计算得到 M、O、A、B_1 ～ B_{10} 的权重值，结果见表 6 ～表 9。

表 6　家用健康检测设备最佳设计方案判断矩阵及权重

B	M	O	A	权重（W_i）
M	1	2	3	0.539
O	0.5	1	2	0.297
A	0.333	0.5	1	0.164

表 7　基本型需求 M 判断矩阵及权重

M	B_1	B_2	B_3	权重（W_i）
B_1	1	3	7	0.669
B_2	0.333	1	3	0.243
B_3	0.143	0.333	1	0.088

表 8　期望型需求 O 判断矩阵及权重

O	B_4	B_5	B_6	权重（W_i）
B_4	1	5	3	0.637
B_5	0.2	1	0.333	0.105
B_6	0.333	3	1	0.258

表 9　魅力型功需求 A 判断矩阵及权重

A	B_7	B_8	B_9	B_{10}	权重（W_i）
B_7	1	5	7	3	0.557
B_8	0.2	1	2	0.333	0.105
B_9	0.143	0.5	1	0.143	0.055
B_{10}	0.333	3	7	1	0.283

3.4 一致性检验

首先对一致性比率进行计算，见式（3）～式（4）。其中 CR 代表一致性比率，CI 代表判断矩阵一致性指标，RI 代表平均随机一致性指标，可通过平均随机一致性指标表中查找，见表 10。n 代表矩阵的阶数，$\lambda_{\max}$ 代表矩阵的最大特征值。

$$CR = \frac{CI}{RI} \tag{4}$$

$$CI = \frac{\lambda_{\max} - n}{n-1} \tag{5}$$

表 10 平均随机一致性指标表

n	1	2	3	4	5
RI	0	0	0.52	0.89	1.12

若 $CR \leqslant 0.1$，则判断矩阵一致性检验通过；反之则不通过，需要修正判断矩阵，直至检验通过 [16]。对家用健康检测设备的 4 个判断矩阵进行一致性检验结果有效，如表 11 所示。

表 11 一致性检验结果

	B	M	O	A
n	3	3	3	4
最大特征根	3.009	3.007	3.039	4.109
CI	0.005	0.004	0.019	0.036
RI	0.520	0.520	0.520	0.890
CR	0.009	0.007	0.037	0.041
一致性检验	通过	通过	通过	通过

3.5 对比分析

在经过一致性检验后，需将各需求得到的权重进行对比分析。将用户需求子准则层各项指标的权重值分别与对应的准则层的权重值相乘，即可得到各项指标的综合权重值以及对应排序，从而得到不同需求对用户满意度的影响程度 [17]，如表 12 所示。

表 12 需求综合权重及排序

目标层	准则层	准则层权重	子准则层	子准则层权重	综合权重	排序
家用健康检测设备最佳设计方案	基本型需求	0.539	智能识别	0.669	0.361	1
			使用简便	0.243	0.131	3
			测量数据	0.088	0.047	6
	期望型需求	0.297	方便抓握	0.637	0.189	2
			坚固耐摔	0.105	0.031	8
			安全监测	0.258	0.077	5
	魅力型需求	0.164	模块化	0.557	0.091	4
			健康报告	0.105	0.017	9
			提醒功能	0.055	0.009	10
			数据同步	0.283	0.046	7

4 基于 KANO 模型和 AHP 的健康检测设备设计策略实践

4.1 家用健康检测设备设计方案输出

根据上述研究获得的设计参数进行分析与构思，以指标权重排序靠前的解决方案要素为主要导向，结合工业设计的程序与方法，进行家用健康检测设备最佳方案的设计实践。

通过表 12 的结果可以得到设计特征的权重依次是智能识别＞方便抓握＞使用简便＞模块化＞安全监测＞测量数据＞数据同步＞坚固耐摔＞健康报告＞提醒功能。因此确认了该人群在家用健康检测设备上的具体需求，并以此为依据对家用健康检测设备进行设计实践，如图 6、图 7 所示。

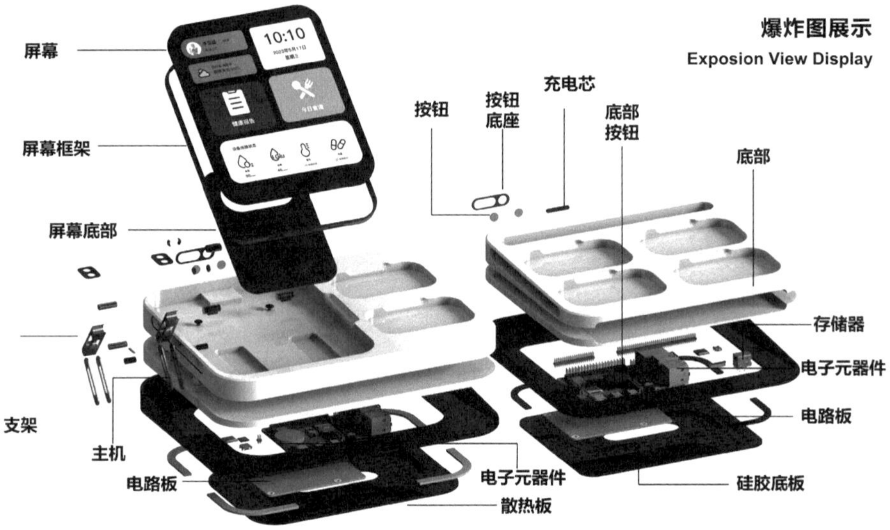

图 6　家用健康检测设备爆炸图

图 7　家用健康检测设备模型图

家用健康检测设备一共分为五个模块，屏幕显示采用可视化，弱化烦琐的操作流程，清晰直接地为老年人输出数据。例如：模块二是佩戴式血压仪，通过佩戴在手腕上即可测量血压及脉搏。模块三是手指放置式血氧仪，通过在接口处放置手指即可测量血氧、血糖及体温。血氧含量通过红外线透过手指皮肤上的毛细血管来测量，基于此原理，可以结合现无创测血糖功能一同使用 [18]。模块五是智能药盒，针对老年人基础病烦琐，有日常服用药物的这一特征，设计了一款可以提醒老年人及时服药的药盒。通过压力传感器感应，可以知道药盒内剩余药量，并通过信号灯显示，提醒用户药盒中还有剩余药物。同时，通过压力传感器感应到药物还未使用，可以传输到手机端，通过儿女提醒父母，进而督促父母按时用药，如图 8 所示。

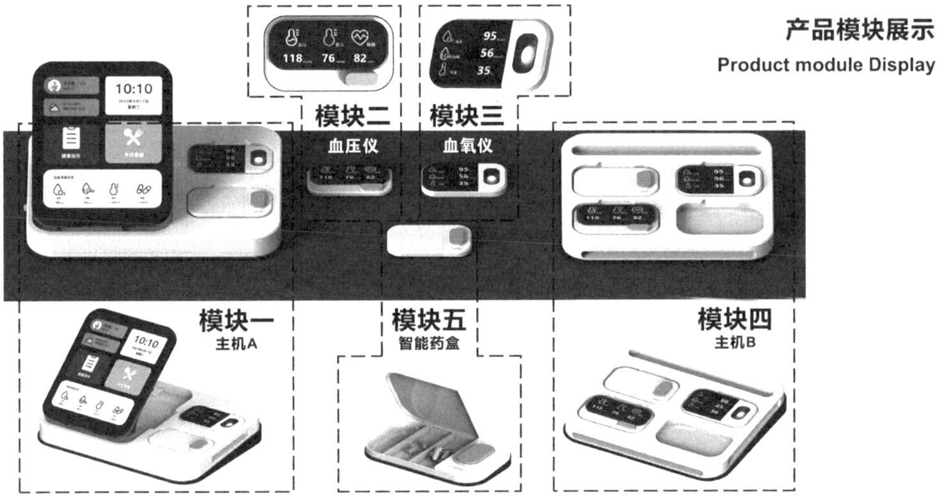

图 8　家用健康检测设备模块展示图

4.2 家用健康检测设备界面设计

结合老年用户的使用场景、使用方式等多方面特征，对家用健康检测设备交互界面进行了设计，如图 9 所示。

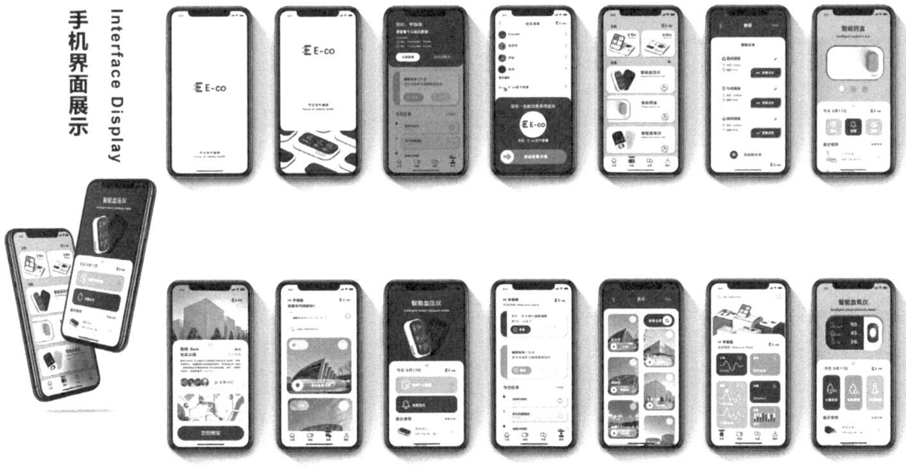

图 9　App 界面效果图

第一，在功能实现方面，除了家用医疗检测设备的直接使用者，其子女或其他亲属可以通过 App 端查看老年人健康状况，通过每日健康数据报告分析老年人健康情况，还可通过 App 提醒老人及时用药，定期体检等，增进与老人之间的沟通与联系，更好地掌握其身体状况。

第二，在人机交互界面的色彩设计方面，由于老年人对颜色的感知能力相对较弱，因此界面采用了秋叶黄和海涛蓝两种颜色，搭配主产品颜色，既醒目又不冲突。这种简单的色彩搭配，符合老年用户对产品的审美偏好。

第三，在图标设计方面，根据前期对老年人生理特征的分析，老年人视力下降，认知能力减弱，因此采用了拟物化图标，使老年人能直观理解图标蕴含的功能作用[19]。

此外，在主机 A 上还配备了可拆卸移动的显示装置，由于设备的主要用户是老年人，因此显示装置屏幕上的相关字体和图标都应该考虑老年人的视力不好、手抖拿不稳点不准等生理特征，并且老年群体对电子产品陌生，所以其界面时多采用通俗易懂的图标显示，并配置简单功能，如健康数据显示、食谱推荐、视频通话等，如图 10 所示。

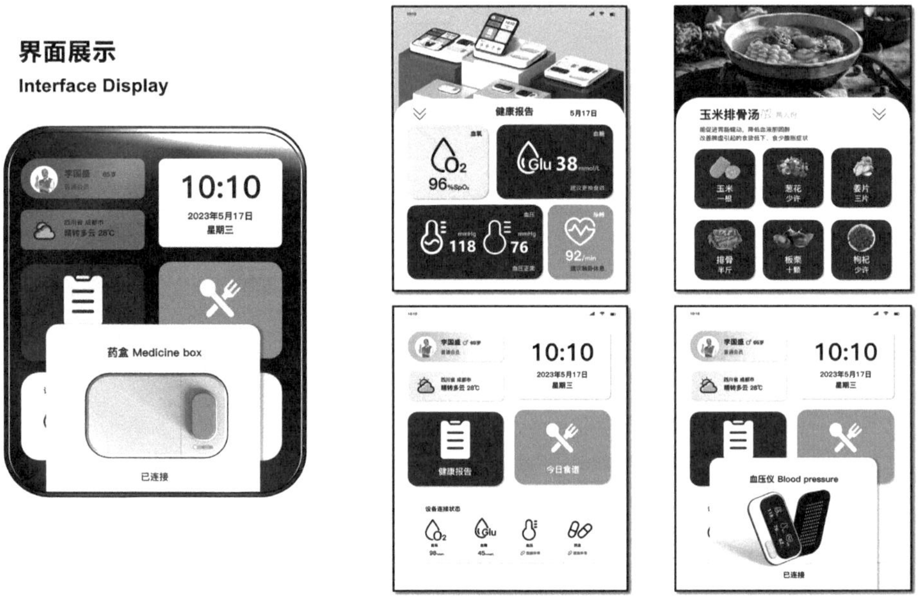

图 10　主机界面效果图

5 结语

居家养老逐渐成为各领域的研究热点，“家用检测设备”是日常生活中不可或缺的产品，更是智慧养老信息交换的重要介质。首先，从老年用户对家用健康检测设备的需求出发，提出了一种 KANO 模型和 AHP 相结合的设计方法，进一步获取了老年用户的需求特征。使用 KANO 模型明确了老年用户的需求，为设计实践提供了设计方向。其次，通过计算 Better-Worse 数值，得到其优先级排列顺序。再次，通过 AHP 层次分析法建立了需求层次分析模型，计算各层级权重值并进行一致性检验。最后，得到了健康检测产品的设计要素以及设计方向，利用 AHP 法得到最优解决方案，进行了家用健康检测设备的设计实践，并验证了该方法的可行性，为相关产品的设计提供有效的参考依据。

参考文献

[1] 刘梦非，凌亚利，何人可 . 智慧养老领域隐式交互的应用现状及前景 [J]. 包装工程，2020，2（1）：13-20.

[2] 万立军，王琳，刘宗波 . 国内外智慧养老平台现状 [J]. 中国老年学杂志，2020，40（5）：1087-1091.

[3] 屈芳，郭骅 .“物联网 + 大数据”视阈下的智慧养老模式研究 [J]. 信息资源管理学报，2017，7（4）：51-57.

[4] 李志榕，李鸿佳，陈司宇，等 . 基于 KANO 模型的孤寡老人智能家居健康需求研究 [J]. 包装工程，2023，44（16）：145-153.

[5] 吴言，李芳宇，周乐 . 老年人健康管理产品设计研究 [J]. 机械设计，2022，39（8）：148-154.

[6] 王帅，范蒙 . 基于 KANO-AHP-QFD 的适老化换鞋座椅设计研究 [J]. 包装工程，2024，45（10）：42-51.

[7] 陈利君，郭皓月 . 基于设计心理学的老年医护产品设计：以腕式智能血压仪设计为例 [J]. 大众文艺，2021（8）：29-30.

[8] 刘春媛，赵敏 . 基于 KANO-TRIZ 的中老年户外腰背按摩器设计研究 [J]. 包装工程，2024，45（8）：90-95，120.

[9] 车婉宁 . 基于层次分析法的汽车座椅设计要素模糊综合评价研究 [J]. 工业设计，2020（3）：98-99.

[10] 钟光明，张粤晖，傅晓怡，等 . 基于 KANO-AHP 的可成长性儿童坐具设计研究 [J]. 包装工程，2023，44（14）：118-126.

[11] 叶文涛，韩宇翃 . 基于 KANO 模型和 TRIZ 技术进化法则的老年代步车设计 [J]. 包装工程，2023，44（S1）：312-319.

[12] 汤箬梅，李俊杰，骆琼，等 . 基于 KANO-AHP-AD 理论模型的儿童牙科诊疗椅设计实践 [J]. 包装工程，2023，44（22）：169-180.

[13] 刘颖，易西多 . 基于 AHP-CRITIC-TOPSIS 的智能养老辅助产品设计研究 [J]. 包装工程，2023，44（20）：251-260.

[14] 李洋，刘国闯，刘苏，等 . 基于 AHP-QFD 的共享老年代步车人机工程设计 [J]. 包装工程，2023，44（18）：52-60.

[15] 王军，刘思邑，伍赛，等 . 基于 QFD 和 AHP 法的适老浴室柜设计研究 [J]. 包装工程，2023，44（4）：158-164.

[16] 李文凯，周祎德，杨易铭 . 基于 KJ-AHP-QFD 的高铁车站智能人体安检门设计 [J]. 湖南包

装，2023，38（6）：137-142.4.
[17] 苏晨，胡王毅文，江驭鹏，等 . 基于 SETC/FAHP/TRIZ 的电动工具创新设计 [J]. 机械设计，2023，40（12）：163-169.
[18] 陈兴波 . 为适老产品开发服务的老年用户研究方案探索 [J]. 装饰，2016（10）：136-137.
[19] 李君华，沈柯宇，徐源，等 . 车载人机交互界面的适老化设计研究 [J]. 包装工程，2023，44（14）：145-151，169.

基于联合分析法的共享单车可持续设计策略研究

孙千雪，孙虎

（西华大学 美术与设计学院，四川 成都 610039）

摘要：由于共享单车产业的发展速度过快，逐渐浮现出诸多与可持续理念相悖的问题，如投放过量、报废率过高、生命周期过短等。通过对共享单车产业全流程的调研、分析与探索，形成可持续性优化设计要素，采用正交实验形成多个模拟单车优化方案，构建联合分析统计模型并进行数据采集与计算。确定设计要素及特征的效用值与重要性数值，得到设计要素的重要性排序，并形成优化方案。结果表明进行可持续性优化的前提是对骑行体验的保证，在该要素下更有利于使用者的选择行为，从共享单车产业出发，发掘单车可持续性问题，采用联合分析法展开研究，不仅延长了共享单车生命周期，拓展了共享单车产业可持续发展的可能性，还健全了企业优化设计的角度，促使企业与用户偏好相结合得到更为完备的设计策略。

关键词：工业设计；可持续设计；联合分析法；共享单车设计；用户偏好研究

1 引言

共享单车主要应用于短途出行以及接驳城市轨道交通，使用共享单车出行对于环境、健康和社会都有一定的意义。但随着共享单车产业的不断发展，逐渐浮现出诸多与可持续理念相悖的问题，如市场规模扩张的速度过快导致出现投放过量，盲目投放以及车辆报废率过高

第一作者简介：孙千雪（2000—），女，河南开封人，硕士，研究方向为工业设计。

通信作者简介：孙虎（1982—），男，安徽寿县人，教授，硕士，研究方向为工业设计，发表论文 20 余篇。

等。共享单车替代汽车等交通工具呈现零碳排放特征的观点，仅仅聚焦于共享单车作为交通工具本身，而忽略了其产业全流程即共享单车全生命周期中的碳排放量，在产业全流程中被忽视的部分主要集中在调度与骑行过程中车辆损毁废弃而产生的环境隐患等，通过样本提取计算可得一个城市一年因单车调度产生的碳排放量为 12960.785kg。优化共享单车产业进一步实现交通出行的可持续发展成为众多学者关注的问题，但绝大多数的学者从消费者、政策、交通、计算机以及经济等角度切入展开研究，通过调度模型算法设计以及政策分析等途径优化可持续性问题，但对单车自身的优化研究较少。产品生命周期优化设计可以有效地提高共享单车的可持续性，通过优化设计和产品升级，共享单车的环境影响强度可降低 25.09% ～ 34.34%。使用者也开始更加重视细腻的使用体验与感官感受以及配件的品质与体验，因此共享单车自身的优化设计研究是共享单车可持续发展的重要部分。

本研究旨在延长共享单车的全生命周期，解决共享单车产业在发展过程中的可持续问题。基于共享单车产业系统分析，使用联合分析法明确最优设计方案，形成共享单车可持续设计策略。研究的贡献：（1）通过对共享单车产业的全流程分析，提出若干共享单车可持续优化方案；（2）通过联合分析法收集数据、构建模型、计算分析得到基于共享单车产业的可持续优化方案的最优方案；（3）基于最优方案的分析，形成共享单车可持续研究策略。（4）共享单车产业流程分析与联合分析相结合，完善了企业与用户的视角优化其可持续性，延长产品生命周期。

2 材料和方法

2.1 联合分析法

联合分析法最早是由数学家 Luce 和统计学家 Tukey 在 1964 年共同提出的，后续出现了大量的关于联合分析计量的研究与方法。联合分析法最早应用于市场研究领域，帮助产品或服务设计和定价决策，确定有助于开发产品线的利益细分。部分研究认为，在达到给定的精度下，可以减少被调查对象的数量以及模拟产品组合的数目达到实验效果。近年来，联合分析法被延伸应用至多个研究领域，成为决定用户在具有多个要素的产品或服务属性中进行决策的方法，联合分析法可评估产品中多要素的相对重要性，并确定最优方案。

联合分析法包含确定要素及要素特征：（1）明确其中关键的要素及关键的要素特征；（2）正交实验设计，正交实验具有均衡分散性，有利于形成实验模拟轮廓的最优组合，能有效减少模拟次数，并优化设计方案，既减轻了被调查对象的工作量，同时又保证了研究的准确性；（3）收集数据，设计调查问卷，使使用者通过评分法根据自身喜好进行评价；（4）模型计算，对所收集到的数据使用最小二乘回归模型进行统计计算；（5）结果分析。

2.2 共享单车产业全流程分析

2.2.1 共享单车运维概况

共享单车运维主要包括：站点确定、投放、调度、回收损坏单车、处置报废单车等内容。大多数共享单车运行方案通过数据及算法的驱动作用确定单车站点位置和相应容量。在投放过程中，针对单车类型的选择，大部分共享单车公司并不具备自行车生产线，所以与相应自行车厂商合作是大多数公司的选择，极少部分公司会自主设计、生产、推广其共享服务产品。智能决策指挥中心、线下运维可视化以及大数据平台相应技术的三方合作对线下车辆运维调度工作提供指导，在运维人员方面，可通过大数据了解车辆的骑行轨迹和城市热力图，还可以了解车辆具体的生命体征情况，以此来掌握车辆的实际情况，实现对车辆的定期维护、损坏车辆的维修、损毁车辆的回收以及单车零件的回收重组等工作。产业全流程分析如图 1 所示。

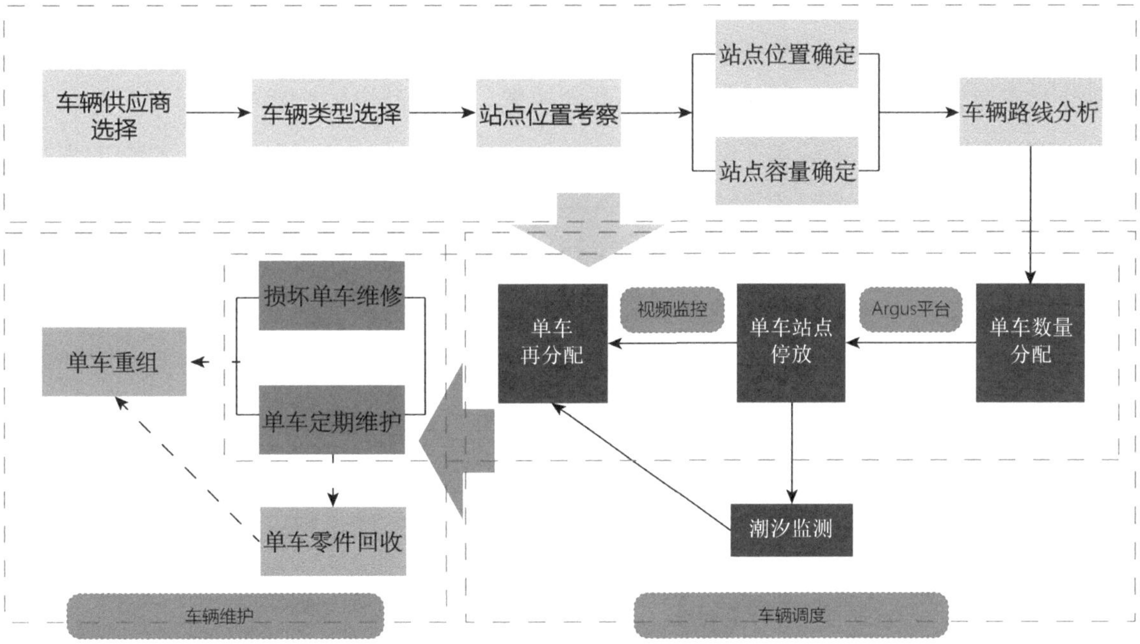

图 1 产业全流程分析

2.2.2 共享单车运维可持续性分析

运维过程中与单车自身相关的内容包括投放、调度、回收以及处置的流程。目前运维人员实现车辆投放与调度工作主要依赖卡车和电动三轮车实现。调度过程基本可以分为搬运上车、运输、搬运下车三个阶段，在搬运上车以及运输的过程中由于调度车辆容量有限，最容易出现摩擦碰撞导致损坏的车身零件是脚蹬部分，由于其位置位于两侧的凸出部分因此容易产生碰撞与摩擦，在高密度站点停放过程中由于车辆数量较多、排放较为紧密，用户在使用时将单车推出或推入站点的过程中同样容易出现此类问题，造成单车间的碰撞出现车辆停放不稳或摩擦等情况。

在车辆回收与处置，即维护环节中，由于单车的使用环境处于户外环境，排除人为社会意识的因素，户外环境对单车的生命周期影响较大，在用户使用时会倾向于选择更为完备的车辆，即使用度更低的单车，其中车筐、车把、车座、车蹬和车轮是主要考虑的零件。对单车零件影响最大的外部因素，即恶劣天气与清洁难度，恶劣天气对单车的影响主要集中在车座的潮湿造成用户衣服的潮湿，影响用户的骑行体验和后续的行程安排；目前多数共享单车公司采用裸露式的车轮链条，长期的阴雨天气将导致链条的折损生锈，影响用户骑行时的舒适度。由于单车长期置于户外环境，其清洁度难以保证。目前多数品牌的共享单车将太阳能板设置在车筐夹层的位置，虽然其安全性得到了保障，但清理难度较大且容易积灰，增加了单车的维护难度。

2.2.3 共享单车可持续性优化

基于对共享单车产业运维过程中的可持续问题分析，针对单车结构和部件进行优化分析。首先依据调度过程中容易造成单车脚蹬损耗的问题，提出了两个解决方案，分别是设计为可拆卸式脚蹬，在运输过程中将脚蹬零件拆卸后单独放置，避免凸出的脚蹬部分对车身和自身造成损耗；或设计为可折叠收纳式单车脚蹬，实现在调度和密集区域使用时对单车脚蹬的保护。其次在车辆维护过程中针对车筐中的太阳能板、车轮链条和车座部分分别提出 3 个解决方案。针对太阳能板可选择不移动其位置，但取消格子状隔断采用透明材质平面隔断便于清洁，或采用移动太阳能板位置至车头或车尾，改变其固定方式解决难以清洁的问题。车轮链条则可以选择全包式、半包式、裸露式 3 种形式，实现对车轮链条不同程度的保护。为解决车座的潮湿问题，一是可以改变车座材料，选择疏水或硬质材料避免其潮湿的问题；二是增加可折叠防尘盖的遮挡，阻挡雨水、灰尘等对车座的侵蚀。通过对单车部件的优化，减少车辆损耗以提升其可持续性。因此基于对共享单车产业流程的分析，针对其可持续性特征的优化提出 4 个特征要素，又将每个特征要素进行分析与再设计得到每个要素的 3 种设计，如表 1 所示。

表 1　可持续性优化部件及特征

序号	太阳能板	车轮链条	车座	脚蹬
1	隐藏太阳能板	全包式	采用疏水材料	不可拆卸
2	将太阳能板移至车头	半包式	采用硬质材料	可拆卸
3	将太阳能板移至车尾	裸露式	增加可折叠防尘盖	可折叠收纳

2.3 调查问卷设计

中国共享单车用户规模截至 2022 年达 3 亿人，且处于稳步提升的状态，中国成为世界上共享单车数量和用户最多的国家。《2022 年度中国主要城市共享单车 / 电单车骑行报告》显示，共享单车作为交通接驳工具，在中国城市轨道周边的骑行强度，成都市位居第一。所以以中国成都地区为样本展开针对共享单车的研究具有代表性。根据统计学变量分析的要求，量表类问卷中样本量通常为观测变量的 5 ～ 10 倍，因此分别在线下人流量较大的站点邀请 50 人进行评分，包括在校大学生、普通上班族在内，年龄均在 15 ～ 60 岁，样本人群范围广，信息数据收集更为完善。

通过基于可持续性的问题对共享单车产业全流程的分析得到了四个共享单车优化设计要素，其中每个设计要素包含 3 个要素特征进行正交实验设计得到 9 个模拟共享单车设计方案，设置为 9 个问题对其进行打分，其中 1 表示最不偏好，5 表示最偏好。另外包括对被调查者自身的问题，如表 2 所示。

表 2　模拟共享单车设计方案调查问卷设计

问题	太阳能板	车轮链条	车座	脚蹬
1	您的性别是？			
2	您的年龄是？			
3	您的职业是？			
4	您一周使用几次共享单车？			
5	将太阳能板移至车尾	半包式	增加可折叠防尘盖	不可拆卸
6	将太阳能板移至车尾	裸露式	采用疏水材料	可拆卸
7	将太阳能板移至车头	全包式	增加可折叠防尘盖	可拆卸
8	将太阳能板移至车头	裸露式	采用硬质材料	不可拆卸
9	将太阳能板移至车头	半包式	采用疏水材料	可折叠收纳
10	隐藏太阳能板	裸露式	增加可折叠防尘盖	可折叠收纳
11	隐藏太阳能板	全包式	采用疏水材料	不可拆卸
12	将太阳能板移至车尾	全包式	采用硬质材料	可折叠收纳
13	隐藏太阳能板	半包式	采用硬质材料	可拆卸

其中调查问卷中 5 ～ 13 的问题采用 LIKERT 量表形式对其偏好选择打分，如图 2 所示，调查问卷由对被调查者自身情况的询问以及其对模拟共享单车优化设计的偏好询问两部分组成，通过该调查问卷得到使用者对优化设计的选择偏好，并计算其各要素与要素特征的效用值以及要素的重要性数值，分析使用者的选择行为，明确共享单车优化设计的设计要点。

Q5. 模拟共享单车 1：太阳能板转移至车尾、车轮链条采用半包式、车座增加可折叠防尘盖、脚蹬部分不可拆卸。对该模拟产品您的喜爱程度？

A.1 分（非常不喜欢）

B.2 分（不感兴趣）

C.3 分（还可以）

D.4 分（喜欢）

E.5 分（非常喜欢）

图 2　调查问卷问题示例

2.4 联合分析实验

2.4.1 正交实验设计

基于表 1 可得出 4 个关键车身部件的优化要素以及 12 个要素特征，若根据全轮廓实验法可得出 81 种（3^4=81）设计方案，实验因素及其水平的增加会使实验的实施变得困难，甚至无法实施，对于要素数目在 3 个以上的实验，可以在一定条件下挑选部分处理做实验并能进行严格的统计学分析，其中正交实验设计就是常用的一种部分实验设计方法。使用 SPSS 软件中的正交实验设计模块，将因子名称设定为 4 个关键车身部件的优化要素，定义其中的值为每个要素的解决方案后生成正交实验方案，模拟出具有代表性的 9 种合理的共享单车可持续性优化设计方案，即 L_9（3^4）正交实验设计表，如表 3 所示。

表 3　L_9 正交设计方案

序号	太阳能板	车轮链条	车座	脚蹬
1	将太阳能板移至车尾	半包式	增加可折叠防尘盖	不可拆卸
2	将太阳能板移至车尾	裸露式	采用疏水材料	可拆卸
3	将太阳能板移至车头	全包式	增加可折叠防尘盖	可拆卸
4	将太阳能板移至车头	裸露式	采用硬质材料	不可拆卸
5	将太阳能板移至车头	半包式	采用疏水材料	可折叠收纳
6	隐藏太阳能板	裸露式	增加可折叠防尘盖	可折叠收纳
7	隐藏太阳能板	全包式	采用疏水材料	不可拆卸
8	将太阳能板移至车尾	全包式	采用硬质材料	可折叠收纳
9	隐藏太阳能板	半包式	采用硬质材料	可拆卸

2.4.2　产品要素与特征效用确定

从收集的调查问卷数据中筛选出被调查者对模拟共享单车的优化设计方案的偏好打分。使用最小二乘法（OLS）回归模型来确定可持续性共享单车优化产品的要素效用，每个自变量代表一个要素特征的有或无，因变量是被调查者对于其全轮廓特征的偏好打分，每个模拟方案中的对应要素效用值共同构成了全轮廓效用值即偏好值。

2.4.3　产品偏好模型构建

依据要素特征的效用值可构建出被调查对象对模拟单车产品全轮廓偏好模型：

$$R_{ij}=a_0+\sum_{n=1}^{3}a_{1n}B_{jn}+\sum_{n=1}^{3}a_{2n}M_{jn}+\sum_{n=1}^{3}a_{3n}G_{jn}+\sum_{n=1}^{3}a_{4n}W_{jn} \tag{1}$$

其中 R_{ij}——第 i 个被调查者对第 j 个模拟方案的偏好值

B_{jn}——第 j 个方案的太阳能板要素是否取决于第 n 个特征，是取值为 1，否则为 0；

M_{jn}——第 j 个方案的车轮链条要素是否取决于第 n 个特征，是取值为 1，否则为 0；

G_{jn}——第 j 个方案的车座要素是否取决于第 n 个特征，是取值为 1，否则为 0；

W_{jn}——第 j 个方案的脚蹬要素是否取决于第 n 个特征，是取值为 1，否则为 0；

a_{1n}，a_{2n}，a_{3n}，a_{4n}——4 个要素的第 n 个特征的效用值。

该模型通过计算得到每个模拟方案的用户偏好值，明确用户对模拟方案的偏好程度，以确定单车可持续设计策略的结构要素与发展方向。

2.4.4　产品要素重要度计算

根据回归模型得到模拟单车设计要素特征的效用值后需计算各要素的重要性数值，当重要性数值较低时，即说明这一要素对使用者的偏好选择影响很小，该要素进行优化设计的意义较小。其中若同一要素中的各特征效用值相近或相同，则说明该要素对被调查者的选择影响极小即重要性数值较低；若同一要素中的各特征效用值相差较大，即表明该要素对被调查者的选择偏好影响较大0，表明其重要性数值较高，对模拟产品的偏好选择影响较大。用公式可表示为：

$$M_i = \frac{G_i}{\sum_{i=1}^{4} G_i} \tag{2}$$

$$G_i=\{\mathrm{Max}(a_{ij})-\mathrm{Min}(a_{ij})\}, j=1, 2, 3 \tag{3}$$

其中 M_i——第 i 个要素的重要性数值；

G_i——第 i 个要素的要素特征效用差值；

$\mathrm{Max}(a_{ij})$——第 i 个要素的最大要素特征效用值；

$\mathrm{Min}(a_{ij})$——第 i 个要素的最小要素特征效用值。

通过计算各要素的重要性数值可得到使用者在选择共享单车时优先考虑的要素排序，通过该值可以在后续的共享单车优化设计中找到设计侧重点，得到更受使用者认可的共享单车产品。

3 结果和讨论

3.1 数据统计分析

3.1.1 要素及特征偏好分析统计

通过对收集的有效问卷的数据分析，经过上述提出的最小二乘（OLS）回归模型，使用SPSS统计分析软件进行联合分析计算可得到模拟共享单车设计方案的各要素效用值以及其重要性数值。将收集到的数据导入模型可得模型的显著性 $p < 0.001$，显著性水平 $a = 0.05$ 为显著，拒绝了回归系数为0的原假设，同时模型拟合优度 R^2 为0.555，因此模型满足要求。可得到联合分析的结果，包括模拟产品的要素特征的效用值以及重要性数值，如表4所示。

表4 要素特征的效用及重要性

要素	要素特征	效用值	重要性（%）
车座	增加可折叠防尘盖	0.067	34.4
	采用疏水材料	0.667	
	采用硬质材料	–0.733	
车轮链条	全包式	0.800	32.8
	半包式	–0.133	
	裸露式	–0.667	
太阳能板	将太阳能板移至车头	0.200	20.3
	将太阳能板移至车尾	–0.533	
	隐藏太阳能板	0.333	

脚蹬	不可拆卸	–0.333	12.5
	可折叠收纳	0.133	
	可拆卸	0.200	

通过联合分析统计数据可得，其中 4 个要素中车座采用疏水材料、车轮链条采用全包式、太阳能板采取更换格挡材料隐藏、脚蹬采用可拆卸式的效用值最高。共享单车可持续性的 4 个优化要素的重要性数值由高到低排序分别为：车座、车轮链条、太阳能板以及脚蹬。

3.1.2 共享单车全轮廓偏好分析统计

根据上述得到的共享单车优化设计方案全轮廓的产品偏好计算公式可得模拟设计方案 7 的偏好值最高，即使用者的选择偏好最高，其中太阳能板选择隐藏太阳能板、车轮链条选择全包式、车座要素选择疏水材质、脚蹬选择可拆卸式，如表 5 所示。

表 5 单车设计方案偏好值表

单车优化设计方案	偏好值	排序
7	1.467	1
3	1.267	2
5	0.867	3
9	0.343	4
6	–0.134	5
2	–0.333	6
8	–0.333	7
1	–1.265	8
4	–1.533	9

3.2 共享单车可持续设计策略

根据联合分析得到的关于要素特征效用值与要素重要性数值的数据，并基于对共享单车产业流程的分析，可得到基于共享单车调度与维护环节的设计策略。

3.2.1 易使用

将共享单车推广至广泛用户使用是提升共享单车的环境效益即优化可持续性发展的重要途径，通过联合分析的统计计算可得共享单车可持续性的 4 个优化要素的重要性数值由高到低排序分别为：车座、车轮链条、太阳能板以及脚蹬，该顺序表明影响使用者选择行为的最重要的因素是其骑行体验即使用过程中的舒适度与便捷程度。研究骑行过程中与用户交互程度较高的部分：脚蹬、链条、车座等，通过改变其尺寸、结构或材料，优化单车达到在骑行过程中引导用户正确使用的同时能够提高使用体验的结果。例如，通过改变链条的包裹形式，改善用户服饰与链条牵扯的问题；通过改变车座的表面材料，将普通的皮革材料改变为疏水的纤维材料，既避免了采用硬质材料的低舒适性特征，又提升了恶劣天气的骑行体验等。

3.2.2 易维护

延长共享单车的使用周期最直接的因素就是提升单车的耐用性，提升其耐磨损的能力，其中受外部环境影响最高的车身部件分别为车筐中的太阳能板、车轮链条以及车座部分。可以改变保护措施，优化车身部件，达到延长共享单车生命周期的目的。例如，改变太阳能板的隔断材料，采用透明的亚克力材料代替塑料隔断提升车筐的清洁度；改变车轮链条的包裹形式增强对链条保护；改变车座表面材料，提升车辆在维护过程中针对车座清洁的便捷性等。

3.2.3 易循环利用

共享单车由于其共享的特性，车辆使用频率高，在运输或用户的不当使用过程中不可避免地产生损耗，直接丢弃损耗车辆不仅造成环境污染，同时也会产生大量的资源浪费，提升单车的循环利用率是优化单车可持续性的关键。因此在单车的设计优化过程中，尽可能采用绿色材料、模块化车身部件。例如采用可拆卸式或可折叠式脚蹬，在车身其他部件磨损时可回收脚蹬循环利用。

4 总结

自共享单车产业出现至今，采用共享单车的出行方式被视为绿色、低碳的方式，在此之中都仅仅考虑了单车自身的碳排放因素，其整个产业中所造成的碳排放因素往往在一定程度上被忽视，如果能缓解整个产业流程中所造成的不必要的碳排放含量，那么对于共享单车产业的可持续发展意义重大。从两个方面出发，一是单车投放过程中投放过量的问题，二是单车在使用中生命周期短即部分部件损耗的问题。结合这两个问题该研究总结出 4 个设计要素，每个设计要素包含 3 个要素特征，通过正交实验形成 9 种模拟优化方案进行联合分析，最终得到在 4 个要素中车座采用疏水材料、车轮链条采用全包式、太阳能板采取更换隔断材料隐藏、脚蹬采用可拆卸式的特征效用值最高，该结果表明共享单车的可持续优化应从骑行体验、维护便捷性以及循环利用率的角度展开，同时本研究采用企业系统流程分析与用户偏好调研方法的结合，完善了可持续优化视角，对促进共享单车产业的可持续性发展有重要意义。但该研究中要素选取的数量有限，若扩大其涵盖数量对于单车优化会更为完善。

参考文献

[1] 李馨雨，刘洪涛，王娇娥 . 重新审视和反思共享单车的环境效应 [C] // 中国管理科学学会环境管理专业委员会 . 中国管理科学学会环境管理专业委员会 2019 年年会论文集，2019：4.

[2] 戢晓峰，王娟，陈方，等 . 考虑调度碳排放的共享单车环境效益测算 [J]. 干旱区资源与环境，2023，37（5）：1-7.

[3] 曹鸣，杨春，周沛桦 . 基于 KANO 模型的后共享时代单车设计决策研究：从设计师与消费者视角 [J]. 包装工程，2022，43（22）：395-404.

[4] Pullman M E，Moore W L，Wardell D G. A comparison of quality function deployment and conjoint analysis in new product design[J]. Journal of Product Innovation Management，2002，19（5）：354-364.

[5] Boyle K J，Holmes T P，Teisl M F，et al. A comparison of conjoint analysis response formats[J]. American Journal of Agricultural Economics，2001，83（2）：41-45.

[6] Page A. Redesigning product lines with conjoint analysis：How sunbeam does it[J]. Journal of Product Innovation Management，1987，4（2）：120-137.

[7] Lazari A G，Anderson D A. Designs of discrete choice set experiments for estimating both attribute and availability cross effects[J]. Journal of Marketing Research，1994，31（3）：375.

[8] 袁志发 . 试验设计与分析 [M].2 版 . 北京：中国农业出版社，2007.

[9] 陈龙 . 基于联合分析法的再制造手机消费者偏好研究 [D]. 上海：上海交通大学，2020.

基于皮革元素的消费电子产品细节设计研究

徐敬云，孙虎

（西华大学 美术与设计学院，四川 成都 610039）

摘要：探讨皮革元素应用于消费电子产品细节设计中的设计方法和作用。采用案例分析法论述相关融入了皮革元素的消费电子产品细节设计点，包括细部功能处和结构分形处；并从产品属性、用户体验和品牌价值三个角度分析皮革元素在消费电子产品细节设计中的增益效果和作用；最后总结融入了皮革元素的消费电子产品的细节设计方法。通过材质混搭、异质同构、色彩差异等细节设计方法将皮革元素融入消费电子产品中能有效完善功能结构、改进用户体验、提高品牌价值从而促进消费。

关键词：皮革；消费电子产品；细节设计

1959 年国际工业设计协会提出：工业设计是设计师凭借训练、技术知识、经验及视觉敏感性对批量生产的工业产品进行材料、结构、形态、色彩、表面处理等方面的设计。材料是产品造型设计中的重要一环同时也是设计师可灵活运用的设计元素之一。皮革是材料的一种，具有良好的柔韧性、亲肤性、耐磨性等特征，在产品设计中被广泛应用，如时尚行业、家具制造业和家居日常用品等[1]。王璐琨[2]从艺术装饰的角度对皮革的作用进行分析并概括出皮革的实用、多变、共存的艺术特征。董斌和刘存[3]从创新设计的角度分析手工艺皮具的艺术

基金项目：2022 教育部人文社会科学艺术学青年基金项目阶段性成果（项目编号：22YJC760083）。

第一作者简介：徐敬云（1999—），女，西华大学硕士研究生，主要研究方向为产品创新系统，传统造物与设计创新等。

通信作者简介：孙虎（1982—），男，西华大学教授、硕导，硕士，主要研究方向为产品创新系统，传统造物与设计创新等。

价值，主张传承与创新结合、艺术与实用结合。刘梦和吴志明[4]以鞋靴为例，分析了皮革产品装饰要素的表现形式及装饰工艺在现代皮革产品中的应用，概括了装饰工艺在皮革产品设计中的重要性及设计原则。

细节是指一种能影响全局的细微的易被忽略的物件或行为[5]。产品细节设计是个相对的概念，从体量上来看，区别于设计师为追随功能塑造的大块面的整体而着眼于造型局部。从设计流程来说，产品细节设计是在整体造型基本确定才进行的，需要仔细推敲，即使在样品确定后仍可能反复修改，产品设计的最后阶段一般主要围绕细节设计展开。从设计方法来说，区别于设计师整体造型设计时灵感的捕捉，产品细节设计更加重视设计方法的运用及设计师个人的经验。消费电子产品是指供消费者日常生活使用的电子产品，在我国属于特定的家用电器，多应用于娱乐、通信以及文书用途且内有电子元件的产品，在传统设计中多采用金属、塑料作为主要外观材质，呈现黑、白、银、灰等色彩。融入皮革元素的消费电子产品细节设计是指在设计时将皮革作为一种设计元素运用于消费电子产品细节中。

1 细节设计入手点

在设计实践中，造型是功能的载体、是设计师与用户沟通的媒介，起到传递设计信息的作用。但是在产品功能及造型趋于同质化的产品类别中，设计信息的传达主要隐喻在细节设计当中，惊艳的外观和创意能够在第一时间博取人们的眼球，唯有细节设计会长时间地吸引人们长时间的停驻和体会[6]。产品细节起到展现产品品牌、市场定位、品质及性格等作用。

在消费电子产品中，简约设计大行其道，众多企业把材料的研究与创新当成产品市场差异化的有效手段，造型简洁的产品其细节设计多是在细分功能区域及结构分形区域通过材料的差异来实现，创造出符合产品战略的、有意义的造型设计。

1.1 细部功能处

一个产品的功能是由外显的若干功能部件及包裹在内的功能部件共同实现，产品的外显功能区域为造型设计提供了足够的细节设计空间。细部功能区域通常包括开关、调节键、卡槽、纽带、支架等外显部件。以此区域为入手点做细节设计不会显得突兀，同时能够根据设计战略需求强调或弱化该功能。因此设计师往往将皮革元素运用在此区域，采用不同的造型，区别于其他功能和结构，使得产品结构更加清晰、层次更加分明。如图 1 所示，OVLAE 野营灯采用皮革元素作为

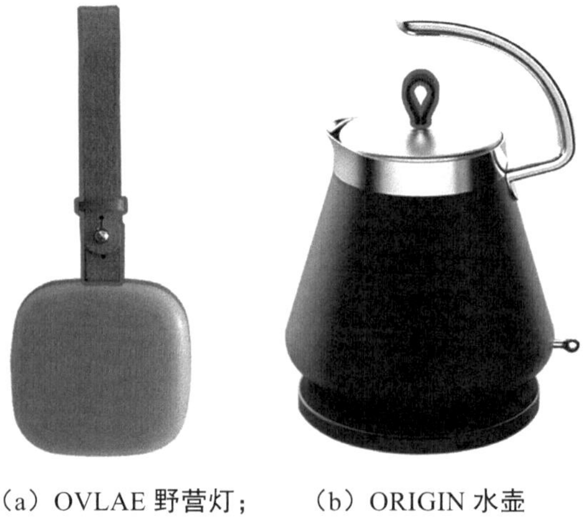

（a）OVLAE 野营灯；（b）ORIGIN 水壶

图 1　消费电子产品案例 1

提手部件并固定在灯具的凹槽处，可手提的同时也支持悬挂，皮革表带能安装在各种环境中，保证了户外照明灯具的多样性，例如吊挂灯和手提灯等，同时，塑料灯身结构与皮革表带材质对比，突出了皮革元素的细部功能。ORIGIN 水壶将皮革元素融入壶盖结构的壶钮部分，相对于传统的金属壶钮更具有亲和性，方便壶盖揭拿，且整体造型上区别于其他金属结构部件，如金属把手、金属加热开关，具有画龙点睛的效果。

1.2 结构分形处

结构分形影响消费电子产品的外观和构造，通常需要设计师根据整体形态以及消费电子产品功能重新排列组合分型结构的色彩、材料、加工工艺、肌理、块面形态等元素，使消费电子产品更加的精细、完美符合人机工程学并隐喻设计意图。

消费电子产品的结构分形一般有两种，一是量产的消费电子产品均会有的结构线或分模线，如图 2（a）的 LEMANOOSH 鼠标，其中间的分模线将外壳分上下两层；另一种是基本形体中面与面之间的连接或转折，如图 2（b）的富士相机机身外壳，金属与类皮革材质相连接构成了机身表面。结构分形在消费电子产品整体造型中处在用户观察消费电子产品时视觉变化的地方，从视觉心理学上来说用户容易接受此处的非整体感设计，将皮革元素作为细节设计运用在结构分形处是一种异化设计，通过材料的变化起到区分、强调的作用。如图 2 所示，LEMANOOSH 鼠标通过分模线划分区域，分模线将鼠标外壳划分为上下两层，有利于倒角和脱模，上壳采用磨砂皮革，底壳是光面金属材质，整体和谐美观；富士相机的机身的正面分两个区域，一个是按钮集中的上部功能区域，一个是持握防滑的下部手柄区域，分别采用镁合金和荔枝纹理的仿皮革材质，以突出区域特征。

（a）LEMANOOSH 鼠标；　　　　（b）富士相机

图 2　消费电子产品案例 2

2 皮革元素在消费电子产品细节设计中的作用

2.1 有利于完善产品结构并承载功能部件

皮革因具有耐用性、舒适性和弹性的特点，能够保护产品及使用者、完善结构并承载各种功能部件，因此，采用皮革元素作为消费电子产品的细节成为设计创新的一种选择[2]。设计师根据消费电子产品整体功能、细节结构需求选择相应物理特性的皮革元素，比如，真皮皮革触感舒适，亲肤性强，常应用于消费电子产品可接触的表面，以提高用户舒适度；PU 皮革防水性强，能有效保护消费电子产品内部结构，常应用于需要经常接触水或潮湿环境的消费电子产品；PVC 皮革耐磨性强，长期保持光泽，常应用于需要承受较大的摩擦或压力的消费电子产品。如图 3 所示，装袋机外表面采用绒面皮革不仅保护内部气囊，而且防滑有弹性，再搭配 PU 皮革拉链，封闭内部结构，防水防风；皮革相对于金属材质具有防震防水的效果，可以保护手机内部机械零件，且皮革纹理增加手机的质感，触感具有亲肤性。

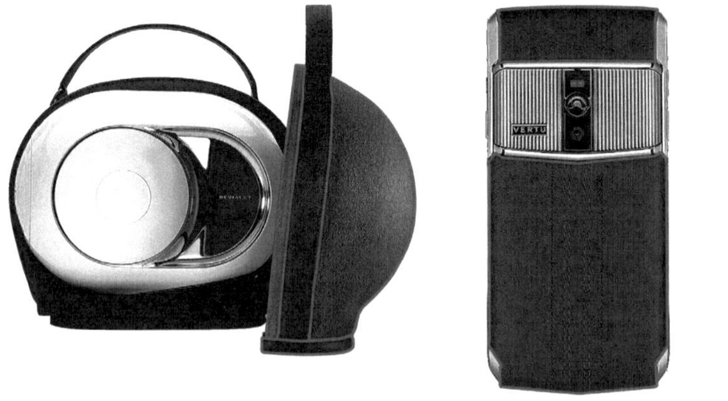

（a）phantom 装袋机；（b）newest luxury 皮革手机

图 3　消费电子产品案例 3

2.2 提升操作区域的用户体验

细节设计是满足基本功能的前提下，对功能的丰富与完善，并且在造型的美观上和知觉以及使用过程中给用户更好感受的再处理和再设计。因此设计师需要洞察消费者的操作和行为习惯，提供精准的细节服务从而提高用户体验。消费电子产品上的按键、旋钮、把手、屏幕等细节都属于用户体验的一部分，也是消费电子产品操作区域的一环，因此选择什么样的材质，会影响消费者的用户体验。皮革元素在消费电子产品细节设计中的合理运用可以增加消费电子产品的宜人性和适用性，提高用户体验，保证用户操作舒适。如图 4 所示，充电宝采用弱化型按键和舒适的皮革材质，且按键的上表面和充电宝的外表面处于同一个平面上，降低了按键的存在感，有利于皮革外表面的整体性，皮革外表面压印了的开关 logo，辨识度强、便于操作，且皮革中间的指示灯缝隙增加了充电宝的细节。扬声器的提手采用皮革，具有材料耐磨、明显与金属材质相区分和快捷直观的优势，并且用户可以下

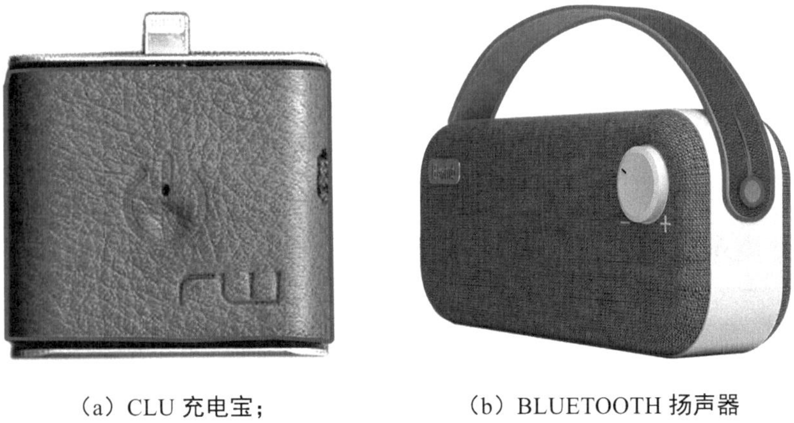

（a）CLU 充电宝；（b）BLUETOOTH 扬声器

图 4　消费电子产品案例 4

意识地进行操作，不需要额外思考，便携性强。

2.3 有效传达设计理念并提升产品附加值

针对消费电子产品设计细节的核心目的是向消费者正确传达设计理念和品牌形象，影响消费者的主观感受并满足心理需求，以提高消费电子产品的消费附加值。而皮革作为一种设计元素从色彩、质感上能改善品牌形象，满足消费者的心理需求，以提高消费电子产品的附加值。因此，以下从品牌形象和消费心理的角度分析皮革元素在消费电子产品细节设计中的作用。首先，从品牌形象角度，皮革细腻的光泽和质地能展现出消费电子产品的高雅格调，有助于提升商品形象和档次。虽然相对塑料成本偏高，但可折叠，空间占有率较小，便于商品运输，除此之外，皮革在消费电子产品中还能压印品牌标识或添加防伪标识，保护自己的品牌形象和利益。如图 5 所示，车载净化器用热熔胶或金属暗扣的方式印制品牌 logo。获得红点奖的 RESTOOL 既是家具也是足底按摩器，把皮革钉在外层纺织结构上，再在皮革表面用铜模烙烫或压印品牌 logo，不仅能作为防伪标识，还起到展示品牌形象的作用。

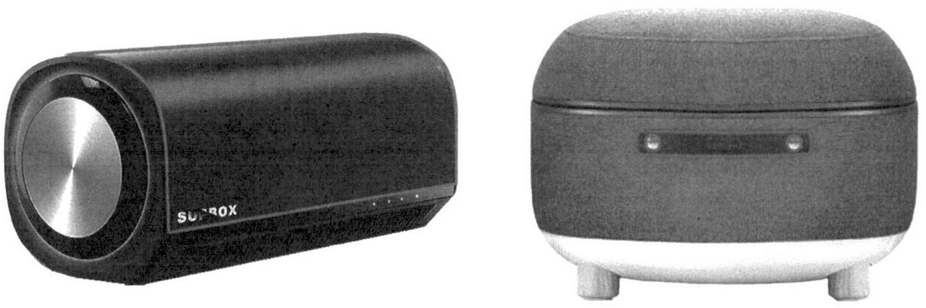

（a）SUPBOX 车载净化器；　　（b）按摩工具“RESTOOL”

图 5　消费电子产品案例 5

其次，从用户消费心理来说，皮革作为一种天然材料的制品，普遍价格较高，因此皮革制品历来被认为是高贵的体现 [7]，这种主观感受直接影响了用户的消费心理，因此常常大面积应用到消费电子产品中，表达消费电子产品的设计内涵，主要包括可接触性消费电子产品和代表身份的个人物品，如充电宝和手机。除此之外，皮革的色彩带给用户一种稳重和温暖的视觉感受，消费电子产品采用不同的色彩搭配不同的造型会给人带来不同的体验 [8]。

最后，从时代背景来说，在消费电子产品日渐饱和的市场下，皮革元素在细节设计中能有效提高消费电子产品的绿色、生态附加值，符合时代发展下人们对消费电子产品的品质要求。同时，天然皮革作为一种环保性材料能有效提高消费电子产品绿色环保的价值，符合生态文明的时代背景。

3 基于皮革元素的消费电子产品细节设计方法

3.1 细节设计原则

细节是整体的一部分，设计师在设计细部时一般需要遵循以下原则：一是细节设计应建立在好的整体设计基础之上；二是所有的细节设计要与整体设计保持一致；三是注意细节与细节之间的微妙关系和平衡尺度；四是对于细节要有一定的取舍，以满足用户的需求为核心目标，注意度的把握[9]。

3.2 基于皮革元素的消费电子产品细节设计方法

3.2.1 材料混搭以示细节

材质混搭原本是时尚界的专业名词，后逐渐扩展到细节设计理论，旨在突出材料之间不同的个性，并倾向于用“不同”和“对立”来表达造型设计中想要的视觉对比效果[10]。这种“不同”和“对立”主要是通过消费电子产品中的皮革材料或仿皮革材质与其他材料对比形成视觉差异，从而凸显细节。

从细节设计上说，消费电子产品中不同的材料混搭，产生的视觉效果也会不同，是因为材料有不同的“个性”，可以传达出不同的设计信息。例如，皮革材料质地柔软，亲肤性强，传达出高贵、温暖、稳重的信息；金属材料机械性能好，散热性强，传达出科技、冷酷、精确的信息，两种材料结合对比可以搭出超强的视觉效果。如图 6 所示，按摩椅结合金属和皮革材质，虽然两种材质色系相同，但皮革的哑光与金属的光泽对比，结构面平滑，耐磨易清理，展现出自然简洁的设计理念，并增强了按摩椅的细节表达；三明治机中的提手结构采用皮革元素，颜色深浅差异增强了层次感，且金属框架结构结合柔软的皮革使得三明治机传达出宜人亲和的信息。

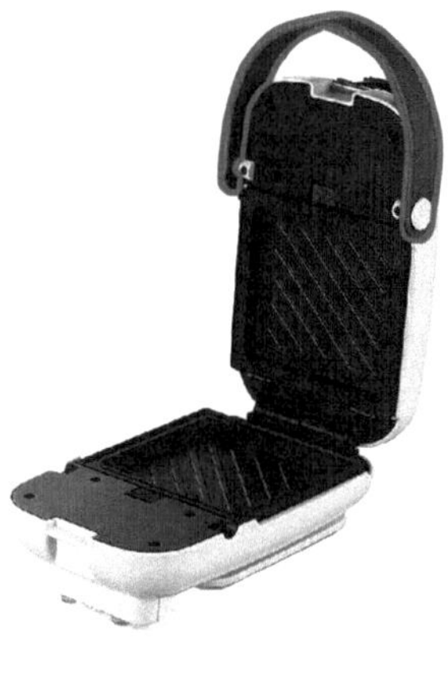

（a）OSIM ULOVE 3 按摩椅；（b）DEAWOO 三明治机

图 6 消费电子产品案例 6

3.2.2 同材异构体现细节

同材异构是指在同一个消费电子产品中，皮革或仿皮革材质采用不同的表面处理方法，使得表面肌理有所差异。其中表面处理方法包括压花、磨砂、油鞣、涂饰等，能呈现出不同的纹理和光泽，提供了丰富观感和触感，让设计元素细节上更加细腻，使得呈现出的细节千差万别。设计师往往根据消费电子产品的设计理念选择不同肌理的皮革材质，例如，皮革表面最常见的荔枝纹理，是牛皮在重力压花机下的效果，纹路层次明显，加工成本低；纹理表面有无数凹凸的褶皱，并且皮革厚度越厚，纹理越深，这种优势能在消费电子产品细节设计中丰富设计层次，起到装饰效果。如图 7 所示，蓝牙音响的提手带和音箱主体采用不同的表面处理，使得表面纹理不同，且音箱整体是木质框架，音箱外表面采用仿荔枝皮革纹理，规则立体，另外，音箱手提带采用人造革，压花纹理细腻，具有简洁、平滑的触感，整体设计复古奢华；耳机耳垫、头带和单元外壳都是皮革或仿皮革材质，但是表面处理不同，头带皮革是黑色荔枝皮革纹理，耳垫则采用更加柔软的软皮，单元外壳则是仿裂纹皮革纹理，结合磨砂处理，增强了纹理对比。

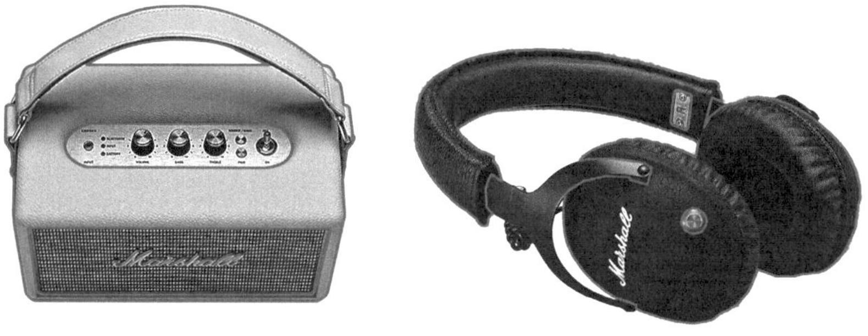

（a）MARSHALL KILBURN 音箱；（b）MARSHALL Monitor 耳机

图 7　消费电子产品案例 7

3.2.3 色彩差异体现细节

消费电子产品的材质、纹理和颜色是被消费者第一感知的细节，而色彩是最快最有效传达信息、冲击消费者视觉感受的设计元素。皮革作为蛋白纤维材质，后期经过复杂的物理、化学过程染色，使得染色后皮革色泽鲜艳，并且选择合理的染色品种还提高了皮革的耐晒度。此外，色彩具有一定属性，设计师为了保证设计的统一性，一般选择与消费电子产品属性一致的皮革色彩。如图 8 所示，充电基站由黑色铝制底盘框架和黑色皮革构成，整体色调一致，设计统一，减轻了用户的视觉负担，且黑色搭配极简的设计，突出极简设计理念；手表表带染色后色泽鲜艳，且腕带由磨砂皮构成，突出使用者对手表的“收缩”“调整松紧”等交互行为。

（a）NOMAD 充电基站；（b）MOENA 手表图

8　消费电子产品案例 8

4 结论

皮革元素能从功能结构、使用操作、品牌价值和艺术美感等多个角度丰富或改善消费电子产品的细节，符合时代发展下人们对消费电子产品的品质要求。突破现有文献研究的局限，从细节设计的角度剖析皮革元素在消费电子产品中的设计入手点及设计方法，并总结出皮革元素广泛应用于消费电子产品细节设计中的原因——在消费电子产品细节设计中，应用皮革元素能够有效地表达产品语义、强调功能结构、实现品牌内涵的美学拓展，并提高用户使用感受，提升消费电子产品的使用价值，从而促进消费。

参考文献

[1] 陈伟长，柳周青 . 家居摆设的皮革材料工艺技法与中国风的审美关系探讨 [J]. 皮革科学与工程，2024（2）：99-105.

[2] 王璐琨 . 皮革在陈设装饰中的应用概述 [J]. 皮革科学与工程，2020，30（5）：74-78.

[3] 董斌，刘存 . 手工皮艺产品的创新设计与开发研究 [J]. 包装工程，2017，38（4）：153-156.

[4] 刘梦，吴志明 . 现代皮革产品设计中装饰工艺的运用 [J]. 中国皮革，2011，40（14）：116-118.

[5] 吴婷 . 产品设计中的细节设计方法研究 [D]. 武汉：武汉纺织大学，2013.

[6] 吕艳红 . 非物质社会产品设计特征及研究方向 [J]. 包装工程，2005，26（3）：26

[7] 金海明 . 皮革家具设计风格的研究 [J]. 皮革科学与工程，2014，24（2）：54-58.

[8] van Kesteren I E H，Stappers P J，de Bruijn J C M. Materials in products selection：Tools for including user-interaction in materials selection[J]. International Journal of Design，2007，1（3）：41-45.

[9] 陈汗青 . 系统设计 [M]. 武汉：武汉理工大学出版社，2004.

[10] 张斯腾 . 基于材质对比的糙木与金属相结合的灯具设计研究 [D]. 长沙：中南林业科技大学，2017.

面向生成式人工智能的设计教育提升建议和路径研究

王金

（西南交通大学 设计艺术学院，四川 成都，611756）

摘要：为提升 AIGC 时代设计教育质量，本文探讨了人工智能生成内容（AIGC）技术在设计行业中的应用及其对设计教育的影响。通过对设计教育参与者的半标准化访谈，本研究揭示了行业对 AIGC 的看法、挑战和期望，并据此构建了一个关键词聚合图像，提出了针对 AIGC 背景下设计教育的变革建议和实现路径，涵盖教育理念更新、知识体系整合、设计流程调整、实践操作强化、批判性思维培养、持续学习与适应性以及跨学科合作。同时，本文还探讨了实施这些变革所面临挑战和解决办法。本研究有助于面向 AIGC 时代的设计教育提升。

关键字：AIGC；设计；访谈；教育提升；应对措施

引言

人工智能生成内容（AIGC）技术通过机器学习和深度学习算法，为设计师提供了快速生成大量设计概念草图的能力，加快了初步设计阶段的创意过程，而且还增加了设计方案的多样性和创新性 [1-3]。例如，利用 Midjourney 或者 DALL•E 就可以通过简单的文本提示创造新图像或者概念方案。设计师可以利用 Adobe Sensei 工具快速探索不同的设计风格和布局，从而在更短的时间内找到满足特定需求的解决方案。此外，GhatGPT 在分析用户需求和偏好，生成符合用户需求的关键词并作为设计输入方面提高了效率。在用户界面（UI）设计方面，

作者简介：王金（1991—），男，四川成都人，讲师，博士，研究方向为工业设计、人机功效。

Figma's Plugins 如 AutoLayout 等插件能够自动生成界面元素和布局，极大地简化了用户界面设计的过程。设计师可以利用这些工具完成用户研究、概念生成、方案设计和测试原型，从而更高效地迭代和完善设计。最后，AIGC 技术在分析和改进现有设计方面也显示出了它的价值。通过对现有设计的深入分析，AIGC 可以提供改进建议，帮助设计师理解和解决设计中的问题。综上所述，AIGC 技术在设计行业中的应用不仅提高了设计过程的效率和创新性，而且还为设计师开启了全新的设计可能性 [4-5]。

1 AIGC 时代的设计教育

传统的设计教育模式通常强调面对面的交互、实践导向的项目和技能与理论的平衡。然而，随着 AIGC 技术的兴起，这种传统教学模式面临着挑战。教育内容和方法的更新速度，以及对学生个性化需求的响应能力，成了设计教育的关键考量点。

首先，AIGC 技术的引入要求设计教育内容和教学策略进行相应的更新 [6]。为了让学生在现代设计环境中保持竞争力，设计课程需要拓展到包括人工智能的基础知识、机器学习原理和数据分析等方面。学生需要学会如何与 AIGC 系统交互，掌握利用这些工具进行创新设计的技能，并学会评估和优化 AI 生成的设计方案，也就是设计教育要适应新的技能和训练方式 [7]。其次，AIGC 技术为设计教育提供了新的教学方法。AI 辅助的个性化学习系统允许学生根据自己的学习节奏和兴趣进行学习，这种方法有助于提高学习的灵活性和有效性 [8]，同时也为教育数字化转型提供机会 [9]。同时，AIGC 技术被用于模拟设计流程中部分环节，例如即时生成设计草图，以此将学生从基础建模的繁杂工作中解放出来，让他们有更多时间专注于设计思考和创意 [10]。此外，设计流程需要调整以适应 AIGC 技术带来的新设计模型。设计师和学生需要学习如何与 AI 合作，如何利用 AI 进行用户研究、快速原型设计和测试 [11]。同时还要从伦理和责任视角考虑如何将 AI 视为设计过程中的辅助工具而非设计创造的替代品 [12]。这就要求设计教育不仅要教授技术技能，还要教授如何在人机协作环境中进行有效的沟通和决策 [13]。最后，AIGC 技术可以提供实时反馈，帮助学生理解他们的设计决策如何影响最终结果。但也要求学生具有对 AIGC 反馈进行快速评估和选择的能力 [14]。

AIGC 技术对设计教育模式的影响是深远的。它不仅改变了教学内容和方法，还对设计流程和评估机制产生了影响 [8]。面对 AIGC 的快速发展，设计教育应该主动拥抱 AI[15]，但如何应对 AIGC 带来的挑战，并抓住机遇提升设计教育的质量，成为我们设计教育研究的重要工作。

2 基于访谈的实证性研究

2.1 访谈数据采集

为调查 AIGC 在设计教育中的应用现状、潜在影响以及未来发展，本研究采用了个体访谈的方法。受访者包括12名与设计教育相关的不同角色：学生、教师、行业专家和教育管理者。受访者多样性确保了获取材料的多角度。访谈采用半结构化形式，以开放式问题为主，鼓励参与者自由表达关于AIGC的观点、经验和期望。不同受访者采用不同的访谈提纲，访谈提纲如下：

对于学生：

描述你在使用AIGC工具进行设计项目时的一个典型工作流程。

在使用AIGC工具的过程中，你遇到了哪些挑战和困难？

谈谈你认为在设计教育中获得的最有价值的实践经验，特别是与AIGC相关的经验。

你如何看待团队合作在使用AIGC进行设计学习中的作用？

描述在使用AIGC时让你深受启发的一个学习经历，它是如何影响你的设计思维的？

对于教师：

你如何将AIGC等新兴技术和理论融入课程内容？

描述你如何鼓励学生在使用AIGC时发展批判性思维。

你如何看待跨学科合作在使用AIGC的设计教育中的重要性？

你是如何评估学生在使用AIGC时的实践操作技能的？

在你的教学实践中，如何体现对学生持续学习和适应性发展的支持，特别是在AIGC技术的应用方面？

对于行业专家：

你认为设计教育应该如何反映行业的变化，特别是在AIGC技术的应用方面？

描述一种理想的设计教育模式，它如何整合AIGC技术以满足行业需求？

你如何看待设计学生的跨学科合作能力，在使用AIGC技术的背景下有何特别的意义？

你认为在AIGC技术应用方面，设计教育中最缺少的元素是什么？

对于教育管理者：

描述你们机构在整合AIGC技术到教育理念和课程中的过程。

你如何看待当前设计教育体系在整合AIGC技术方面的表现？

你们是如何支持教师和学生使用AIGC技术进行跨学科合作的？

描述你们机构如何促进学生在AIGC技术应用方面的持续学习和职业发展。

2.2 结果分析

访谈数据分析包括五个步骤，帮助我们从数据中提炼出初步主题，并逐步深入探讨它们之间的关系和模式。第一步，使用开放编码方法，对访谈数据进行逐条分析，特别关注与AIGC技术应用相关的现象，这些数据段落将被归类为初步主题。第二步，基于研究目的，将初步主题合并和细化，形成更集中的主题，同时识别出数据中的模式和趋势。第三步，通过轴向编码，探索不同主题之间的关系。这涉及对已经识别的主题进行重新组织，以找出它们之间的因果关系、相互作用和连贯性。第四步，选择性编码阶段，识别核心主题并围绕这个核心组织其他主题。即尝试构建一个围绕核心主题的故事线，这有助于形成对设计教育改进的全面理解。第五步，将编码和主题与现有文献、理论和其他研究结果进行比较，以验证它们的可靠性和有效性。基于分析结果，构建 AIGC 时代设计教育关键词聚合图像。

3 面向 AIGC 的设计教育变革建议

3.1 关键词聚合图像

基于对设计行业参与者的访谈数据，我们构建了一个关键词聚合图像，直观地展示了设计教育领域内对 AIGC 技术的关注焦点，见图 1。该图像中的每个节点代表一个关键词或概念，节点的大小显示了该关键词在访谈中的提及频率。节点间的连线展示了概念之间的相互关系，其中粗细代表了关系的强度或重要性。这些关键词围绕七个核心主题展开：教育理念更新、知识体系整合、设计流程调整、实践操作强化、批判性思维培养、持续学习与适应性发展，以及跨学科合作。

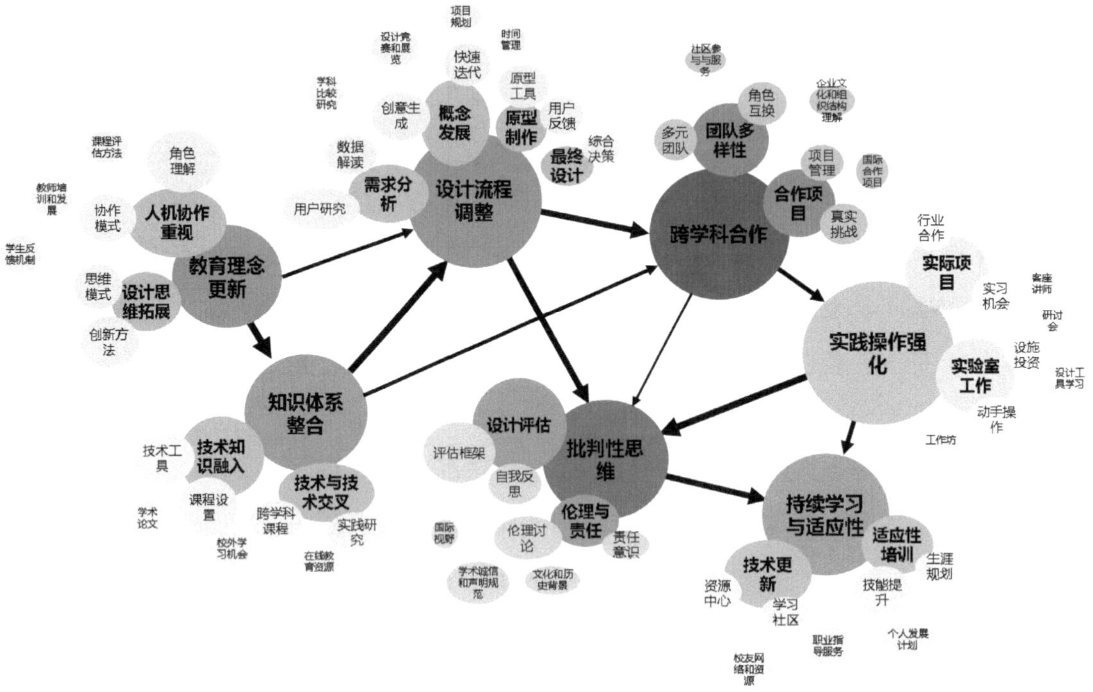

图 1 访谈关键词聚合图像

3.2 设计教育面向 AIGC 的发展建议

基于访谈数据分析和关键词聚合图像，我们提出了针对 AIGC 背景下设计教育提升的具体建议。

3.2.1 教育理念更新

教育理念更新主要包括重视人机协作和设计思维拓展。重视人机协作的重要性，包括教育学生正确理解 AIGC 协作中人类设计师与 AI 的角色差异以及发挥各自优势的方式。同时，鼓励探索和实践不同的人机协作模式，如将 AI 作为辅助工具在设计过程中的应用。此外，扩展设计思维，培养学生的系统思维，并教导他们在 AI 辅助设计过程中考虑技术、用户、商业和社会等多维度因素。鼓励学生利用 AIGC 探索创新设计方法，包括基于大数据驱动的设计决策和输入。

3.2.2 知识体系整合

知识体系整合主要包括技术知识融入和设计与技术交叉。将技术知识融入设计教育，包括设置与人工智能相关的技术课程，如数据科学、编程基础和 AI 原理等，并向学生讲授这些技术如何与设计结合。同时，指导学生使用各种 AIGC 工具，如 AI 设计软件和用户行为分析工具等。此外，开设跨学科课程，使学生在设计项目中应用计算机科学和人工智能等跨专业知识，并鼓励他们参与由设计和技术专家共同指导的实践研究项目，以促进理论与实践的结合。

3.2.3 设计流程调整

设计流程调整主要是对需求分析、概念发展、原型制作、最终设计这四个阶段进行调整。在需求分析阶段，教授学生如何利用 AIGC 工具进行深入的用户研究，包括用户行为分析和情感分析，并培养他们利用 AIGC 获取和分析用户数据，将其转化为设计洞察和输入。在概念发展阶段，建议利用 AIGC 工具辅助学生生成创意概念，提高设计多样性和创新性，并教授他们使用 AIGC 进行快速设计迭代，以及时调整和优化设计方案。对于原型制作，提倡使用 AIGC 工具，如动态效果图、虚拟现实模拟和 3D 打印等，并教授学生如何结合用户反馈和 AIGC 分析结果迭代原型，提升产品用户体验。最终设计阶段，强调培养学生的综合决策能力，使他们在考虑 AIGC 建议的同时，融入个人的创造性和直觉，提升最终设计的质量和独特性。

3.2.4 实践操作强化

实践操作强化主要包括实验室工作和实际项目。建立先进的设计实验室，并配备必要的软硬件，作为进行 AIGC 设计教育的基础条件。强调确保学生有充足的时间在实验室中进行实践操作，熟悉 AIGC 工具的使用。同时，提倡与行业合作，让学生参与真实的产品设计项目，应用 AIGC 技术解决实际问题，并通过提供实习机会使学生在企业环境中使用 AIGC 技术，从而获得实战经验。

3.2.5 批判性思维培养

批判性思维培养主要包括设计评估和伦理责任。在批判性思维培养方面，构建评估框架和模型，教授学生如何评估 AIGC 在设计过程中生成的方案，并鼓励学生进行自我反思，识别 AIGC 在设计中可能带来的偏见和局限性。此外，组织讨论和研讨会，让学生探讨 AIGC 技术在设计中的伦理问题和 AIGC 在方案中的具体贡献，同时培养学生的责任意识，确保他们在使用 AIGC 时考虑社会影响和用户福祉。

3.2.6 持续学习与适应性

持续学习与适应性主要包括技术更新和适应性培训。建立线上资源中心，提供关于 AIGC 最新发展的资料，并持续更新。创建学习社区和论坛，鼓励学生、教师和行业专家共享知识和经验。此外，定期举办工作坊和培训课程，帮助教师和学生提升对新兴技术的适应性，并指导学生规划和调整职业生涯，考虑 AIGC 对未来就业市场的影响。

3.2.7 跨学科合作

跨学科合作主要包括团队多样性和项目合作。促成来自不同学科背景的学生组建团队开展项目实践，有助于培养学生的多元化视角和创新思维。同时，让学生在团队项目中尝试不同技术角色，以理解跨学科合作的意义。此外，有必要教授学生如何在跨学科团队中进行项目管理，包括沟通协调、时间管理和资源分配，特别是在面向 AIGC 时新的设计流程中。通过跨学科的项目合作，提高学生解决复杂设计问题的综合能力。

3.3 AIGC 背景下设计教育提升的路径

面向 AIGC 时代的设计教育变革中，更新的教育理念起着引导作用，推动知识体系的整合，确保教育内容与时俱进。这种整合进一步促进了设计流程的调整，以适应新的知识和技能要求。调整后的设计流程不仅激发了学生的批判性思维，培养了他们分析和创新的能力，同时也促进了跨学科合作，为设计项目带来更多元化的视角和创新解决方案，同时也使项目操作得以深入。实践操作的强化是学生将理论知识转化为实际技能的关键环节，它支持学生的持续学习和适应性发展，为他们在未来的职业生涯中不断进步打下坚实基础。批判性思维的培养与实践操作的强化共同增强了学生的持续学习能力和适应性，这些能力是提升设计教育质量的核心。最终，这一系列相互关联的组件和过程共同作用，导致了设计教育的整体提升，使学生能够在毕业后继续发展和保持竞争力，同时也为设计领域带来了持续的创新和进步。因此，提出 AIGC 时代下的设计教育变革的路径，如图 2 所示。

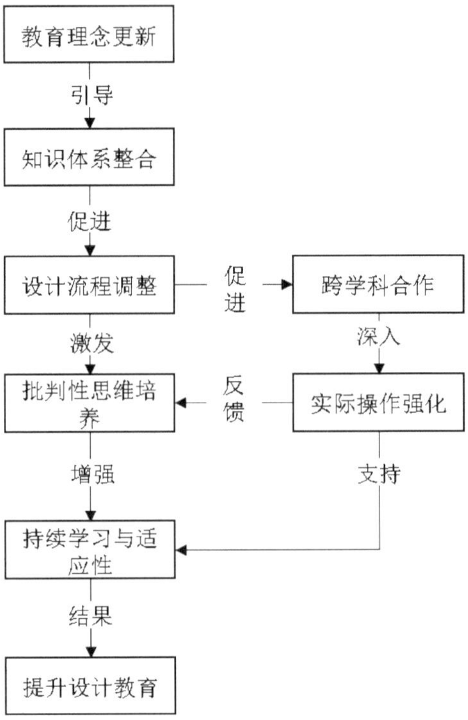

图 2 面向 AIGC 的设计教育变革对于设计教育提升的路径

3.4 面向 AIGC 的设计教育提升的挑战与应对措施

面向 AIGC 的设计教育变革是一项复杂而富有挑战性的任务，我们识别了几个主要挑战，以及提出相应的策略来应对这些挑战。

理论更新的灵活性。设计教育体系在更新理论方面往往显得僵化，教师和管理者可能对变革持有保守态度。为了应对这一挑战，我们需要提供持续的专业发展和技术培训，帮助教师和管理者理解新理论和技术的价值。并通过展示研究成果和实际案例，增强教师和管理者对新理论的认同。

跨学科知识整合。打破学科间的壁垒是整合不同学科知识体系的关键。我们可以通过建立跨学科工作组或项目组，促进不同领域之间的交流与合作。同时在课程设计中引入项目式学习，激励学生将跨学科知识应用于解决实际问题。

设计流程的调整。传统设计流程的改变可能会遭遇行业和学术界的阻力，因为当前的设计流程是经过实践检验的且目前依然行之有效。因此我们应当与行业合作伙伴建立紧密联系，以实践为导向，确保设计流程的调整能够满足实际工作的需求。通过实施试点项目和深入案例研究，我们可以展示新流程的效益。

实践操作的强化。增加实践操作可能需要额外的资源投入，包括实验室设备、工作空间和资金，以及更为重要的项目资源。为了解决这一问题，我们应当积极寻找外部资金，例如行业赞助和政府补助，并建立校企合作项目，利用企业资源为学生提供实践机会。

批判性思维的培养。培养批判性思维是一个长期过程，评估学生在这方面的进步可能具有挑战性。我们需要在课程中设置专门的批判性思维模块，采用案例分析、辩论和反思日志等教学方法。同时，我们可以在现有各类设计评价体系基础上，构建多维度的 AIGC 设计评估体系，为培养批判性思维提供工具引导。

课程内容的时效性。适应 AIGC 的快速发展，持续更新课程内容是一个挑战，在当前的设计教育中就存在这样的问题。建立学术层面和行业层面的定期交流机制，有助于确保课程内容与技术发展趋势同步。此外，鼓励教师积极参与在线学习和线下工作坊，也有助于更新教育者本身的知识和技能。

跨学科合作的推进。跨学科合作可能会遇到行政和文化障碍。例如，只认可第一单位和第一完成人的绩效评估政策，以及不同学科的评价标准和工作方式的差异。推进跨学科合作，需要建立跨学科项目的管理和评估体系，确保所有参与者在跨学科合作中的贡献被认可和注明。此外，通过组织跨学科的研讨会，让不同学科之间能够相互了解，并且在有项目需求的时候能够积极参与跨学科合作中。

这些应对措施旨在克服面向 AIGC 的设计教育变革中的挑战，通过持续的沟通、透明的决策过程和对改革成果的定期评估，建立一个支持性的环境，鼓励创新和实验。

4 结语

AIGC 技术对设计行业和教育的影响是深刻且广泛的。AIGC 技术不仅改变了设计的方法和流程，还为设计者提供了新的视角来深入探索和考虑影响设计结果的多维度因素。这一技术的进步使设计师能够超越传统的工具技能限制，更加专注于设计的创新和输入。

面对 AIGC 带来的挑战和机遇，我们通过访谈研究，深入了解了设计教育相关者对于 AIGC 设计的现状、困境和期望。基于这些见解，我们提出了一系列建议，涵盖教育理念的更新、知识体系的整合、设计流程的调整、实践操作的强化、批判性思维的培养、持续学习与适应性发展以及跨学科合作的强化。这些建议旨在引导设计教育适应 AIGC 时代，提升教育质量，并应对未来的挑战。我们还探讨了 AIGC 背景下设计教育变革的路径，阐述了这些变革的内涵以及可能面临的挑战和应对措施。这些变革不仅关注教育内容和方法的更新，也强调了学生批判性思维能力和创新能力的培养，为他们在未来的职业生涯中不断进步打下坚实基础。总体而言，本文厘清了 AIGC 背景下设计教育相关者的关注和期望，并为 AIGC 时代的设计教育变革提供了清晰的路径。这些变革和建议不仅有助于提升设计教育质量，也为设计领域带来了持续的创新和进步。未来，随着 AIGC 技术的不断发展，设计教育将继续适应和演变，以满足时代的需求。

参考文献

[1] 陈永伟 . 超越 ChatGPT：生成式 AI 的机遇、风险与挑战 [J]. 山东大学学报（哲学社会科学版），2023（3）：127-143.

[2] 荀渊 . ChatGPT/ 生成式人工智能与高等教育的价值和使命 [J]. 华东师范大学学报（教育科学版），2023，41（7）：56-63.

[3] 卢兆麟，宋新衡，金昱成 . AIGC 技术趋势下智能设计的现状与发展 [J]. 包装工程，2023，44（24）：18-33.

[4] 程琳，王明治 . AI 技术时代设计业者的机遇和挑 [J]. 丝网印刷，2023（12）：93-96.

[5] 许雪晨，田侃，李文军 . 新一代人工智能技术（AIGC）：发展演进、产业机遇及前景展望 [J]. 产业经济评论，2023（4）：5-22.

[6] 王春丽 . 国际组织的人工智能教育应用观：技术、实践及挑战 [J]. 比较教育研究，2022，44（10）：86-93.

[7] 娄永琪 . 设计的疆域拓展与范式转型 [J]. 时代建筑，2017（1）：11-15.

[8] 祝智庭，戴岭，胡姣 . AIGC 技术赋能高等教育数字化转型的新思路 [J]. 中国高教研究，2023（6）：12-19.

[9] 陈向东，褚乐阳，王浩，等 . 教育数字化转型的技术预见：基于 AIGC 的行动框架 [J]. 远程

教育杂志，2023，41（2）：13-24.

[10] 刘粮 . AIGC 智能驱动下包装设计行业的挑战与机遇 [J]. 包装工程，2023，44（S2）：236-240.

[11] 甘惟，吴志强，王元楷，等 . AIGC 辅助城市设计的理论模型建构 [J]. 城市规划学刊，2023（2）：12-18.

[12] 余俊缘，陈俊凯 . 群体智能创作场景中 AIGC 权属规则的构建 [J]. 科技与出版，2023（11）：158-167.

[13] 祝智庭，戴岭，胡姣 . 高意识生成式学习：AIGC 技术赋能的学习范式创新 [J]. 电化教育研究，2023，44（6）：5-14.

[14] 毛太田，汤淦，马家伟，等 . 人工智能生成内容（AIGC）用户采纳意愿影响因素识别研究：以 ChatGPT 为例 [J]. 情报科学，2024（6）：1-15.

[15] 娄永琪 . AIGC 时代，创意何去何从 [J]. 艺术设计研究，2023（6）：5-12.

基于文献计量学的国内外非物质文化遗产传承发展态势分析

谷邢海岚[1]，张春磊[2]

（1. 东北师范大学 美术学院，吉林 长春 130118；

2. 成都理工大学工程技术学院 艺术设计系，四川 乐山 614000）

摘要：系统和全面地分析世界范围内非物质文化遗产传承相关的研究现状，根据现状掌握非遗传承研究热点及未来发展态势，为国内外学者和从业者提供理论参考。本文利用 CiteSpace 及 VOSviewer 软件对中国知网（CNKI）和 Web of science 核心数据库中以非遗传承为关键词的科技文献进行统计，归纳有关非遗传承研究文献的国内外逐年发文量、主要研究方向和热点、高产研究机构及其相互合作，基于此，分析非遗传承发展动态及未来研究趋势。结果显示：国内外有关非遗传承研究领域的科技文献稳步增长，研究已趋于成熟，但国内外各研究机构在非遗传承方面缺乏合作。目前的研究热点更加注重于非遗传承的保护和发展，非遗数字化是非遗保护与传承的必然趋势，而非遗与文化产业的结合则是数字技术应用与文化传播的重要途径。非物质文化遗产中的乡村振兴是一个具有中国特色的独特研究课题，进一步的研究将对非遗传承领域的不同国家语言数据库进行比较分析。

关键词：文献计量学；非物质文化遗产；非遗传承；发展态势

非物质文化遗产作为各民族传统文化的重要载体，承载着人类丰富的历史记忆、独特的创造力与深厚的情感价值。联合国教科文组织于 2003 年批准了《保护非物质文化遗产公约》（以下简称《公约》），使国内外关于非物质文化遗产的性质、价值以及意义和特征的讨论显著

基金项目：四川省高校哲学与社会科学重点研究基地“基于西部工业遗产再设计研究——以核聚变博物馆为例”项目编号：GYSJ2023-32）。

第一作者简介：谷邢海岚（2004—），女，辽宁鞍山人，在读本科，研究方向为“非遗”传承、美术教育、乡村振兴融入美术教育。

增加[1]。此后，保护非物质文化遗产的重要性得到了国际上的认可。虽然2003年《公约》的文案承认了非遗的重要性，但是由于政治、经济和文化制度的差异，对于非遗的保护、传承和发展还需要更加完善，并且随着现代化进程的加速，非物质文化遗产传承也正面临着前所未有的挑战。传统的生活方式发生改变，许多传承人的离世以及现代文化与外来文化的冲击等，都使得众多非物质文化遗产传承处于濒危状态。与此同时，非物质文化遗产的传承发展又具有极其重要的意义。它不仅是维护文化多样性、促进文化生态平衡的关键，更是一个国家、一个民族文化软实力的重要体现，对于增强民族认同感、凝聚力以及推动可持续发展都有着不可替代的作用。因此，深入了解非物质文化遗产传承发展的态势，以便制定有效的保护与传承策略，已成为当下亟待解决的重要课题。

近年来，国内外学者对于非遗传承的研究日益增多，特别是在美国、英国和中国等国家，其中非遗传承对当地社会和经济的潜在贡献有关。例如节日和手工艺品，通常被认为是一种传统和常见的非遗传承方式，同时也可以鼓励一定的经济和社会效益[2]。近年来，非遗传承与时尚、设计等文化创意产业的融合发展已成为非遗实践与研究的新趋势。先进的数字技术，如虚拟现实，可以为游客提供身临其境的体验，同时更好地保存和传承非物质文化遗产。如Selmanovi'c等[3]证明基于3D VR的Mostar Old Bridge APP比基于web的App更能给用户提供真实的沉浸感和临身感。此外，非遗传承对于维护文化多样性和确保文化的可持续性至关重要，因此，可持续发展是非物质文化遗产发展的重要目标。关于非物质文化遗产和可持续性的相关研究主要集中在非遗在可持续发展中的环境、旅游和社会经济实践[4]。例如，Zhang等[5]研究表明，文化认同显著影响游客的消费意愿，从而影响非物质文化遗产旅游的可持续性。在国内，相关研究涵盖了非物质文化遗产的各个方面，从具体项目的挖掘、整理与保护措施探讨，到其在当代社会中的价值重塑与创新发展路径研究等[6]。许多学者通过实地调研、案例分析等方法，对各地特色非物质文化遗产进行了深入剖析，为其传承发展提供了宝贵的实践经验与理论支撑[7]。

然而，尽管已有诸多研究，但从宏观角度对国内外非物质文化遗产传承发展态势进行全面、系统分析的研究尚显不足。现有研究多聚焦于局部地区或个别项目，缺乏对整体发展态势的把握，难以清晰呈现国内外在该领域研究的热点分布、发展趋势等情况。为弥补上述不足，本研究采用文献计量学方法，对国内外有关非物质文化遗产传承的大量文献进行系统梳理与分析。具体包括探究不同时间段文献数量的变化趋势，了解该领域研究的热度演变；分析研究机构的分布及合作情况，明确主要的研究力量；通过关键词聚类等揭示研究的核心关注点与热点领域，进而全面把握国内外非物质文化遗产传承发展的整体态势。在此基础上，为后续的非物质文化遗产保护、传承与创新发展提供科学的参考依据，助力这一珍贵的文化瑰宝在新时代得以更好地延续与弘扬。

1 数据来源与研究方法

1.1 数据来源

为了探究近年来国内外非物质文化遗产传承（简称非遗传承）的研究现状及发展态势，本文以中国知网和 Web of science 核心数据库为数据源，以“非物质文化遗产传承”为中国知网的主题关键词，具体操作为：在中国知网中的高级检索页面开始检索，检索条件设置为（SU%=‘非遗’+‘非物质文化遗产’）AND（SU%=‘传承’）。以“inheritance of intangible cultural heritage”为 Web of science 核心数据库的主题关键词，检索条件设置为：（TI=inheritance of intangible cultural heritage OR intangible cultural heritage AND inheritance）。分别在中国知网和 Web of science 数据库中检索 2006—2024 年的相关研究内容，最终分别得到了 529 和 314 条检索结果。基于以上结果，本文利用 CiteSpace 软件对国内外该研究领域的文献进行了计量分析，以此揭示 2006—2024 年国内外在非遗传承研究领域的发展态势和研究热点。

1.2 研究方法

本研究利用文献计量学方法对国内外有关非遗传承的研究现状及发展态势进行分析，并以 CiteSpace（5.4.R3）及 VOSviewer（V1.6.16）两款文献计量可视化软件作为研究工具。CiteSpace 软件是一种主要用于文献计量分析的知识可视化工具，能够客观处理大量的科学文献数据，并将相关信息可视化 [8]。数据处理前预先设置好参数，利用 CiteSpace 软件对关键词、联合网络和名词突现三个主要路径进行分析，以解决研究问题 [9]，这可以用来对某一时期最活跃的研究领域进行分类，并以此方法预测相关的研究趋势。

VOSviewer 是荷兰莱顿大学科技研究中心的 Van Eck 与 Waltman 联合设计的一款可视化数据分析工具 [10]，其具有先进的图形表现能力，适用于定位大规模数据研究主题的重点和热点 [11]。近年来两款文献计量可视化软件被广泛应用于文献计量分析，其最大的优势在于能够以可视化的形式收集大量数据样本，这有助于研究人员更好更快地理解这一领域的发展趋势，而不需要依赖于传统中观层面的系统评价或微观层面的 Meta 分析方法 [12]。

2 结果与分析

2.1 国内文科技献外逐年发文量

为了评估研究主题发展动态与趋势，统计该学术领域文献产出的变化规律。首先在 Citespace 中导出文献的年份数据，其次在 Excel 软件中使用频次降序功能，最终得出年发文量的变化趋势（如图 1）。根据图 1 检索结果显示，2006—2024 年国内与国际间发表有关非遗传承的相关论文篇数分别为 529 和 314 篇。

其中，从国内的研究论文数量分布特征来看，总体可划分为三个阶段：快速增长期（2006—2012年）、平稳发展期（2013—2018年）和波动下降期（2019—2024年）。在初期阶段，国内文献产出基本呈现急速上升的趋势，由2006年的2篇迅速增长到2012年的23篇，由此可见，研究人员对非遗传承方面研究的关注度逐年递增，并且，在2016年由于对非遗传承研究的重视程度提高，论文的发表数量达到28篇，是论文发表数量最多的一年。2019—2024年发表的文章数占20.79%，表明非物质文化遗产研究逐渐成熟，这可能与非物质文化遗产研究体系的形成有关。在此期间，发表的文献数量稳步增加，这表明人们对非物质文化遗产的研究兴趣不断增加。从国际间的研究论文分布数量来看，总体呈现波动式逐年上升趋势，为“M”形分布轨迹。国际间有关非遗传承方面的研究从2010年开始，2013—2017年经历了迅速发展阶段，并且，在2017年论文的发表数量高达44篇，是国际间论文发表数量最多的一年。随后，与国内相似，发表论文数量出现了波动，这说明有关非遗传承方面的研究无论在国内还是国际间在这一阶段的发展逐渐成熟，非遗传承有关的研究体系日渐完善。

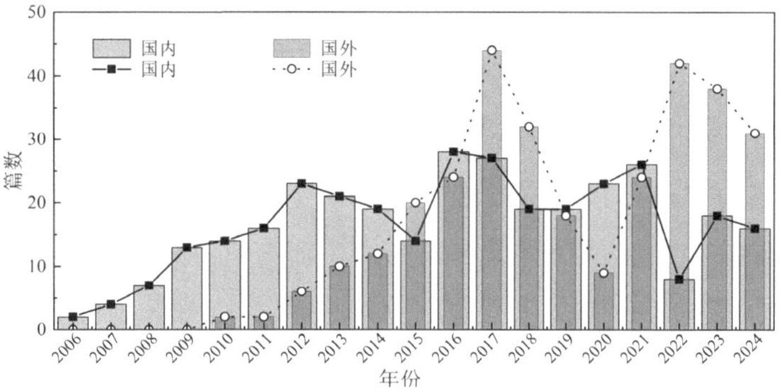

图1　2006—2024年有关国内外“非遗”传承相关文献产出分布

2.2 热点关键词共现分析

高频关键词的共现分析可以揭示出一个领域的相关研究热点[13]，本研究借此识别 非遗传承的研究热点。图2为2006—2024年有关非物质文化遗产传承的关键词共现网络知识图谱。网络可视图可以形象地看出词与词之间的关系，节点表示关键词的中心度，节点越大，其中心度越高。

（a）“非遗”传承国内热点关键词共现网络　　（b）“非遗”传承国际间热点关键词共现网络

图2　国内外非物质文化遗产传承研究关键词共现图谱

国内有关非遗传承研究领域的热点关键词按照出现次数由高到低排列如图 2（a）所示：传承、保护、发展、创新、少数民族、数字化、非遗、职业教育、传统武术、传播、原生态、开发、博物馆等，其出现频次大于等于 5 次，是国内目前研究的热点问题，这些研究方向在国内非遗传承研究领域中名列前茅，且各方向之间有密切的关联性。在国内非遗传承研究中，保护和发展是目前国内研究的主流方向，对于非遗传承保护的概念于 2010 年首次提出，它是指通过非物质文化资源的生产、流通和销售，将非物质文化资源转化为以生产力为基础的产品 [14]，这也是一种保护经济利益的方式。这些主题附近还围绕着一些较小的研究领域，由此衍生出了人才培养、文化认同、文创设计、传统工艺、民间艺术、法律保护、协同创新等相关内容。并且，围绕国内非遗传承的研究领域细化拓展出了民间艺术、武术、工匠精神等非物质文化遗产传承的形式，文化传承的内容与不同文化传承的形式的联系也较为密切，这表明有关非遗传承的研究正从基础研究逐步向多元化层面推进。

国际，有关非遗传承研究高频热点关键词按出现的次数高低排序如图 2（b）所示：protection and inheritance（保护与传承）、authenticity（真实性）、tourism（旅游业）、sustainable development（可持续发展）、spatial distirbution（空间分布）、influencing factor（影响因素）、community（群体）、deep learning（深度学习）等，其出现频次均大于 5 次，是近 20 年来国际间有关非遗传承的热点问题，这些研究方向在国际间的研究中位列前茅，且各方向之间有密切的关联性。围绕着领域热点关键词细化并延伸出了不同有关非遗传承的影响因素（地理位置、经济等）和传承的方式（创新设计、体现互动和深度学习等）方面的研究。并且，大学（colleges and university）和高职院校（high vocational college）是非遗传承的主要受众对象。因此，国际间有关非遗传承方面的研究方法和研究内容与各类影响因素之间也存在着紧密联系。

2.3 研究机构与合作分析

科技文献的主要发文机构与互相合作信息图谱能够清晰地反映某一领域的核心研究团队与彼此间的交流互通和地区间的均衡发展。为此，绘制国内外非遗传承领域研究机构及合作信息图谱（如图 3 所示）。

（a）“非遗”传承国内研究机构共现网络　　（b）“非遗”传承国际间研究机构共现网络

图 3　国内外非物质文化遗产传承研究机构共现图谱

由CNKI数据库进行中文文献检索获得的非遗传承研究机构可视化网络有11个节点和10条连接线，网络线条较少、节点分布较为分散，说明了在国内非遗传承研究机构之间的合作薄弱，如图3（a）所示。在国内，对于非遗传承的研究主要集中在天津大学、中山大学、华中师范大学、安徽师范大学、中央民族大学、中国艺术研究院、清华大学以及天津大学等，是我国非物质文化遗产传承研究领域的中文文献主要贡献机构，但是其间的合作关系较为分散，各机构间合作还有待加强，其中只有天津大学与北京师范大学联系较为紧密，对于非遗传承方面的研究机构较为单一。

基于Web of Science科技文献数据库进行的英文文献检索，获得国际间非遗传承相关研究的主要机构间及合作关系可视化网络，如图3（b）所示。对比发现，虽然国际间对于非遗传承方面的发文量较大，国际研究机构间的联系性较弱，合作不紧密。对于该领域的研究主要集中在朝鲜大学、首尔国立大学、肯尼索州立大学、坎帕尼亚大学和中国的中原基督教大学、澳门城市大学、黎明职业大学、香港理工大学、香港科技大学等。其中澳门城市大学和黎明职业大学联系较为紧密，说明国际上的主要研究机构在该领域研究有着充分的交流，共同促进了非遗研究的深入发展，其为国际非遗事业的稳步推进做出了突出贡献。

2.4 研究发展动态及未来趋势分析

为进一步分析国内外非遗传承研究领域随时程演变的动态过程及未来趋势，基于上述筛选出的热词，运用CiteSpace“时间线”功能，绘制国内有关非遗传承研究领域的热点时程演变特征曲线。非遗传承研究领域热词按照年份序列在时间轴上延展，不同热词在某一年份出现的频率越大，其对应的节点越大。

分析中文文献突现热词时间演变过程发现，2006年以前有关非遗传承的科技文献鲜有发现，属于该领域研究的“空窗期”，也说明我国在该时期的相关研究不足（如图4）。2006年以后首次出现了该领域的相关研究。图3包含了文献数量最大的6个聚类，集群标签越小，则该集群包含的文献数量越多。6个聚类集群分别是：#0保护、#1非遗传承、#2创新、#3价值、#4发展、#5传统武术、#6少数民族。2006年开始出现有关非遗传承保护方面的科技文献，主要以河西走廊音乐非遗的传承和保护、传统武术非遗传承保护、制造技艺传承与保护和广西傩戏传承和保护问题为主。2008年左右逐渐开始对非遗传承进行发展，以“金坛刻纸”“绵竹年画”、侗族木构建筑和周氏面塑等为主要非遗传承发展的对象，促进了非物质文化遗产的发展。在逐步发展的过程中，也开始了对非遗传承进行“创新”，主要体现在当前地方高校中，加强大学生对非遗传承过程中内容的创新，并且高校推动了本土艺术类非遗传承与创新的研究。在这其中，2010年逐渐兴起了对于“少数民族”和“传统体育”的非物质文化遗产的传承，明确了其历史文化发展过程中占有十分重要的地位，但与实践工作相比，相对概念化和程式化的研究还显得略为滞后，今后应推进其走向纵深发展。随后，增强“文化认同”

逐渐发展，并逐渐延续到了 2020 年左右，探求非遗文化认同和活态性保护模式，增加传承人身份认同和传承的自为意识无疑是提高非遗存续力的重要手段[15]。

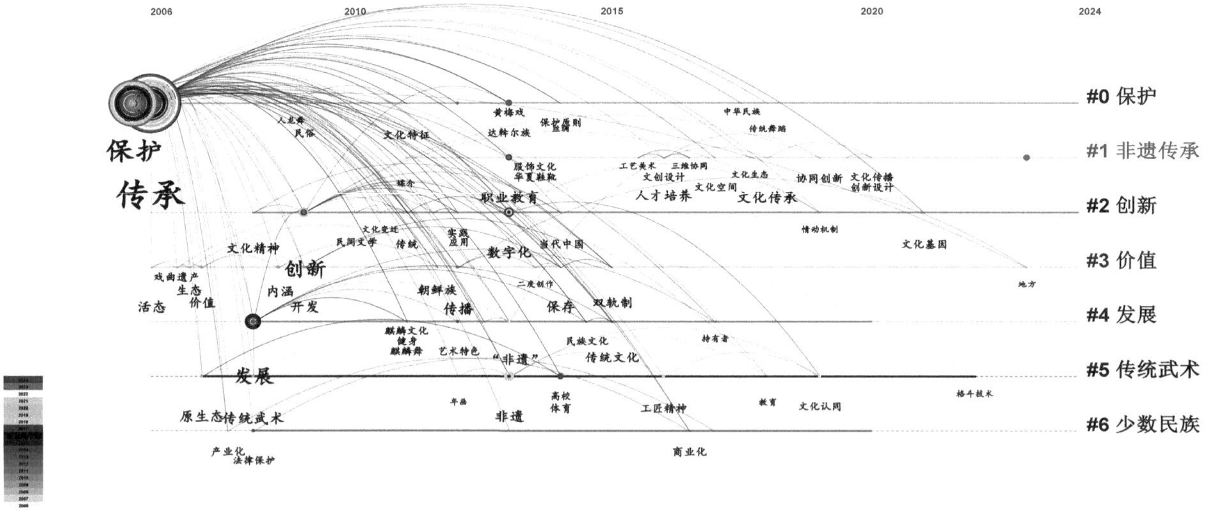

图 4　国内“非遗”传承研究领域的时程演变特征

关键词时程演变图与高密度突现图都是非遗传承研究关键词与时间维度结合的指标数据。为了更好地研究非遗传承领域的发展态势和研究热点，本研究对高密度突现选取了突现强度 Top14 的关键词，主要通过年份表征来反映本领域研究的变化趋势（如图 5 所示）。图 5 中较细的线段代表时间轴，较粗的线段代表该关键词突现的起始时间和结束时间，与图 3 结合来看，在非遗传承发展的初期阶段，2007—2010 年主要注重非遗的原生态传承，直到 2010 年以后对非遗传承的方式和类型逐渐发展，博物馆对非物质文化遗产传承的作用逐渐开始显现，并且更多侧重于非物质文化遗产中内在的工匠精神，在传承的形式上，更价注重多元化、数字化的传承方式，并一直延续至今。其中的研究重点是最新的数字技术在非物质文化领域的应用，例如，覃京燕和贾冉[16]发现人工智能技术可以提供中国景泰蓝制造生产过程的详细修复，因此相应的技术可以有效地增强游客的体验。此外，大数据使非遗传承管理模式从档案管理转变为知识管理[17]。

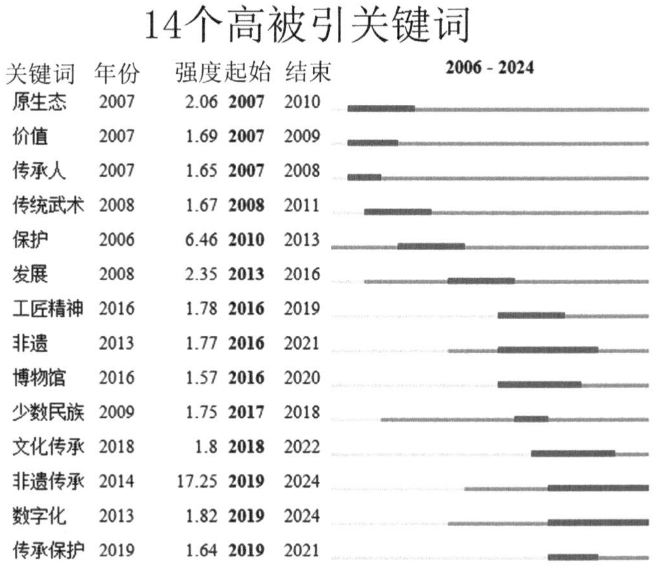

图 5　国内关键词突现

结合外文文献的时程演变和关键词突现分析国际范围内非遗传承的发展动态和研究趋势，国际上的非遗传承相关研究要略晚于国内，2010 年首次出现了该领域的相关研究（如图 6、图 7 所示）。并且国际上在非遗传承领域的内容更为广泛且全面。图 6 包含了文献数量最大的 8 个聚类，集群标签序号越小，则该集群包含的文献数量越多。8 个聚类集群分别是：#0 intangible cultural heritage（非物质文化遗产）、#1 protection（保护）、#2 preference（偏好）、#3 the Ming Great Wall（明长城）、#4 art education（艺术教育）、5# incentive mechanism（奖励机制）、#6 cultural ecology（文化生态）、#7 neuroscience（神经科学）、#8 cultural function（文化功能）。

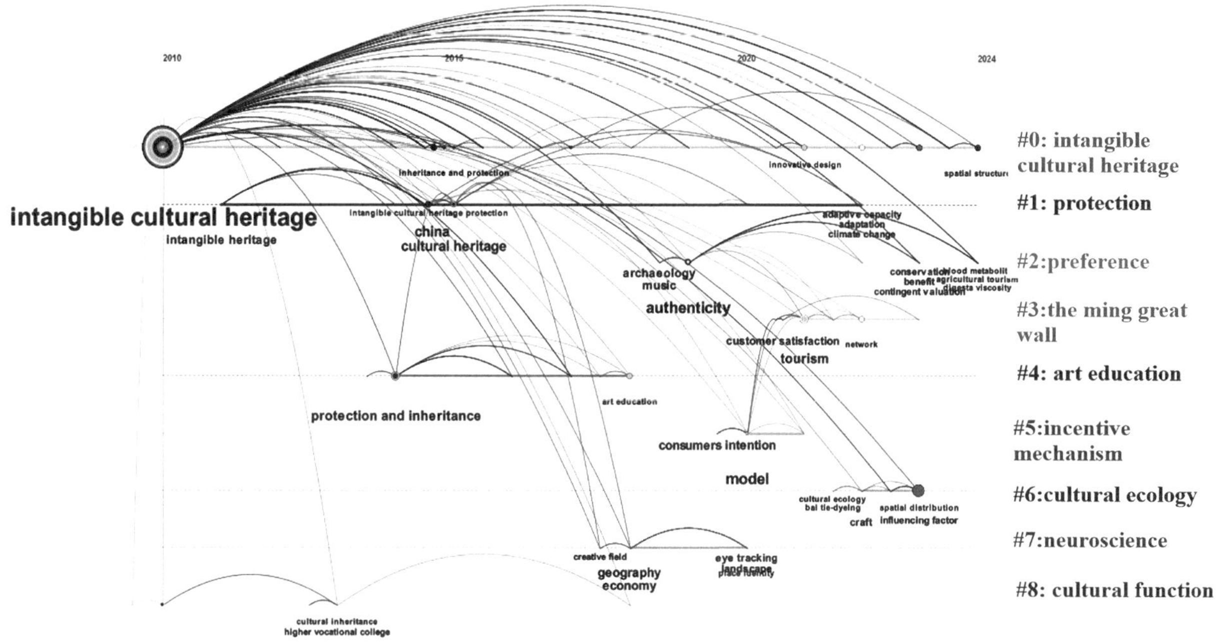

图 6　国内“非遗”传承研究领域的时程演变特征

在第一阶段（2010—2015 年），国际范围内主要注重于非遗传承的保护和发展工作，出现的关键词主要包括：非遗传承、传承、保护、发展、当地高校、中国文化遗产。由此可见，非物质文化遗产的保护与传承是这一时期最显著的特征。这可能是由多种原因造成的。2001 年，中国昆曲首次被列入《人类非物质文化遗产代表作名录》，标志着中国非物质文化遗产传承走上世界舞台。2003 年，联合国教科文组织大会通过了《保护非物质文化遗产公约》，受《公约》和西方有关非遗理论的影响，中国学者开始重新

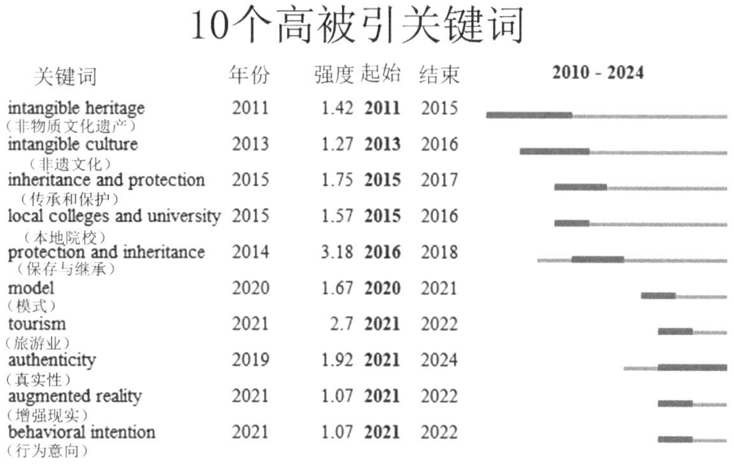

图 7　国外关键词突现

思考非遗的保护问题。其中一个较为紧迫的讨论是，非物质文化资源是否可以盈利。中国学术界最终达成共识，正确利用非遗资源牟利，可以在很大程度上促进非遗的保护，这是非物质文化遗产非营利性研究的重大突破。此外，中国政府还制定了鼓励非物质文化遗产旅游发展的相关政策，如《关于加强中国非物质文化遗产保护的意见》等[1]。在第二阶段（2016—2021 年），出现的高频关键词主要包括：考古学、音乐、艺术教育、创新领域、地理、经济、消费者意图、模式、旅游业。这表明非物质文化产业传承逐渐与文化产业融合发展（即非遗产业化）出现在这一阶段。这主要是因为，一方面，中共十九大之前中国的主要矛盾是“人民日益增长的物质文化需要和落后的社会生产”，为了满足这些文化需求，学者们更加重视探索非物质文化遗产的社会经济价值[18]。刘玲玲等[19]认为非物质文化遗产具有稀缺性和不可再生性，是文化产业发展的重要文化资本。在非物质文化遗产产业化过程中，生产保护和知识产权成为研究的热点。另一方面，缺乏资金是保护濒危非物质文化遗产的主要因素。为了解决这一问题，大量学者论证了将非物质文化遗产产业化作为一种创新发展模式可以促进当地经济的发展。在第三阶段（2021 年至今），出现的高频关键词主要包括：网络、农业旅游、技术、空间结构、行为意向等。由此可见，数字技术是影响非遗传承的重要因素。对此有两种可能的解释，首先，数字技术已经在非物质文化遗产传承方面中取得了重大突破，在传统艺术、音乐、体育、节日等领域得到了广泛应用。何晓丽和牛加明[20]的实证结果表明，三维数字技术可以再现端墨板的传统工艺。此外，这些技术改变了非物质文化传统的单向传播和传承模式，特别是，观众可以通过互联网方便地访问有关非遗传承数字图像和视频，同时提供反馈，使其成为双向交流过程。

3 结论

本文以中国知网和 Web of science 核心数据库为数据源，以“非物质文化遗产传承”为中国知网的主题关键词，以“inheritance of intangible cultural heritage”为 Web of science 核心数据库的主题关键词，利用 CiteSpace 软件对国内外该研究领域的文献进行了计量分析，以此揭示 2006—2024 年国内外在非遗传承研究领域的发展态势和研究热点。得出的主要结论如下：

（1）国内外有关非遗传承研究领域的科技文献总体呈现上升趋势，但近年来有下降的趋势。2017 年为国内外科技文献发文量的峰值，反映出对于该领域的研究已于 2017 年到达了研究阶段的成熟期。天津大学、中山大学、华中师范大学、福州大学、广东科技大学、九江大学为国内外非遗传承研究的主要研究机构，但是其间的合作关系较为分散，各机构间合作还有待加强。

（2）国内有关非遗传承的研究热点主要为保护和发展，也是目前研究的主流方向，并由此衍生出了人才培养、文化认同、文创设计、传统工艺、民间艺术、法律保护、协同创新等相关内容；而国外的研究热点更注重与政策相关的法律法规、文化产业、旅游业等。国际间有关非遗传承方面的研究方法和研究内容与各类影响因素之间相比国内而言联系较为紧密。并且，中国的非物质文化遗产保护与利用问题也可以作为非物质文化遗产丰富国家的一个典型和重要问题。

（3）研究发现，非物质文化遗产数字化是非物质文化遗产保护与传承的必然趋势，数字技术改变了非物质文化传统的单向传播和传承模式，而非物质文化遗产与文化产业的结合则是利用相关的数字技术与文化传播的重要途径，其最终目标是寻求非物质文化遗产可持续发展的途径，以保持文化多样性，满足公众日益增长的文化需求。

（4）非物质遗产传承促进乡村振兴，在国际范围内，特别是在非物质遗产资源丰富、人口众多的发展中国家，具有一定的借鉴意义。然而，这项研究确实存在一些局限性。该研究是在中国背景下进行的，数据来自中国知网数据库，因此很难将研究结果推广到其他国家。此外，大多数国家都有使用不同语言的数据库资源。因此，建议进一步的研究对非遗传承领域的不同国家语言数据库进行比较分析。

参考文献

[1] Dang Q，Luo Z，Ouyang C，et al. Intangible cultural heritage in China：A visual analysis of research hotspots，frontiers，and trends using citespace[J]. Sustainability，2021，13：9865.

[2] Upadhyay P. Promoting employment and preserving cultural heritage：A study of handicraft products tourism in Pokhara，Nepal[J]. Journal of Tourism & Adventure，2020，3（1）：1-19.

[3] Selmanovi´c E，Rizvic S，Harvey C，et al. Improving accessibility to intangible cultural heritage preservation using virtual reality[J]. Journal on computing and cultural heritage，2020，13（2）：1-19.

[4] Nancy P. Common ground and shared frontiers in heritage conservation and sustainable development：partnerships，policies and perspectives[J]. International Journal of Sustainable Development & World Ecology，2011，18（3）：236-242.

[5] Zhang G，Chen X，Law R，et al. Sustainability of heritage tourism：A structural perspective from cultural identity and consumption intention[J]. Sustainability，2020，12（21）：9199.

[6] 吴书飞．乡村振兴视域下非遗文化创造性保护与传承 [J]. 中国集体经济，2024（32）：136-139.

[7] 祁庆富．论非物质文化遗产保护中的传承及传承人 [J]. 西北民族研究，2006（3）：114-123，199.

[8] Chen C M. CiteSpace：a practical guide for mapping scientific literature[M]. Hauppauge，NY，USA：Nova Science Publishers，2016.

[9] Chen C M. CiteSpace II：detecting and visualizing emerging trends and transient patterns in scientific literature[J]. Journal of the American Society for Information Science and Technology，2006，57（3）：359-377.

[10] Chen C M. Mapping scientific frontiers：the quest for knowledge visualization[J]. Journal of Documentation，2003，59（2）：325-325.

[11] Kabil M，Priatmoko S，Róbert M，et al. Blue economy and coastal tourism：a comprehensive visualization bibliometric analysis[J]. Sustainability，2021，13（7）：3650.

[12] 李杰 . 科学计量与知识网络分析：方法与实践 [M].2 版 . 北京：首都经济贸易大学出版社，2018.

[13] 邱均平，温芳芳 . 近五年来图书情报学研究热点与前沿的可视化分析：基于 13 种高影响力外文源刊的计量研究 [J]. 中国图书馆学报，2011，37（2）：51-60.

[14] 李雪蓉，张晓旭，李政阳，等 . 商业模式的文献计量分析 [J]. 系统工程理论与实践，2016，36（2）：273-287.

[15] Adabre M A，Chan A P C，Darko A. A scientometric analysis of the housing affordability literature[J]. Journal of Housing and the Built Environment，2021，36（4）：1501-1533.

[16] 覃京燕，贾冉 . 人工智能在非物质文化遗产中的创新设计研究：以景泰蓝为例 [J]. 包装工程，2020，41（6）：1-6.

[17] 高山，谈国新 . 大数据驱动的非物质文化遗产管理范式转变研究 [J]. 图书馆，2020（11）：76-82.

[18] 国务院办公厅 . 国务院办公厅关于加强我国非物质文化遗产保护工作的意见 [EB/OL].（2005-4-26）[2024-11-10]. http：//zwgk.mct.gov.cn/zfxxgkml/zcfg/gfxwj/202012/t20201204_906065.html.

[19] 刘玲玲 . 非物质文化遗产产业化管理：民族音乐学与文化产业结合模式初探 [J]. 大舞台，2012（6）：285-286.

[20] 何晓丽，牛加明 . 三维数字化技术在非物质文化遗产保护中的应用研究：以肇庆端砚为例 [J]. 艺术百家，2016，32（3）：231-233.

文旅融合下传统村落养成式发展路径研究

贺祥庭[1]，尹童[2]，杨羚艺[1]，谢佳承[1]

（1. 西华大学 美术与设计学院，四川 成都 610039；2. 中国建筑西南设计研究院有限公司，四川 成都 610041）

摘要：本研究聚焦于传统村落保护与发展的迫切议题，深度融合文旅与养成式发展理念，构筑了一个系统性分析框架。面对工业化、城镇化浪潮的猛烈冲击，村落正遭受人口流失、文化同质化及经济滞后等多重困境。为此，本研究提出了一套科学管理体系，清晰界定了发展愿景与阶段性目标，并引入多元主体共治的决策机制，以夯实发展的科学性与民主性根基。尤为瞩目的是，研究着重强调了文化IP的创新设计与塑造在提升村落文化魅力中的核心作用，并巧妙融合社会参与、科技赋能及智慧旅游策略，旨在全方位推动村落的复兴。研究验证，该框架为村落的可持续保护与更新开辟了有效路径，对乡村振兴战略的实施具有深远的理论与实践意义。

关键词：文化遗产；文脉传承；乡村振兴；旅游；社会参与

传统村落构成中华文明不可或缺的要素，承载着深厚的历史记忆与丰富的文化积淀，堪称农耕文明之“活化石”，内蕴独特的民俗文化、建筑艺术及生态智慧等多重文化维度。然而，在工业化与城镇化进程的迅猛推动下，传统村落正遭遇前所未有的严峻挑战。大量青壮年劳动力的外迁引发了显著的村落空心化现象，导致传统村落日渐丧失生机。更为堪忧的是，

基金项目：成都市哲学社会科学重点研究基地美丽乡村建设与发展研究中心项目（项目编号：CCRC2024-12）；西华大学校内人才引进项目（项目编号：W2420109）。

第一作者简介：贺祥庭（1994—），男，四川遂宁人，讲师，博士，硕士生导师，研究方向为地域文化与可持续设计、包容性设计、非物质文化遗产活态传承。

通信作者简介：尹童（1996—），女，四川资阳人，中级工程师，硕士，研究方向为国土空间乡村规划编制。

由于缺乏系统性的保护措施与科学合理的规划指导，众多传统村落中的建筑瑰宝与文化遗产正遭受破坏乃至消逝的厄运，传统村落的生存状态岌岌可危。

文旅融合是一种将文化产业与旅游业紧密结合的战略举措，旨在通过深度挖掘、精心展示及有效利用地域文化资源，驱动旅游业态的创新与繁荣，为传统村落的可持续发展开辟了崭新的路径。有研究表明，此模式对提升村落的知名度与吸引力大有裨益，可强劲拉动地方经济发展，为村民创造大量的就业机会，进而达成经济与文化的双重繁荣[1]。值得一提的是，养成式策略通常给予培育对象相对宽容的成长环境[2]，着重于村落原生文化的承续与创新，力避过度商业化所诱发的文化同质化风险，确保传统村落的独特风貌得以延续。将文旅融合与养成式理念有机融合，可望充分激活传统村落的内生动力，优化社会经济结构，实现文化传承与乡村振兴的双重使命。

传统村落，作为承载中华优秀传统文化的宝贵“基因库”，在文化传承与历史积淀中占据着举足轻重的地位。自党的十八大召开以来，以习近平同志为核心的党中央对传统村落的保护与发展工作给予了高度重视。习近平总书记深刻指出：“农村是我国传统文明的发源地，乡土文化的根不能断，农村不能成为荒芜的农村、留守的农村、记忆中的故园。”[3] 鉴于传统村落的重要文化价值，本文深度融合文旅与养成式的核心理念，旨在通过跨学科的视角与方法，将文化学、旅游学、社会学等诸多学科的理论知识综合运用，对传统村落的保护与发展问题进行深入剖析。文章特别强调，在充分尊重与保护村落原生文化的基础上，应促进其自然成长。在实践层面，致力于提出一套具有高度可操作性的发展策略，旨在为政府部门、规划者及社区等相关利益方提供科学指导与决策支持，期望能够有力推动传统村落的文化传承与经济振兴，进一步增强乡村文化自信，为乡村振兴战略的深入实施与全面推进贡献力量。

1 文旅融合的解读

1.1 文旅融合的概念

文旅融合通过深入挖掘地域特色文化元素，创新开发出蕴含独特文化意蕴的旅游服务产品，以此强化旅游目的地的独特魅力，为地方经济的蓬勃发展注入新活力[4]。此过程聚焦于自然景观的美化建设，更将重心置于文化内涵的深度挖掘与精炼呈现。游客在旅行体验中能深切感受到浓郁的文化氛围，享受到高品质的文旅服务。究其本质，在于文化与旅游两者间的相互依存与良性互动。换言之，文化是旅游的灵魂，为其提供取之不尽的资源宝库与创意素材，使旅游活动得以蕴含更深层次的感染力；而旅游则作为文化传播与交流的重要载体，为文化的传承、弘扬与创新提供了一个广阔而生动的舞台。

1.2 文旅融合对传统村落发展的影响机制

传统村落蕴含着丰富的文化宝藏，其独特魅力体现在传统建筑的匠心独运、民俗风情的绚丽多彩，以及巧夺天工的手工艺技艺，这些物质与非物质文化遗产共同构成了村落的文化基因库。伴随文旅产业的蓬勃兴起，传统村落凭借其不可替代的文化特色，吸引了世界各地的游客前来探寻、体验与沉浸，有效拉动了当地住宿业、餐饮业、手工艺品销售等相关产业链的协同发展，经济结构亦转型升级。此外，文旅融合还有利于催化传统村落与周边区域的经济联动效应，共同架构起区域性的文化旅游产业集群，进一步拓展经济发展的广度与深度[5]。

另外，从社会影响的角度来看，文旅融合在传统村落的深入实施，作用于社会认知度与美誉度的提升[1]。精心策划并举办多样化的文化节庆活动、展示精湛的传统技艺与独特的民俗文化风貌，一些村落成功吸引了社会各界的广泛关注与媒体聚焦，在社会舆论中树立了鲜明的文化形象。尤为值得一提的是，村民的文化自信与归属感也获得了极大增强，这种内在的精神力量为传统村落的可持续发展奠定了稳定的社会支撑。更为关键的一点，该策略始终坚守“在保护中发展，在发展中保护”的核心理念，将传统村落的自然生态与文化遗产的合理性开发置于首位。基于科学严谨的旅游发展规划，并实施严格的管理监督机制，传统村落的文化遗产得以永续传承，生态环境得以持续保护。

2 养成式的解读

2.1 养成式的概念

养成式，亦被称为“养成系”，是一个通过参与并伴随目标对象成长进程，以期最终达到预设理想状态的概念[6]。该术语频繁应用于文化娱乐领域，用以阐述粉丝群体通过持续观察与跟进偶像的成长轨迹，见证其从默默无闻至声名鹊起的全过程。粉丝长期陪伴并支持偶像的成长，这种深度的陪伴体验与随之而来的成就感，构建了粉丝与偶像间坚实的情感纽带。这一动态互动过程也促进了个体或群体在行为习惯、价值观念以及社会责任感的正面塑造。在传统村落的语境下，养成式意味着一种渐进式、内生性的发展模式，意在提倡运用教育、培训、激励机制等多重策略，唤醒并增强村民对本土文化的认同感，同时吸引外部人士对村落产生深厚的情感投入。社会群众将成为村落发展的主动参与者和积极贡献者，而非仅仅作为被动接受改变的角色。

2.2 养成式发展的特点

养成式发展并不追求短期内剧烈的变革，而是容忍并接纳成长初期的不完善状态。在针对传统村落的保护与更新实践中，该模式深刻体现了对历史文化遗产及自然环境的尊重与敬畏，主张摒弃大规模、激进式的改造方式，转而采纳小规模、渐进式的更新。例如，逐步改善村落的基础设施条件，精心维护村落原有的景观风貌，保持文化脉络的连续性和生态系统的完整性。吸纳广泛的群众基础是养成式策略成功实施的核心原则，不可或缺，主要体现在增强村落的内部凝聚力，激励村民及外部利益相关者积极参与村落未来的共创筹划与日常管理工作。

此外，生态平衡是村落可持续性发展的基石。养成式发展模式，在深刻理解和充分尊重村落内生增长机制的前提下，秉持着慢工出细活的哲学与高质量发展理念，致力于探索一条既符合时代要求又不失乡土本色的新路径——精心培育生态农业，融合传统智慧与现代科技的绿色产业，以及挖掘乡村旅游的潜力，促进文化与自然的和谐共生，为村落的自然生态环境与多元文化遗产构筑了一道坚实的保护屏障。

3 传统村落现存问题

3.1 社会问题

在社会转型的宏阔背景下，传统村落正身处于人口流失与老龄化危机之中，这一趋势伴随着城市化进程的迅猛推进而愈发凸显。大量青壮年劳动力背离乡土，奔赴城市以追寻更为广阔的就业空间与高质量的生活环境。以安徽省西递村为例，该村以徽派古建筑群著称于世（如图 1 所示）。然而，在时代的浪潮下，西递村也难以独善其身。近年来，西递村青壮年劳动力的持续外迁，使得村内常住人口结构呈现出单一化的趋势，老年群体日益成为村落生活的主体。劳动力资源的匮乏严重制约了村落当前及未来的日常运营与长远发展规划。

图 1　安徽西递村

传统村落基础设施建设滞后的问题更不容忽视。众多村落的道路交通、供水系统、电力供应等基础设施因长期缺乏维护而显得捉襟见肘，难以有效满足村民日益增长的现代化生活需求，更在无形中加剧了村落的衰落态势，为传统村落的保护与发展蒙上了一层阴影。

3.2 文化保护问题

旅游产业的蓬勃兴起，部分传统村落急切地寻求游客流量的快速增长，盲目追逐并模仿其他地域所谓的“成功”发展模式。这种短期策略或许能在一定程度上促进旅游经济的繁荣，但却不可避免地导致各村落间独特的文化标识趋于淡化，本土文化的特色与个性魅力在盲目复制的过程中黯然消退。此现象反映出，在快速消费文化的驱使下，村落文化的独特性与多样性正遭受威胁。

图 2　江西篁岭村

同时，商业化的过度开发对传统村落的文化生态同样构成了深刻而复杂的挑战。部分开发者在短期经济利益的强烈驱动下，对传统村落的文化资源进行了无节制的开发与利用，破坏了村落原有的文化生态平衡，更导致那些承载着深厚历史记忆与丰富文化底蕴的景观与习俗，在商业资本的强烈冲击下逐渐失去了原有韵味。纯朴的村落文化处于被吞噬的风险边缘。以江西省篁岭村为例，凭借独特的“晒秋”文化景观，一度在旅游市场上崭露头角，成为游客争相前往的热门目的地（如图 2 所示）。然而，随着旅游业的持续升温与商业活动的日益频繁，曾经宁静祥和的村落氛围逐渐被打破，篁岭村的文化生态与村民的生活方式发生了颠覆性改变。这一现象不禁令人深感忧虑，也引发了社会对传统村落文化遗产保护与文化旅游可持续发展的深刻思考。

3.3 经济难题

在传统村落所面临的多维度挑战中，经济发展滞后构成了另一重显著困境。这些村落，受限于地理位置的偏僻、交通可达性差以及产业结构的单一性，限制了村民的生活福祉，也削弱了村落自我发展的内生动力。此般境遇，无疑加剧了村落与现代社会发展步伐之间的脱节。

更为遗憾的是，尽管许多传统村落蕴藏着丰富的自然景观与深厚的文化遗产，却由于缺乏系统性的旅游开发规划与高效的宣传推广策略，而难以将这些得天独厚的资源优势转化为经济发展的动力。这些村落的旅游魅力，无法充分展现于世人面前，进而抑制了旅游业作为经济增长引擎的潜力发挥。以广西壮族自治区的大寨村为例，该村以壮观的农耕梯田景观与独特的红瑶文化而声名远播（如图 3 所示），然而，正是地理位置的偏僻与交通设施的不便，长期处于“养在深闺人未识”的状态，无法转化为推动经济发展的实际力量，村民也因此深陷贫困的泥潭。此外，值得注意的是，即便有部分传统村落有幸获得了宣传曝光的机会，但由于自身发展条件的不足与对外展示能力的欠缺，加之社会舆论环境的复杂多变，它们往往在选择是否将村落的独特风情公之于众时显得犹豫不决。这种既渴望被外界认知又担心暴露不足的矛盾心理，进一步阻碍了村落通过旅游业实现经济振兴的计划。

图 3　广西壮族自治区大寨村

4 策略探索

4.1 养成式发展管理机制的构建与优化

传统村落的培育与发展亟须构建一套既系统化又科学化的管理体系。首要任务在于清晰界定村落发展的宏观愿景，并细化出阶段性、可操作的具体目标，以此作为指导各项保护与更新工作的行动指南，力保各项举措能够有序、高效地推进。以浙江乌镇的成功案例为典范，包括但不限于精心策划与周密部署，明确短期、中期与长期的发展蓝图，成立专门管理机构负责规划的执行与全面监督等。时至今日，发展路径的连贯性与一致性均有所兼顾，更提升了规划实施的执行效果。

在此基础之上，仍远远离不开构建多元主体参与的决策机制，弥补传统单一主体决策的局限性。通过广泛吸纳各方意见与智慧，提升决策的科学性与合理性，增强决策过程的透明度与民主性，使发展策略更加贴近实际、反映民意、顺应民心。另外，建立一套完善、全面的评估与反馈机制，对保障村落养成式发展的成效具有不可或缺的作用。定期对村落发展的实施效果进行全方位、多维度的综合评估，关注经济效益的提升，以及重视文化传承的延续、生态环境的保护以及社会和谐的维护等多重目标的实现。基于评估结果，及时、灵活地调整发展策略与措施，形成闭环管理体系，从而推动村落发展步入可持续的良性循环轨道，实现经济、文化、生态与社会的全面协调。

4.2 文化 IP 形象的设计与塑造

IP（intellectual property）原意为知识产权，伴随着新媒体的崛起，文化 IP 已经成为一种文化产品之间的连接融合，有着高辨识度、自带流量、强变现穿透能力、长变现周期的文化符号[7]。作为传统村落文化旅游融合发展的灵魂与核心竞争力，文化 IP 的设计与塑造需要引起足够重视。深入挖掘并诠释村落独有的历史文化底蕴、丰富多彩的民俗风情以及得天独厚的自然景观，是孕育具有鲜明特色与强烈吸引力文化 IP 形象的关键所在[8]。在具体实施路径上，应充分依托专业团队力量，紧密结合市场需求，对村落的文化资源进行精细提炼，力求在保持文化原真性的前提下，创造出既符合现代审美又蕴含文化思想的 IP 形象，确保 IP 形象的设计既具有艺术价值，又能激发游客的情感共鸣与消费欲望。

文化 IP 的推广与传播也至关重要。通过文创产品的开发与创新，将 IP 形象融入旅游纪念品、生活用品等多个领域，实现文化的实体化呈现。精心设计以 IP 为主题的旅游线路与体验活动，让游客在亲身体验中感受文化的魅力，增强对村落文化的认同感与归属感。管理者务必重视文化 IP 形象的持续运营，在市场推广上下足功夫，更要关注 IP 形象的长期发展与文化内涵的持续丰富。例如，定期更新内容、举办文化活动、加强知识产权保护等措施，保持文化 IP 持久的生命力与市场竞争力，为传统村落的文旅融合发展注入新的影响因子。

4.3 社会参与的介入

社会参与是传统村落内涵式发展的核心支撑机制，其重要性不言而喻。构建一个囊括村民、游客、志愿者及社会组织等多维度参与主体的协同体系，是激发村落发展潜能、形成共进力量的关键。依靠系统性的宣传教育与技能培训，唤醒村民的文化自觉，提升参与能动性，鼓励他们主动投身于村落文化遗产的保护与旅游经济的繁荣之中。如此一来，方能达成村落发展的内生动力源源不断，文化传承与经济发展相辅相成。

游客深度参与机制的构建也势在必行。设立游客服务中心，为游客提供便捷的咨询与导向服务，进一步策划一系列互动性强、体验丰富的导览活动，让游客在亲身体验中增进对村落文化的理解与认同，形成一种积极的外部助推力，促进村落文化的活态传承与旅游业态的创新发展。此外，广泛吸纳社会组织与志愿者，为村落发展开拓新的发展资源。这些外部支援的加入可以为村落带来急需的资金与技术支持，提供宝贵的智力资源，完善村落规划的科学性与实施策略的有效性。以尹家峪田园综合体为例，其成功实践展示了多元主体协同合作的巨大潜力。通过引入企业、合作社、金融机构等多方力量，形成乡村振兴的强大合力，刺激村落经济的快速增长，也在文化传承、生态保护等方面取得了积极成效。

4.4 技术支持与智慧旅游

技术支持与智慧旅游的叠加，将为传统村落的养成式发展提供新的增长极。伴随现代信息技术的蓬勃发展，村落旅游服务的质量与游客体验有望实现质的飞跃。例如，构建一个全面而高效的智慧旅游服务平台，集在线预订、智能导航、个性化解说等多功能于一体，为游客提供一站式的信息获取与行程规划服务。就预期效果而言，不仅能够降低游客的信息搜寻成本，还能提升旅游决策的效率与满意度以及重游意愿。除此之外，充分利用大数据、人工智能等前沿技术手段，对游客的行为模式进行深入剖析与精准预测。这些宝贵的数据资源，或可为村落的旅游规划、产品开发以及市场营销提供决策支撑，助力村落实现更加精准化、个性化的旅游发展策略。

虚拟现实、增强现实、元宇宙等先进技术的引入，可为游客带来全新的沉浸式感官体验。模拟真实场景、还原历史风貌等手段，这些技术打破时空限制，让游客在身临其境中真切地感受村落的昔日过往。以故宫博物院为例，运用智能导览、虚拟现实等技术手段，极大地提升了游客的参观体验与文化认知，为传统村落的智慧旅游发展树立了典范与标杆。

5 结语

传统村落，作为中华文明源远流长、生生不息的活态见证，其保护与可持续发展议题，不仅承载着维护全球文化多样性的重大使命，亦是推进乡村振兴战略深入实施的关键节点。本研究致力于将文化旅游的深度融合与养成式发展理念精髓相融合，构建了一套系统化的管理机制框架，旨在激活传统村落的内源性发展潜力，促进经济繁荣、文化传承、生态保护与社会和谐的全维度、可持续协同共进。研究核心在于，在充分尊重并保护村落原生文化肌理的基础之上，通过设计一个多元主体共治共享的决策参与机制，确保村落发展的决策过程既包容又民主。同时，创造性地设计与塑造具有鲜明地域特色的文化 IP 形象，以此作为村落文化传承与创新的标志性符号，增强外界认知与认同。此外，深化社会各界力量的广泛参与，形成政府引导、市场运作、社会参与的良性互动格局，并巧妙借助现代科技力量，尤其是智慧旅游技术的融入，为传统村落的转型升级插上智慧的双翼，可有效应对传统村落面临的人口流失、文化保护缺失与经济发展滞后等多重挑战。展望未来，更应秉持创新不息、高效推进的发展理念，持续探索与实践更为契合时代需求、更具前瞻性的发展模式，使传统村落在现代化的浪潮中不仅不被边缘化，反而能焕发出新的生命力与创造力，成为连接历史深邃与未来憧憬的坚实桥梁，共同守护与传承中华民族那份珍贵而独特的精神血脉。

参考文献

[1] 孙九霞.《乡村振兴战略下北京传统村落文化传承与文旅融合发展》评介 [J]．地理学报，2024，79（7）：16-28.

[2] 朱丽丽，张帆 . 粉丝怀旧：媒介世代的粉丝生命史及情感支架：基于 TFBOYS“十年之约”演唱会的讨论 [J]. 传媒观察，2023（9）：73-81.

[3] 新华社 . 保护中国传统村落 让乡愁有“乡”可寻 [EB/OL].（2023-4-12）[2024-12-12]. https：//www.gov.cn/yaowen/2023-04/21/content_5752489.htm.

[4] 徐杰，魏敏，魏海湘 . 文旅融合助推乡村振兴的演化博弈 [J]. 旅游学刊，2024，39（11）：7-9.

[5] 唐承财，刘亚茹，万紫微，等．传统村落文旅融合发展水平评价及影响路径 [J]. 地理学报，2023，78（4）：980-996.

[6] 刘宏，臧赫．粉丝生产偶像：粉丝文化的新变化：以养成系偶像的生产为例 [J]. 青年记者，2021（19）：16-18.

[7] 人民网．《2018 中国文化 IP 产业发展报告》在京发布 [EB/OL].（2018-9-29）[2024-11-1]. https：//www.sohu.com/a/256953927_114731.

[8] 陈凤娣．文化 IP 赋能乡村产业融合发展的内在逻辑与路径思考 [J]. 福建论坛（人文社会科学版），2022（5）：29-38.